天津市自然科学学术著作出版资助项目

物联网智慧安监技术

（修订版）

张 勇 ◎ 著

清华大学出版社
北京

内 容 简 介

本书系统地讲述了物联网智慧安监领域的基本理论、方法及其在危化品泄漏监管方面的应用。全书共 9 章，第 1、2 章概述了危化品物联网智慧监测定位的分类，综述了物联网危化气体监测定位算法的研究现状，分析了危化品物联网智慧监测定位所涉及的关键问题，给出了定位算法性能评价指标；第 3 章讲解了危化气体物联网智慧监测定位系统的设计和实现方法；第 4～9 章探讨了基于序贯分布式卡尔曼滤波、序贯最小均方差估计算法、能量均衡并行粒子滤波、高斯混合模型非线性滤波、压缩感知的危化气体声源监测定位算法，推导了算法迭代公式，进行了计算机仿真。

本书注重结构的完整性和内容的连续性，强调理论推导的连续性和语言描述的精炼性，力求从简到繁、由浅入深、循序渐进。

本书可供从事信息与自动化控制技术的广大科技人员参考，也可作为信息与自动化工程学科研究生的教材。

本书封面贴有清华大学出版社防伪标签，无标签者不得销售。
版权所有，侵权必究。举报：010-62782989，beiqinquan@tup.tsinghua.edu.cn。

图书在版编目(CIP)数据

物联网智慧安监技术/张勇著. —2 版(修订版). —北京：清华大学出版社，2023.7
ISBN 978-7-302-64045-5

Ⅰ. ①物… Ⅱ. ①张… Ⅲ. ①物联网－应用－化工产品－危险物品管理－安全监察－研究 Ⅳ. ①TQ086.5-39

中国国家版本馆 CIP 数据核字(2023)第 120610 号

责任编辑：汪汉友
封面设计：何凤霞
责任校对：李建庄
责任印制：曹婉颖

出版发行：清华大学出版社
    网 址：http://www.tup.com.cn，http://www.wqbook.com
    地 址：北京清华大学学研大厦 A 座 邮 编：100084
    社 总 机：010-83470000   邮 购：010-62786544
    投稿与读者服务：010-62776969，c-service@tup.tsinghua.edu.cn
    质量反馈：010-62772015，zhiliang@tup.tsinghua.edu.cn
    课件下载：http://www.tup.com.cn，010-83470236
印 装 者：三河市铭诚印务有限公司
经 销：全国新华书店
开 本：170mm×230mm 印 张：14.25 字 数：256 千字
版 次：2019 年 9 月第 1 版 2023 年 9 月第 2 版 印 次：2023 年 9 月第 1 次印刷
定 价：99.00 元

产品编号：102889-01

前言

《物联网智慧安监技术》于2019年由清华大学出版社首次出版，书中许多方法在工程实践中得到应用与借鉴，对智慧安监领域的科研创新及人才培养起到一定的推动作用。近年来，物联网信息融合领域的知识不断更新，为了适应时代的发展，我们对本书进行了修订。修订版在保持原版的体系结构和知识框架基础上，补充了智慧安监领域发展且颇受关注的新内容。重点增加压缩感知理论在物联网信息融合和危化气体智慧监测定位领域的研究内容，例如，第8章根据泄漏气体所伴有的声源特性，给出基于压缩感知的物联网危化气体声源监测定位方法，主要通过构建基于压缩感知的气体泄漏声源DOA估计数学模型，采用稀疏贝叶斯重构算法实现泄漏声源参数估计，完成压缩气体泄漏声源定位研究；第9章在高斯混合先验模型的基础上，通过构建基于压缩感知的多源定位系统模型，并采用变分贝叶斯期望最大化算法实现泄漏源位置参数和释放物质扩散分布状态的联合稀疏恢复估计，实现多源危化气体监测定位。

上述内容是作者主持天津市自然科学基金项目"三维复杂流场中压缩感知传感网络气体泄漏源定位关键问题研究"的成果汇总。

由于作者水平所限，书中疏漏之处在所难免，恳请读者批评指正。

作 者
2023年5月

第 1 版前言

物联网是微机电系统、智能传感器、嵌入式系统、计算机网络和分布式信息处理等多种技术融合的产物,是目前信息、通信与自动化控制等学科的重要研究热点,具有重要的理论意义和实用价值。近年来,频发的危化品泄漏事故严重地影响着自然环境和人民的生命财产安全,对安全监管水平提出了新的挑战。物联网智慧安监可将"防、管、控"等安全监督管理业务融于一体,通过整合安全信息资源,建立日常监管和应急救援智能信息化系统,可提供全面感知的、高效可控的智慧安监服务。

本书在国家自然科学基金项目"三维时变气流环境下机器人寻踪气味源方法研究""机器人气体泄漏源定位关键问题研究""动态气流环境中机器人主动嗅觉鲁棒寻源方法研究"、天津市科技支撑项目"铁路危险化学品运输智能监控物联网系统"、天津市自然科学基金项目"时变流场无线传感网络多气体泄漏源定位研究"、天津市自然科学基金(企业科技特派员)项目"物联网危化品物流智能监控管理系统研制"、天津市高校科技发展基金项目"时变气流环境中基于分布估计的气体源测定研究"等多年来的相关课题研究的基础上,对运用物联网协作信息处理技术进行危化气体泄漏监测定位的研究成果进行了汇总及提炼。

本书共 7 章。第 1 章为绪论,分析了物联网智慧安监技术,概述了危化气体物联网智慧监测定位的分类、实现方法和基于物联网的危化气体监测定位算法研究现状,指出了本书的研究背景和所做的主要工作;第 2 章为危化气体物联网监测定位关键问题,阐述了危化气体扩散的基本理论和模型,重点归纳了基于物联网的智能协作信息处理框架,给出了危化气体监测定位算法评价指标;第 3 章为危化气体物联网智慧监测定位系统,分析了系统具体功能需求,完成了环境状态监测结点、物联网中异构网络网关、智慧监测定位终端等部分的软硬件设计;第 4 章为基于序贯分布式卡尔曼滤波算法的危化气体监测定位,研究了基于高度非线性、非高斯特征危化气体扩散模型的序贯分布式扩展卡尔曼滤波算法和序贯无迹卡尔曼滤波算法,并对两种算法的性能进行了计算机仿真分析;第 5 章为序贯最小均方差估计算法的危化气体监测定位,研究了在网络能耗约束条件下,基于分布式最小均方差迭代估计的监测定位算法,并对算法的性能进行了计算机仿真验证分析;第 6 章为能量均衡并行粒子滤波的危化气体监测定位,研究了基于并行分簇传感器网络信息处理和粒子滤波基本原理的监测定位算法,实现了并行簇集之间的调度和协作多输入输出(MIMO)通信,通过计算机仿真验证了算法的有效性;第 7 章为高斯混合模型非线性滤波的危化气体监测定位,研究了基于高斯混合模型和非线性粒子滤波相结合的危化气体泄漏参数后验概率分布迭代估计监测定位算法,通过计算机仿真验证了算法的有效性。

作者在本书编写过程中得到了天津大学博士研究生导师孟庆浩教授、天津大学博士研究生导师张立毅教授等的大力支持和帮助,在研究过程中参阅和引用了部分国内外学者的相关文献。本书由天津市科学技术协会"天津市自然科学学术著作出版资助项目"资助出版,在此一并致以诚挚的谢意。

由于作者水平有限,书中难免会出现一些疏漏和不妥之处,恳请读者批评指正。

作 者

2019 年 4 月

CONTENTS >>> 目 录

第1章 绪论 ……………………………………………………………… 1
  1.1 何为物联网智慧安监技术 …………………………………………… 2
  1.2 危化品泄漏监管现状 ………………………………………………… 4
  1.3 危化气体物联网智慧监测定位 ……………………………………… 5
  1.4 基于物联网的危化气体监测定位算法 ……………………………… 9
    1.4.1 基于经典概率估计的定位算法 ………………………………… 9
    1.4.2 基于贝叶斯推理的定位算法 …………………………………… 10
    1.4.3 基于非线性滤波估计的定位算法 ……………………………… 12
    1.4.4 基于智能优化算法的定位算法 ………………………………… 14
    1.4.5 基于压缩感知的稀疏重构定位算法 …………………………… 16
    1.4.6 基于压缩感知的多泄漏源定位算法 …………………………… 17
  1.5 课题研究背景及结构安排 …………………………………………… 18
    1.5.1 本书的研究背景 ………………………………………………… 18
    1.5.2 本书的结构安排 ………………………………………………… 19

第2章 危化气体物联网监测定位关键问题 ……………………………… 21
  2.1 引言 …………………………………………………………………… 22
  2.2 危化气体扩散理论及模型 …………………………………………… 22
    2.2.1 气体扩散影响因素 ……………………………………………… 22
    2.2.2 高斯气体扩散模型 ……………………………………………… 23
    2.2.3 基于湍流扩散理论的气体扩散模型 …………………………… 25
    2.2.4 经典气体扩散烟羽仿真模型 …………………………………… 27
    2.2.5 气体扩散仿真风场和浓度场建立与分析 ……………………… 30
    2.2.6 室内通风环境下的气体扩散二维烟羽仿真模型构建 ………… 37
  2.3 基于物联网的智能协作信息处理框架 ……………………………… 40

  2.3.1 经典分布式估计算法 ·············· 41
  2.3.2 物联网监测结点调度与规划策略及自组织通信 ·············· 44
 2.4 危化气体泄漏安全监测与定位性能评价 ·············· 49
  2.4.1 定位误差和收敛速度 ·············· 49
  2.4.2 运算复杂度 ·············· 49
  2.4.3 系统容错性和自适应性 ·············· 49
  2.4.4 结点功耗和生命周期 ·············· 50
 2.5 本章小结 ·············· 50

第 3 章 危化气体物联网智慧监测定位系统 ·············· 51

 3.1 引言 ·············· 52
 3.2 危化气体智慧监测定位系统总体设计 ·············· 52
  3.2.1 系统设计需求分析 ·············· 52
  3.2.2 总体设计方案 ·············· 53
 3.3 危化气体环境感知监测系统设计 ·············· 54
  3.3.1 气体传感器分类及选型 ·············· 54
  3.3.2 危化气体环境感知监测系统硬件电路设计 ·············· 56
  3.3.3 电源选型及硬件电路设计 ·············· 60
  3.3.4 危化气体环境感知监测系统软件设计 ·············· 63
 3.4 无线通信网关模块设计 ·············· 70
  3.4.1 网关总体结构及运行流程 ·············· 71
  3.4.2 网关硬件设计 ·············· 72
  3.4.3 网关软件设计 ·············· 74
 3.5 智慧监测定位终端系统设计 ·············· 77
 3.6 本章小结 ·············· 78

第 4 章 基于序贯分布式卡尔曼滤波算法的危化气体监测定位 ·············· 79

 4.1 引言 ·············· 80
 4.2 危化气体扩散的模型描述 ·············· 81
  4.2.1 气体的扩散和测量模型 ·············· 81
  4.2.2 气体扩散过程的状态空间模型描述 ·············· 82
 4.3 基于序贯分布式卡尔曼滤波算法的定位 ·············· 83
  4.3.1 卡尔曼滤波理论 ·············· 83

4.3.2　基于序贯扩展卡尔曼滤波算法的定位 ·················· 85
　　　4.3.3　基于序贯无迹卡尔曼滤波算法的定位 ·················· 88
　4.4　基于序贯卡尔曼滤波算法的危化气体监测的定位 ············· 91
　　　4.4.1　基于序贯卡尔曼滤波算法的危化气体监测定位过程 ········ 91
　　　4.4.2　基于序贯卡尔曼滤波算法实现危化气体监测定位 ·········· 91
　4.5　算法性能分析及仿真结果 ·· 93
　　　4.5.1　仿真参数设置及性能指标 ···································· 93
　　　4.5.2　仿真结果分析 ··· 94
　4.6　本章小结 ·· 98

第5章　基于序贯最小均方差估计算法的危化气体监测定位 ········· 99
　5.1　引言 ··· 100
　5.2　最小均方差气体扩散状态与观测方程 ····························· 101
　5.3　基于序贯最小均方差估计算法的定位 ····························· 102
　　　5.3.1　气体泄漏参数的最小均方差估计量及均方误差 ············· 102
　　　5.3.2　监测结点协作信息融合目标函数构建 ······················· 105
　　　5.3.3　结点调度及路由规划算法推导 ······························· 107
　5.4　算法性能分析及仿真结果 ·· 110
　　　5.4.1　仿真参数设置及性能指标 ···································· 110
　　　5.4.2　仿真结果分析 ··· 111
　5.5　本章小结 ·· 116

第6章　能量均衡并行粒子滤波的危化气体监测定位 ················ 117
　6.1　引言 ··· 118
　6.2　并行分簇传感器网络系统模型 ····································· 119
　　　6.2.1　系统状态模型 ··· 119
　　　6.2.2　系统观测模型 ··· 119
　6.3　并行分簇粒子滤波算法 ··· 120
　　　6.3.1　粒子滤波原理 ··· 120
　　　6.3.2　并行粒子滤波算法 ·· 121
　6.4　并行分簇传感器网络信息处理机制 ······························· 123
　　　6.4.1　传感器网络结点分簇及调度策略 ··························· 123
　　　6.4.2　能量均衡并行分簇多结点数据传输策略 ···················· 123

		6.4.3 能量均衡危化气体泄漏参数估计量目标函数 ············· 125
		6.4.4 基于奇异值分解的估计量目标函数凸优化求解 ············ 126
6.5	算法性能分析及仿真结果 ·· 129
	6.5.1 仿真参数设置及性能指标 ·· 129
	6.5.2 仿真结果分析 ··· 130
6.6	本章小结 ··· 136

第 7 章 高斯混合模型非线性滤波的危化气体监测定位 ············· 137

7.1	引言 ··· 138
7.2	高斯混合模型 ··· 139
	7.2.1 高斯混合模型定义 ·· 139
	7.2.2 基于 EM 算法的高斯混合模型参数估计方法 ················· 140
7.3	基于动态传感器网络的危化气体监测定位 ································ 141
	7.3.1 问题描述 ·· 141
	7.3.2 扩散分布状态模型及观测模型 ···································· 142
	7.3.3 基于 GMF 的气体泄漏源参数估计算法 ······················· 143
7.4	源参数估计定位的传感器管理策略 ··· 149
	7.4.1 基于条件信息熵的结点选择效用函数 ·························· 149
	7.4.2 条件信息熵梯度传感器网络结点优化调度策略 ············· 150
7.5	算法性能分析及仿真结果 ·· 154
	7.5.1 仿真参数设置及性能指标 ·· 154
	7.5.2 仿真结果分析 ··· 155
7.6	本章小结 ··· 159

第 8 章 基于压缩感知的危化气体声源监测定位 ························· 160

8.1	引言 ··· 161
8.2	声传感器网络中麦克风阵列信号模型 ····································· 162
	8.2.1 假设条件 ·· 162
	8.2.2 通用信号模型 ·· 163
	8.2.3 均匀麦克风阵列信号模型 ·· 164
	8.2.4 阵列模型的统计特性 ··· 166
8.3	压缩感知理论 ··· 168
8.4	基于压缩感知的气体声源 DOA 估计模型 ································ 170

         8.4.1 麦克风阵列信号模型 …………………………………………… 170
         8.4.2 压缩感知观测模型 ……………………………………………… 171
         8.4.3 稀疏重构约束条件判定 ………………………………………… 172
    8.5 基于压缩感知的气体声源稀疏贝叶斯重构算法 ………………………… 172
    8.6 算法性能分析及仿真结果 ………………………………………………… 174
         8.6.1 仿真参数设置及性能指标 ……………………………………… 174
         8.6.2 仿真结果分析 …………………………………………………… 175
    8.7 本章小结 …………………………………………………………………… 180

第 9 章 基于压缩感知的变分贝叶斯多源危化气体监测定位 ………… **181**
    9.1 引言 ………………………………………………………………………… 182
    9.2 基于稀疏信号恢复的多源定位问题描述 ………………………………… 184
    9.3 基于压缩感知的多气体源定位模型 ……………………………………… 185
    9.4 变分贝叶斯期望最大化联合估计算法 …………………………………… 187
         9.4.1 混合高斯先验模型 ……………………………………………… 187
         9.4.2 变分贝叶斯推理 ………………………………………………… 188
    9.5 基于压缩感知的多危化气体源变分贝叶斯稀疏重构算法 ……………… 189
    9.6 算法性能分析及仿真结果 ………………………………………………… 192
         9.6.1 仿真参数设置及性能指标 ……………………………………… 192
         9.6.2 仿真结果分析 …………………………………………………… 193
    9.7 本章小结 …………………………………………………………………… 198

参考文献 ………………………………………………………………………… **199**

第 1 章

绪 论

1.1 何为物联网智慧安监技术

随着低成本、低功耗、多功能传感器和无线通信技术的蓬勃发展,在计算机网络领域诞生了一种崭新的无线网络——物联网(Internet of Things)[1-4]。目前,物联网技术在国际上备受关注,是多学科高度交叉、知识高度集成的前沿热点研究领域。它综合了传感器、嵌入式计算、现代网络、无线通信、分布式信息处理等技术,是微机电系统(Micro-Electro-Mechanism System,MEMS)、嵌入式系统(Embedded System)、无线通信系统等多种相关技术结合的产物[5]。

物联网中的传感器结点不仅可以完成环境信息采集与处理,还可以在所搭建的无线通信网络平台上通过单跳或多跳的方式进行直接或间接的信息交互。结点既是信息的采集和发出者,也是信息的路由者,采集的数据通过多跳路由传送到网关,网关一般被视为特殊的结点。若能在传感器网络中添加一些中继结点或网关结点完成局域信息收集或处理,然后将处理结果传送到其他中继结点或者Internet、移动通信网络、卫星等地方,也可利用无人机飞越网络上空,通过网关采集数据,传递给用户终端[6-7]。物联网系统架构如图1-1所示。

由于物联网具有网络自组织、广覆盖、容错性高以及高精度测量和组网成本低、构建灵活、方便等优点,因此引起了学术界和工业界的高度重视,被认为是将对21世纪产生巨大影响的技术之一。物联网在军事和民用领域均已显示出明显的应用潜力,被应用于防控、反恐及多元化的战场环境监测[8]、环境监控[9]、防灾、救灾[10]、医疗监护[11]、工厂的管理及泄漏源监测[12]、目标源追踪与定位[13]等领域。可以想象,随着传感器网络技术的不断发展,人与周围物理世界的交互方式将会得到革命性的改变[14]。

物联网智慧安监在广义上是指将物联网智能信息技术集成应用于安全生产监督管理行业,将安全监管部门"防、管、控"三大业务功能融于一体,整合安全生产监督管理信息资源,建立安全生产电子政务、日常监管、应急救援等基于物联网的信息化系统,围绕安全生产监督管理的数字化、网络化、智能化和可视化发展,提供全面感知的、有效控制的高效管理和优良服务,逐步实现安全生产监管业务与信息化的深度融合;在狭义上主要是指安全生产监督管理信息化系统,即基于宽带多媒体信息网络、物联网、云计算、智能计算、空间信息系统等技术,构建一种面向安全生产监督管理、控制与服务的综合应用基础设施平台,实现对感知数据的集中管理、海量信息的智能化处理,及企业监管信息的互联共享,主要包括以下几方面内容。

图 1-1 物联网系统架构

（1）实现安全生产元素全面地感知。安全生产中布设大量的多源感知终端，通过传感器网络，在运行、服务中捕获到安全生产、运输、存储及其环境的多种信息元数据。

（2）进行海量的数据处理。实现海量的跨部门、跨行业异构数据的存储能力，对海量异构数据进行高效分析、计算和处理，构建基于数据分析和知识管理的智能应用能力。

（3）提供智能的管理服务。在形成支撑安全生产监督管理的行业智能应用的基础上，建立面向服务的智慧安监物联网信息化综合应用的统一管理平台，为公众、企业、政府部门等提供普适的、智能的应用与服务。

1.2 危化品泄漏监管现状

随着工业的发展和技术的进步，越来越多的危化品直接或间接被用于生产生活中。根据统计表明，国内使用的化学品共有 3777 种，其中剧毒致死化学品 335 种[15]。这些化学品在改善人们生产生活的同时，也对人们的生命和财产构成了威胁：一方面，若这些危化品在生产、运输和存储等过程中发生高浓度、区域性泄漏，将直接导致人员的伤亡和财产的损失；另一方面，危化品在室内外环境中缓慢扩散，不断积累，会对环境造成污染，使长期处于污染环境中的人产生潜在的或严重的疾病，从而造成人员伤亡和财产的间接损失。有关资料显示，1953—1992 年，全世界损失超过 1 亿美元的危化品泄漏事故多达数千起[16]。例如，发生在 1984 年 12 月的印度博帕尔农药厂剧毒液体泄漏事故直接造成 3150 人死亡，超过 20 万人残疾，约一半城市人口受到此次事故的影响。国内危险化学品事故带来的危害也不容小觑。Zhang 等[17]对我国 2006 年 1 月至 2010 年 12 月发生的化学危险品伤亡事故进行了统计，结果显示，这 5 年共发生事故 1632 起，死亡人数为 1038 人，每年事故总数基本维持不变（略呈上升趋势）。文献[17]指出，事故的多发省份为江苏、山东、浙江、广东和湖北等经济比较发达的人口密集区，并且事故在城区的发生率远高于郊野。例如，2013 年 8 月 31 日，在上海发生的液氨泄漏事故造成 15 人死亡，25 人受伤；2004 年 4 月 16 日，在重庆发生的氯气泄漏事故造成 9 人死亡，疏散了 15 万人。

频发的危化品泄漏事件和严重的环境危机说明我国在有毒有害物的监测、预警、管理和防护上还存在着一定的问题。如果能有效利用以物联网技术为代表的智能监测技术实现危化品有效治理和监管，将能极大地减小甚至消除危害，避免财产损失。

1.3 危化气体物联网智慧监测定位

想要对危化品突发泄漏或偷排偷放实现有效的治理和监管,首先就需要确定危化品的泄漏源,然后再基于物联网技术,结合危化品泄漏和扩散的相应机理进行安全、可靠的危化品智慧监测与定位。这些监测与定位方法的研究在近年受到了越来越多的关注[18-20]。多年以来,研究人员针对危化品泄漏源的定位问题进行了不懈的努力并取得了一定的成果,其中以危化气体泄漏监测定位研究更具代表性。不管是危化品突发泄漏还是日常生产中的偷排偷放,危化品以气态在空气中扩散是非常重要的方式。目前,危化品气体泄漏定位可以通过生物监测、移动机器人、传感器网络等方法实现,这些研究成果有利于对危化品泄漏事故进行快速预警和监控,同时也可以有效地治理和监管有害气体的偷排偷放,这对保障人们的生命和财产安全、改善生态环境具有重大的现实意义。

基于物联网的危化气体源定位是传感器网络技术在环境监测领域的一个典型应用,具有重要的现实意义[21-22]。气体在空气中的物理扩散过程通常可描述为一个随机过程,因此采用基于物联网技术的分布式信息融合算法对气体泄漏参数进行预测估计是一种可行的解决方法。该方法一般采用概率估计算法进行实现,所以通常也被看作对环境中气体物理扩散模型构建的逆向求解问题,即利用已知(或者假设)的气体扩散模型和气体浓度信息对气体泄漏的参数进行反向求解[23]。考虑到物联网中传感器网络结点所具有能量有限性和因大量传感器结点部署所造成的网络拓扑结构具有高度动态性等特点,所以物联网危化气体监测定位所采用的信息融合算法就必须结合实际环境以及物联网中的其他各种约束条件来具体实现。

按网络拓扑结构的不同,物联网危化气体监测定位可分为静态拓扑网络定位和动态拓扑网络定位两大类。

(1) 基于静态拓扑的危化气体物联网监测定位。在已知的固定环境中,通常需要在感兴趣的已知区域部署静态固定物联网监测结点,各监测结点会上传各自的测量值到融合中心,然后通过分析计算这些数据得出泄漏源的各种参数,这种气体源监测定位的方法称为静态拓扑物联网监测定位法。然而,在单纯使用静态拓扑物联网对气体源进行定位时,结点位置需要提前预知,一旦泄漏位置周围没有安装监测结点或者结点失效,就会大大降低定位的精度,甚至导致定位失败;另外,在使用静态物联网对气体源定位的过程中,若想获得较高的定位精度,就需要在已知环境中布置大量的结点并存储其位置信息,这将会增加实现成本。

(2) 基于动态拓扑的危化气体物联网监测定位。为了弥补静态拓扑物联网气体监测定位方法的上述缺陷,在移动机器人技术的帮助下,人们提出了在移动机器人上安装相应的传感器,构成移动监测结点的方法,这些移动机器人可以自主移动并实现动态拓扑部署,多个相同的移动监测结点还可构成动态拓扑物联网络。这种物联网络可以固定在某个位置作为固定结点对环境进行监测。在气体源紧急泄漏情况下,根据结点的测量值进行路由规划并完成结点的运动控制,快速、合理地覆盖气体泄漏区域,实现较为精确的监测定位。

根据两种不同的网络拓扑结构,物联网多结点协作信息处理技术可以采用集中式和分布式两种方法具体实现。

(1) 集中式物联网协作信息处理技术。图 1-2 所示为基于物联网的集中式协作信息处理系统,网络中被激活的监测结点首先对危化气体泄漏环境进行测量并对得到的信息进行预处理,得到一个局部融合结果,这些融合结果会被传递给融合中心(Fusion Center,FC),最后由融合中心把监测区域内所接收的所有信息用信息融合算法进行计算并得到最终的结果。该方法的优点是可以很容易地得到全局最优解,缺点是由于各监测结点与融合中心之间存在一定传输距离,无线通信对比数据运算占用的资源更大,特别是在进行远距离通信时情况更加严重,这影响了整个网络的生命周期。由此可见,集中式协作信息处理在实际应用中具有很多局限性,只适用一些小规模的物联监测网络[24]。

图 1-2　集中式物联网信息融合系统示意图

(2) 分布式物联网协作信息处理技术。分布式物联网协作信息处理技术一般有两类实现方法:基于序贯分布式估计(Sequential Distributed Estimation)

的实现方法和基于分簇分散式估计(Cluster Based Decentralized Estimation)的实现方法。

文献[25-26]给出了序贯分布式物联网信息融合系统的理论框架,在序贯分布式信息融合系统中,网络中的监测结点往往依次形成串行的拓扑结构。首先,起始结点对所采集的自身位置周围的环境信息进行初步的处理,然后传给下一个结点,被选择的结点需要将本地观测值和前一个结点所发送来的处理结果进行信息融合并得到新的估计结果,然后再发给它所选择的下一个结点,最后直至发送给最终接收结点,如图1-3所示。

图1-3 序贯分布式物联网信息融合系统示意图

序贯分布式物联网信息融合方法在实现过程中往往只需要在各监测结点间进行短距离的单跳或多跳传输,不需要发送给融合中心,有些情况下,甚至不需要融合中心。因此,可很大程度上降低通信能耗,有效提高整个传感器网络系统的寿命并增加网络利用率。若执行过程中的某中间结点发生故障或者失效将会导致整个系统信息传递中断,同时由于每个结点都需要对观测值进行融合并压缩成少量的数据才进行传递,在某种程度上也会造成原始数据的部分信息丢失。因此,序贯分布式信息融合方法很容易受到连接故障与结点状态的影响,其稳健性和可靠性会随着系统中监测结点的增多而变差,网络延时也会增大。

分簇分散式物联网信息融合[27]通常是基于分簇(Cluster)的传感器网络系

统进行实现,即将网络中的结点通过某种方式静态或者动态的划分为多个簇,每个簇通常都包含一个簇头结点(Cluster Head Node),簇内其他结点被称为普通结点或簇成员结点(General Node),如图1-4所示。

图1-4 分簇分散式物联网信息融合系统示意图

首先,簇内普通结点将原始测量值进行简单处理,然后传送给簇头,簇头会基于收集的簇内结点信息完成所在单元的信息融合,得到融合结果并传递给下一个分簇的簇头或者直接发送给融合中心,由融合中心根据各簇头所传递的判决结果做出最终系统判决[28]。分簇的传感器网络系统通常不需要所有监测结点都与融合中心直接建立通信关系,因此,可节省大量通信能耗,同时,其在簇内又利用了集中式信息融合方法增强了系统的整体性能。簇内簇头结点的选择可由多种方式实现,如采取固定结点法等[29]。在固定结点法,每个簇的簇头总是负责与汇聚中心远距离通信,其能量衰减很快,在一定程度上会降低系统寿命,因此,低功耗自适应的分簇协议(Low Energy Adaptive Clustering Hierarchy,LEACH)应运而生[30],此协议下的簇头选择采取轮换机制。这种选择机制的优点是可以有效地防止个别结点能量的迅速耗尽,提高网络的可靠性。

1.4 基于物联网的危化气体监测定位算法

1.4.1 基于经典概率估计的定位算法

早期的目标源定位是采用固定传感器阵列实现的。华盛顿大学的 Nehorai[31] 等于 1995 年便开始从信号处理的角度运用概率估计方法对目标源定位进行研究，提出了一个完整的基于物理扩散模型和概率统计模型的信号检测和参数估计理论框架，并在此基础上运用静态传感器阵列采集环境中的气体浓度信息，再通过融合中心计算实现了蒸汽源的定位。随后，其课题组成员 Porat[32] 又对源定位问题进行了扩展，采用一个移动传感器结点替代静态传感器阵列，实现了蒸汽源定位并同时对移动结点在信号采集过程中的最优路径规划问题展开了研究。Jeremic[33] 把文献[32]提出的参数估计理论框架应用到了地雷监测中，并对雷场中传感器结点的部署和成功检测到地雷的概率之间的关系进行了研究。以上工作均基于菲尔克斯定律[34]所推导的释放源物理扩散模型实现且只针对目标源位置坐标参数进行估计，其信息融合均采用极大似然估计(Maximum Likelihood Estimation, MLE)算法由融合中心实现。

文献[35-36]中，Michalis 根据传感器结点测量的环境信息(气体浓度)采用非线性最小二乘估计(Nonlinear Least Squares Estimation, NLSE)方法对环境泄漏源的定位进行了研究。为了减少算法实现过程中的信息处理量和降低网络能耗，设定了传感器的浓度测量阈值，当结点所测浓度超过阈值时才传递给融合中心完成融合计算。作者重点在气体泄漏源定位精度与传感器结点数量以及测量方差之间关系、传感器测量阈值选择对估计性能的影响等几方面进行了实验分析。

佛罗里达大学的 Vijayakumaran[37] 也在传感器网络中运用 MLE 方法对气体释放源进行了估计定位。这种方法是传感器结点把采集的气体浓度测量值进行二值化处理，并将处理后的数据周期性地传递给融合中心完成计算，实现气体泄漏源位置和时间两个参数的估计。由于该方法通过对测量值进行了二值化处理，因此可减轻算法在实现过程中的通信及信息处理消耗，但二值化处理导致估计误差较大。

Michalis[38] 对基于二值法处理实现目标源的定位进行了改进，提出了一种具有容错性的 MLE 方法实现目标源检测与估计。所改进的 MLE 算法在融合过程中对各种噪声(传感器结点测量噪声、环境噪声、通信噪声等)的影响具备了更强的容错能力，更贴近了实际环境应用。

  Matthes[39]在文献[38]所推导的气体物理扩散模型基础上，又进一步考虑了气体平流因素的影响，推导出了一种新的气体扩散模型，并运用最小二乘估计算法对扩散方程求解析解，实现了气体泄漏源的位置参数估计。该气体泄漏源定位算法通过两个步骤实现：第一步，先使用固定的传感器结点采集浓度信号，并在给定的气体扩散模型的基础上对气体泄漏源的位置进行预估运算，给出一些类似泄漏源坐标点集合；第二步，对这些不同传感器结点通过预估运算得到的泄漏源坐标点集合求交集，其交集可用于最后判定是否为气体泄漏源。该算法中运用了气体释放率对预估气体泄漏源的位置坐标进行确认。

1.4.2　基于贝叶斯推理的定位算法

  有的学者从目标源参数测定的角度对危化气体泄漏源的释放率（源强）和定位问题进行研究[40]。主要思想是利用概率统计模型与气体扩散模型相结合来构建目标源参数的数学估计模型，并根据传感器结点所测量的扩散物质浓度对气体泄漏源的释放率和位置参数进行反向推导，从而实现目标源的相关参数估计。这种方法主要基于贝叶斯推理的理论框架并结合马尔可夫随机过程及蒙特卡罗抽样等方法具体实现。贝叶斯估计理论在线性系统的参数估计中取得了很好的应用，而气体扩散模型受湍流的影响往往存在大量的非线性因素，不能直接使用贝叶斯推理方法，通常需要把气体扩散模型近似线性化处理后再进行求解以实现源参数估计。

  Pudykiewicz[41]于1998年首先对一个放射源的释放率和位置两个参数同时进行了参数测定研究，Sohn[42-43]等于2002年基于贝叶斯理论框架对一个室内气体释放源的位置、源强和气体释放持续时间等参数进行了测定研究。通过对基于物理扩散模型的似然函数进行量化蒙特卡罗抽样，不断改进参数估计量的估计误差，最终实现气体释放源的相应参数测定。

  Zhao[44-45]基于序贯贝叶斯理论实现了气体泄漏源的分布式预估定位，具体算法如下：首先根据菲尔克斯定律推导了无湍流扩散和湍流主控扩散两种不同环境下的气体扩散模型，并基于所推导的模型设计了估计量的概率分布函数，然后根据测量信息选定一个初始结点计算求解估计量分布函数的后验概率分布，并由当前运算结点把估计结果与设定阈值进行比较，当达不到设定阈值时，当前运算结点将估计结果向下一个结点传递，并由下一个结点在其测得的环境信息基础上进一步完成运算和更新，达到或者小于设定阈值则停止迭代运算。传感器结点的选择和估计信息的路由规划基于文献[25-26]中信息驱动机制实现。与文献[25-26]不同的是,该算法在结点之间传递的信息是估计量的后验概率分布。该算法实现的前提是气体泄漏源扩散模型通常必须符合某种概率分布函数,但是实际环境中所推导气体泄漏源的扩散模型是高度非线性的,其估计量的后验概率分布不一定能够得到,因此文献[44]采用近似高斯模型和将非线性气体泄漏源扩散模型简单线性化的方法予以解决,以便于用贝叶斯理论实现对估计量概率分布函数的后验概率分布求解,相对来讲存在一定的估计误差。

在前面所阐述的集中式定位方法中也提到了基于贝叶斯理论的定位方法,算法的实现是由融合中心在不同的时间周期内通过迭代运算完成,属于时间域中的贝叶斯迭代估计。而文献[44-45]则把贝叶斯迭代估计扩展到了传感器网络的空间域,融合计算的完成不再需要融合中心而是由传感器网络中的不同激活结点来实现,其估计结果需要在网络中进行传递和更新。

同一个Nehorai课题组的Ortner[46-47]也提出了一种基于贝叶斯理论框架的危化气体泄漏源监测与定位方法,环境气体浓度的测量由固定的传感器阵列实现。首先,文献[46]中作者通过大量的蒙特卡罗抽样仿真实验,基于费恩曼-卡茨(Feynmann-Kac)公式给出了现实复杂环境中的危化气体近似扩散模型,此模型充分考虑了风和湍流因素影响;然后,运用贝叶斯理论框架完成了室外环境和室内两种环境下的危化气体泄漏源定位。文献[47]在文献[46]基础上采用广义似然比检验方法对分布式序贯气体泄漏源参数估计进行了实现,主要完成了气体泄漏源位置参数和释放率估计。

Chow[48]、Delle[49]和Hutchinson[50]等针对基于马尔可夫链的蒙特卡罗抽样和贝叶斯推理相结合的方法对气体释放源的参数估计以及扩散模型重构进行了研究和综述。2006年,Keats[51]和Yee[52-53]对该方法进行了改进,通过引入伴随阵模式使其计算性能得到了很大的提高。2008年,Senocak[54]在Chow、Keats等的研究基础上,进一步引入了风场对算法性能的影响。这种基于高斯扩散模型的参数测定方法,通常采用求解析解的方法实现参数估计,其运算速度快,效率高,但所需前提假设往往比较苛刻,应用范围也比较窄。

澳大利亚学者Gunatilaka[55]和Morelande[56]等也对目标源定位问题进行了研究。他们首先对放射源的源强和定位问题展开研究,主要采用基于贝叶斯理论和蒙特卡罗抽样方法对环境中单个和多个放射源的源强和位置参数进行了估计,随后其将针对放射源所提出的理论框架应用到了危化气体扩散源的源强和定位问题研究中[57]。文献[57]在选择气体扩散模型的时候充分考虑了湍流对源参数估计的影响,在对非线性湍流模型进行线性化处理时采用了一种恒定值和波动值分解的方法,即把传感器结点周期性地采集的环境浓度信息分解为恒定部分(周期内所采集的信息均值)和波动部分(噪声)进行处理,由融合中心分别求解实现源强(释放率)和位置参数估计,其中恒定部分基于贝叶斯估计理论及扩散模型用解析解方法实现,而波动部分则采用蒙特卡罗积分近似的后验概率分布期望来实现。最终该算法在真实环境的 COANDA 浓度数据库中得到了验证,实验结果比文献[48-53]具有更强的稳健性和实际应用意义。作者还进一步分析了结点部署浓度与源参数估计结果之间的关系。

1.4.3 基于非线性滤波估计的定位算法

Jaward[58]运用序贯蒙特卡罗方法(粒子滤波)对空气中的污染物排放进行了实时追踪定位研究。主要方法是运用粒子滤波实时推导污染物云团扩散边界位置,从而绘制扩散云团形状,并根据云团的扩散形状确定气体泄漏源的位置,通过实时更新完成追踪。面向高度非线性、非高斯污染物扩散模型以及传感器所采集的具有大量噪声的测量值,传统贝叶斯方法往往需要已知气体扩散模型,并采用近似线性化方法实现,在高度非线性模型主控的环境中往往不能很好地直接加以应用,而采用序贯蒙特卡罗技术可以在模型未知的情况下,运用大量粒子近似代替概率分布的方法来解决高度非线性问题,从而实现空中污染物的跟踪。但是其计算量通常比较大,对网络能耗约束要求比较高。

Zhao 在文献[59]中首先对文献[44-45]所推导的气体扩散模型给出了经过线性和非线性分解的传感器测量模型,使其模型转换为线性和非线性两部分的叠加,然后采用信息驱动机制的思想和分布式极大似然估计算法实现了危化气体泄漏源定位。其定位算法的实现主要包括两部分。

(1)采用增量高斯-牛顿法完成基于扩散模型和极大似然估计算法所推导的似然函数的迭代求解。

(2)采用信息驱动机制实现路由结点的选择和规划,即先构建一个信息融合目标函数,然后对信息融合目标函数求极值以实现下一个结点的选择。信息融合目标函数中结点与结点之间估计量信息的计算或估计量性能评价指标采用基于 Cramér-Rao Bound(CRB)下限的费希尔(Fisher)信息矩阵来实现。费希尔信息矩阵是算法实现过程中不可或缺的部分,决定着算法何时结束。在该算法中传统的面向时间域的高斯-牛顿法在传感器网络中被转化为面向每个传感器结点的空间域求解方法,即由每一个被激活的结点实现似然函数的求解并最终完成估计量的更新和传递。这样可以不用激活全部结点来采集环境信息,从而节省网络能耗,该迭代方法非常类似卡尔曼滤波方法,因此该文在实验分析过程中针对结点的迭代运算求解引入了多种卡尔曼滤波算法并进行了比较分析。Branko[60-61]基于信息驱动机制并采用分布式序贯估计算法对放射点源和伽马放射源的定位进行了研究。Keats[62]等于2010年引入了熵的概念来测定源强信息。

还有部分作者运用卡尔曼滤波的思想实现了危化气体泄漏源的定位。文献[63]提出一种基于传感器网络的污染物释放点源的位置和释放率参数预估算法。首先,根据实际监测环境来激活相应的传感器结点,这些被激活的结点需要对环境气体浓度信息进行实时采集并完成信息传递,由于受到网络能耗的约束,信息的传递应使用尽可能少的结点来实现,信息应朝着气体浓度高的结点方向进行传递,最终选择一个最接近气体释放源的结点作为目标结点,并通过该结点对环境信息的采集和运算给出一个气体释放源位置和强度的预测估计。网络中的每个结点均可以激活其周围的邻居结点并获取其相应浓度测量信息并完成迭代运算,通过比较估计方差的大小在邻近结点中选择下一个执行结点,并将估计结果传递给被选择的下一个结点,由其完成新一个周期的迭代运算。结点与结点之间通信采用局部定向Gossip(流言)方法实现,被选择结点接受滤波参数并完成迭代更新。

基于分簇传感器网络的分散式估计(Decentralized Estimation)定位方法是一种基于并行分布式信息融合的定位方法,一般需要对传感器网络中结点分簇,并基于簇内一致性滤波计算法具体实现[64-67]。该法在簇内单元所采用的信息融合方法通常为集中式信息处理方法,由于其简单的算法结构和较高的运行效率,在传感器网络分布式估计算法研究中引起了广泛关注。一致性滤波算法起源于并行分布式计算中的一致性问题,通过给定网络中相邻结点或者簇内结点之间的相互协作规范和协议,使传感器网络中每个结点在相互协作估计的过程中渐近地趋于全局一致以获得最优结果。一致性滤波算法目前已经在多智能体控制系统领域获得广泛的应用,如多机器人系统的编队和队形控制[68]、航天器的姿态控制[69]和无人机系统的航迹控制[70]等。

在基于分簇分散式估计的目标源定位方法中,网络中每个传感器结点只与其通信范围内的邻近结点(或簇内结点)进行信息交互,而不需要全部与融合中心进行直接通信,大大减少了网络中的通信能量消耗,而且网络的拓扑结构可根据外界环境的变化并结合结点自身的位置和能量来动态调整,大大提高了系统可靠性和稳健性。

Spanos[71-72]等最早研究了一致性算法在传感器网络中的应用,文中应用加权平均一致性算法设计了分布式最小二乘估计机制。之后,Olfati-Saber[73-74]在文献[71]所提出的动态一致性算法基础上又进一步将卡尔曼滤波器与一致性算法相结合，提出了一种分布式卡尔曼滤波（Distributed Kalman Filter，DKF）算法。该DKF算法中包含一个低通滤波器和一个带通一致性滤波器，其中低通滤波器用于融合传感器测量数据，带通滤波器用于融合协方差信息。每个传感器可从其邻近结点接收包括传感器测量值、协方差值的融合结果以及状态估计值的信息包，并通过加权运算使每个传感器对状态的估计值在簇内趋于一致[75]。该算法可应用于具有不同观测矩阵的传感器网络，数值仿真表明该算法具有较高的状态估计精度。

如何设计有效的基于分簇分散式估计的信息融合算法，并利用传感器所采集到的环境气体浓度信息精确地实现气体泄漏源目标状态参数估计是一个重要且困难的问题，关键在于寻找一种收敛速度快、融合精度高的网络级分布式算法对传感器之间的共享信息进行处理。采用基于一致滤波的估计算法对簇内结点所采集的气体浓度信息进行局部信息融合，通常需要经过结点间多次的信息交换才能获得接近集中式算法的局部一致的气体泄漏源状态参数估计值。结点间多次的信息交换通常会增加传感器结点信息传输的能量消耗，并且增加算法复杂度和收敛速度。收敛速度在变化比较快的气体泄漏源状态参数估计时往往对算法的性能具有重要的影响。虽然有一些文献也提出了提高一致性滤波收敛速度的方法[76-79]，但是这些方法或者需要集中式的优化算法[76-77]，或者需要复杂的计算[78-79]，其在实际应用中存在诸多限制。

1.4.4　基于智能优化算法的定位算法

除了上述基于概率估计理论的气体泄漏源定位方法外，也有一些学者尝试运用群智能优化算法和机器学习人工智能算法对此问题进行研究。群智能优化算法在处理优化问题方面发挥着重要的作用，具有计算复杂性低、初始值选取随机、易实现，以及可与其他算法融合的优点，同时兼顾自适应性、稳健性和系统通用性[137]。

随着群智能优化算法的不断发展，许多群智能优化算法被应用于泄漏源定位的研究，例如遗传算法[138]、蚁群算法、粒子群算法、模拟退火法、差分进化算法以及一些仿生类算法等。群智能优化算法主要是通过迭代计算获取最优结果，通常不需要已知泄漏物质的扩散机理，也不需计算目标函数的梯度信息，可以随机生成初始解，但也存在精度不高，局部搜索能力差的缺陷。因此，许多学者对群智能优化算法改进后应用于危化气体泄漏源监测定位中，改进方法可以分为两类：一类是侧重对原始优化算法改进，蒋彦等[139]提出了一种混合差分进化-模式搜索混合优化算法,先采用差分进化算法对泄漏源位置源强进行全局寻优,然后利用模式搜索算法在前寻优结果基础上二次寻优。所得结果表明,改进混合算法可以有效提高泄漏源位置及源强参数估计性能。张久凤等[140]通过改进粒子群优化算法中的学习因子以及权重提升算法性能,并将其应用于泄漏源的源强等参数估计定位问题;Fu Z 等[141]在粒子群算法中引入了自适应惯性权重控制算法的收敛性,并结合无人机进行污染源跟踪;王吉等[142]提出的改进型遗传算法对多泄漏源危险气体进行定位。在该算法中引入了淘汰个体交配机制,并在算法后期使其他个体跟随最优个体,该算法在一定程度上增强了算法的全局搜索能力和收敛能力;陈国华等[143]利用鸡群算法对危化品泄漏事故进行了反演,采用加权质心法为鸡群算法获取优质的初始解。结果表明,该算法得到的结果较为准确。另一类算法是将两种或两种以上的算法混合,通过综合不同算法的优势,提高算法的精度。陈增强等[144]将遗传算法与模式搜索算法相结合,应用于毒气泄漏的源强反算研究中。结果表明,该算法得到的反算结果准确性较高;张建文等[145]和何宁等[146]将遗传算法与 Nelder Mead(NM)单纯形算法结合,不仅解决了遗传算法局部搜索能力不高的问题,而且避免了NM 单纯形算法对初值敏感的问题。Thomson 等[147]将随机搜索算法和模拟退火算法结合,确定气体泄漏源源强信息;Haupt 等[148]运用遗传算法研究气体泄漏源参数的反向重构问题,在反向重构模型中考虑了泄漏源位置、源强以及风向等参数。

在机器学习人工智能算法应用于气体泄漏源监测定位应用研究的过程中,Mahfouz 等[149]尝试将机器学习算法加入气体源定位,使用了支持向量数据描述方法,通过定义一个基于内核岭回归内核的检测器,实现了一种传感器网络多气体泄漏源参数检测和估计的原始聚类框架。文献[150]基于支持向量机(Support Vector Machine,SVM)和双 SVM(TWSVM)学习算法实现了无线传感器网络源监测定位研究,候惠让[151]提出了一种基于将极限学习机的快速神经网络分类器并与气体质量流量准则相结合的分类算法应用于四面体传感器结构的三维气流环境下的气体泄漏源测定。郑艳华等[152]利用加权质心算法对无风无边界的前提下气体源定位问题进行了仿真实验。曹孟犁等[153]将分布式最小二乘估计引入气体源定位问题中,克服了局部极小值和目标函数鞍点的负干扰,适用于远程气体源定位。张勇等[154]根据实际环境中气体泄漏扩散的非线性和未知扩散分布模型的特点,提出了一种用于传感器网络中气源定位和参数估计的分布式联合气体泄漏源最优估计算法。Cho 等[155]将深度学习算法引入气体源定位,并使用深度学习和随机森林分类器追踪疑似泄漏源。Bilgera

等[156]模拟了工厂的化学品泄漏场景，提出了一种长短期记忆的前馈神经网络和递归神经网络方法，利用传感器数据实时预测可疑泄漏位置的模型。Yamamoto 等[157]利用卷积长短期记忆神经网络（CNN-LSTM）在户外环境中实现了气体泄漏源的监测定位研究，该方法除了能够从泄漏源序列数据中进行分类或预测，还可以提取空间特征，并用 4 种神经网络结构对实验数据进行了比较分析。可以看出，深度神经网络 CNN-LSTM 预测准确率在真实场景下最高。

1.4.5　基于压缩感知的稀疏重构定位算法

现代信号处理问题的一个关键基础是 Shannon 采样理论。一个信号无失真重建所要求的离散样本数由其带宽决定，而 Shannon 采样定理是一个信号重建的充分非必要条件。与传统 Nyquist 采样定理不同，压缩感知（Compressive sensing，CS）理论[158]可以利用信号的稀疏性，通过远低于 Nyquist 采样率的方式对数据采集并精确重构，极大地减轻信号的采样速率，以及数据的存储量和运算量。压缩感知也被称为压缩采样（Compressive sampling）或稀疏采样（Sparse sampling），是一种寻找欠定线性系统的稀疏解的技术[159]。作为一个新的采样理论，它可对某一稀疏信号用一个压缩感知观测矩阵进行非相关欠采样，通过优化问题求解就可提高从少量采样值中重构原信号的概率。

压缩感知近年来在计算机科学、数据压缩、数据安全等领域发展极快，在若干应用领域中都引起大量研究者的关注，被应用于雷达、医学成像（磁共振）、通信等信号处理领域，用于获取和重构稀疏或可压缩的信号[160]。在压缩感知被正式提出之后不久，就有学者将其与声源定位相结合，其基本思想是将感知区域的网格化，并考虑目标源参数向量在空间域上的稀疏性[161]。首先由能量和计算能力要求较低的传感器网络麦克风①阵列结点完成对声音源稀疏信号的低速率采样，随后基于压缩感知理论的信号以高概率重构目标源参数向量。稀疏恢复重构是一个优化计算过程，对能量和计算能力的要求较高，多由没有能量及计算能力受限的信息融合中心完成。经过不断地研究与发展，基于压缩感知的声源定位算法具备了精度高、抗噪能力强、低频定位、效果好等优点[162]。

危化气体泄漏一般都会伴有强烈的声音，相关学者结合传感器网络声源定位技术实现了气体泄漏声源定位研究。声传感器网络（Acoustic Sensor Network，ASN）是将传感器网络与麦克风阵列相结合的一种新型的声音信号

---

① 科技名词术语为传声器。

获取与处理技术[163],传统声源定位方法主要有超声波检测法[164]和麦克风阵列气体泄漏声源估计方法[165]等,前者主要利用气体泄漏时产生的超声波进行泄漏源位置检测与定位,后者主要基于声源波达方向(Direction of Arrival,DOA)估计方法实现。声传感器网络属于资源受限的网络,在声传感器网络中结点之间的信息传输通常需要占用大部分能量,再加上通信带宽的限制,导致传感器网络结点之间通常不能进行大量数据通信,因此传统的 Nyquist 采样方法通常不能适用。此外,因为结点的计算能力有限,所以无法满足传统声源波达方向(Direction of Arrival,DOA)估计的海量运算需求。

基于压缩感知 DOA 估计问题是声源麦克风阵列信号处理的关键问题之一,它主要基于时域谱估计和空域滤波实现信号处理[166]。环境中的气体泄漏声源通常具有一定的空间稀疏性,这使得压缩感知 DOA 估计理论在传感器网络气体泄漏声音定位研究中具备了可行性。基于声传感器网络的气体泄漏声源 DOA 估计定位,可以克服基于气体浓度信息泄漏定位方法中的复杂环境湍流、温湿度等因素影响,有效减少环境噪声,提高定位的灵敏度和准确度,适用于多种压缩气体的泄漏检测[167]。国内外学者对压缩感知技术应用于 DOA 估计问题已进行了初步的研究并取得了相应的成果。Malioutov 等[168]是最早将稀疏性的思想应用到阵列信号 DOA 估计研究,主要基于离散化的空间角度建立一种稀疏的信号重构模型,并通过调整空间网格划分大小实现 DOA 高分辨率估计。Cevher 等[169]通过传感器网络中传感器结点所接收信息的随机投影和参考传感器结点获取的完整波形,完成稀疏的角度空间模型重构,最终实现目标信源数量及 DOA 估计。文献[170]则对传感器网络所接收的信号先采用压缩感知技术进行压缩采样,减少了传感器接收阵列中的采样点数,再利用 MUSIC 算法实现阵列的高分辨率 DOA 估计。Gurbuz 等[171]将压缩感知应用于信号的 DOA 估计中,提出压缩方位估计(Compressive Bearing Estimation,COBE)方法,仅通过低速率采样少量的数据就可以得到准确的 DOA 估计结果。Jan Steckel 等[172]利用随机部署的平面麦克风阵列进行二维压缩气体泄漏的方位估计,通过稀疏表示方法能够准确得到泄漏声源的方位估计。

1.4.6 基于压缩感知的多泄漏源定位算法

在日常泄漏源监测应用中,某一区域发生的泄漏事故通常可能有多个泄漏源。多源泄漏会明显增加监测定位的难度,尤其是当多个泄漏源产生的浓度场高度重叠时,有效区分并定位这些泄漏源就十分考验算法的能力[173]。针对采用传统算法实现的多源泄漏监测与定位问题,由于多泄漏源监测定位势必增加定位算法优化求解问题的维度,因此,学者们优先考虑找到算法的降维方法进行降维,降维后再采用尽量简单快速的算法进行优化搜索,如最小二乘法等。Haupt S E[174]采用最小二乘法结合伴随方程搜索多个泄漏源,但该方法需要对每个传感器进行伴随扩散方程的求解。Singh S K 等[175]则采用最小二乘法对多个泄漏源的位置和泄漏强度进行计算,并引入伴随方程对每一个传感器进行伴随扩散场的模拟,并在文献[173]中基于最小二乘法和改进的传感器伴随方程,对存在障碍物的扩散场内进行多个泄漏源的定位研究。Crenna B P 等[176]基于数学推导提出了一个切向最小化算法,用于判断泄漏源的数目、位置和强度,但该方法对多个泄漏源的预估表现并不太好。总之,以上方法的实现均需要设计多源定位问题的降维方法,算法的稳健性还有待提高。

多目标定位问题具备的空间域上的稀疏性为压缩感知理论体系的应用提供了可能,在多个泄漏源定位中,传感器网络中感兴趣的目标源多具有一定的稀疏性,压缩感知理论中稀疏信号恢复技术能够利用空间稀疏性为有效解决稀疏特性多个目标源的快速准确定位提供了一种全新的视角[177]。稀疏贝叶斯学习(Sparse Bayesian Learning,SBL)是最经典的稀疏信号恢复技术之一,该算法具有良好的稀疏信号恢复能力以及算法稳健性,为多源定位技术提供了一种新思路。在多源定位问题中,稀疏贝叶斯学习能够通过利用贝叶斯框架构建先验模型,再通过贝叶斯推断学习模型参数,从而通过模型参数学习目标源位置。基于压缩感知稀疏贝叶斯学习的多目标源定位方法可有效地解决传感器结点资源有限条件下的高精度实时定位需求,并获得比传统的定位方法更好的定位性能,已被广泛地应用到传感器网络中的多目标源定位研究中。

1.5 课题研究背景及结构安排

1.5.1 本书的研究背景

近年来,我国工业经济快速发展,环境污染治理和安全监管成为人们关注的重点,加强危化品的安全监控和管理,预防和减少危化品事故,对保护生态环境和保障人民群众生命财产安全具有重要意义。随着物联网技术的发展,基于物联网的智慧安监技术得到了众多学者的关注与研究,其已成为危化品泄漏监测与定位领域研究热点之一。

本书是作者自 2008 年以来,在国家自然科学基金项目"三维时变气流环境下机器人寻踪气味源方法研究"、"机器人气体泄漏源定位关键问题研究"、"动态气流环境中机器人主动嗅觉稳健寻源方法研究"、天津市科技支撑项目"铁路危险化学品运输智能监控物联网系统"、天津市自然科学基金项目"三维复杂流场中压缩感知传感器网络气体泄漏源定位关键问题研究"、"时变流场无线传感器网络多气体泄漏源定位研究"、天津市自然科学基金(企业科技特派员)项目"物联网危化品物流智能监控管理系统研制"、天津市高校科技发展基金项目"时变气流环境中基于分布估计的气体源测定研究"等课题资助下,主要运用传感器网络协作信息处理技术对气体泄漏源定位所完成的研究成果的汇总及提炼。

1.5.2　本书的结构安排

本书分为 9 章,具体内容如下。

第 1 章分析了物联网智慧安监技术及其在危化品泄漏监管领域的研究意义和应用价值,概述了危化气体物联网智慧监测定位的分类和实现方法,并综述了基于物联网的危化气体监测定位算法,指出了本书的研究背景和所做的主要工作。

第 2 章介绍了危化气体物联网智慧监测定位所涉及的关键问题,阐述了危化气体扩散的基本理论和模型,重点归纳总结了基于物联网的智能协作信息处理框架,主要包括分布式估计算法设计、结点的动态自组织调度和结点间的数据通信与传输,分析了危化气体监测定位算法的评价指标。

第 3 章设计了危化气体物联网智慧监测定位系统,主要包括环境状态感知子系统、无线网络通信子系统和智慧监测定位终端 3 部分内容,通过分析系统具体的功能需求,对环境状态监测结点、物联网中各异构网络关、智慧监测定位终端等部分进行了硬件设计和软件设计。

第 4 章在分析研究卡尔曼滤波基本原理的基础上,针对危化气体扩散模型的高度非线性、非高斯特征,研究了序贯分布式卡尔曼滤波危化气体监测定位方法。核心算法分别由序贯扩展卡尔曼滤波算法和序贯无迹卡尔曼滤波算法实现,推导了算法的迭代公式,通过仿真实验对两种算法的性能进行了论证分析。

第 5 章在分析研究最小均方差估计基本原理的基础上,研究了序贯最小均方差估计危化气体监测定位方法。推导了危化气体泄漏参数的最小均方差估计量及其均方误差表达式;构建了信息融合目标函数,并对其求极值实现监测结点调度;实现结点间信息交互与共享,在前结点估计结果基础上,通过迭代调度不同结点完成危化气体泄漏参数估计量及均方误差的更新与传递,最终实现危化气体泄漏监测定位。推导了算法迭代公式,进行了计算机仿真,验证了算法的有效性。

第6章在分析研究并行分簇传感器网络信息处理和粒子滤波基本原理的基础上,研究了能量均衡并行粒子滤波危化气体监测定位方法。推导了簇内粒子滤波估计量及其估计方差表达式,在网络功率一定的能量约束条件下,采用凸优化求解方法基于估计量方差的迹,完成并行簇集之间的调度和协作 MIMO (Multiple Input and Mulitple Output,多输入多输出)通信,实现危化气体泄漏参数估计量的更新及传递,最终完成危化气体泄漏监测定位。推导了算法迭代公式,进行了计算机仿真,验证了算法的有效性。

第7章在分析研究高斯混合模型及非线性滤波原理的基础上,研究了高斯混合模型非线性滤波危化气体监测定位方法。主要基于条件信息熵和互信息理论,采用分布式 EM 算法(Expectation Maximization Algorithm,最大期望算法)和分布式粒子滤波算法相结合的方法完成危化气体泄漏参数的后验概率分布迭代估计,使得分布式粒子滤波的重要性采样函数更符合实际的情况,最终实现危化气体泄漏监测定位。推导了算法迭代公式,进行了计算机仿真,验证了算法的有效性。

第8章在分析研究声源 DOA 估计及稀疏贝叶斯重构理论的基础上,研究了基于压缩感知的危化气体声源监测定位方法。主要根据泄漏气体所伴有的声源特性,基于压缩感知理论构建气体泄漏声源 DOA 估计的数学模型,随后采用稀疏贝叶斯重构算法求解系统稀疏矩阵并实现泄漏声源参数估计,最终实现压缩气体泄漏声源定位研究。推导了算法迭代公式,进行了计算机仿真,验证了算法的有效性。

第9章在分析研究多泄漏源扩散分布多模态及变分贝叶斯期望最大化算法的基础上,研究了基于压缩感知的变分贝叶斯稀疏重构多源监测定位算法。主要在高斯混合先验模型的基础上构建基于压缩感知的多源定位系统模型,采用变分贝叶斯期望最大化算法实现泄漏源位置参数和释放物质扩散分布状态的联合稀疏恢复,以实现多源危化气体监测定位。推导了算法迭代公式,进行了计算机仿真,验证了算法的有效性。

第 2 章

危化气体物联网监测定位关键问题

2.1 引言

从信号处理的角度看,基于物联网的气体泄漏源(即气味源)监测定位问题本质上就是对气体泄漏源信号位置及其他参数的分布式估计问题。气体泄漏源释放的物质在空气中扩散与传输过程可用气体扩散模型进行描述。在扩散模型基础上,采用物联网协作信息处理技术可对气体泄漏源进行智能定位,其中气体扩散模型是危化气体监测定位算法实现的基础。气体在环境中的扩散运动具有流体运动模式的基本物理规律,这些规律可为气体泄漏源定位研究提供理论依据。因此,基于物联网的危化气体泄漏监测定位需要运用流体物理与信号处理两个不同的学科理论知识展开交叉研究,其通常涉及3方面的问题。

(1) 气体扩散模型构建与选择。
(2) 基于物联网的分布式信息融合算法。
(3) 物联网监测结点调度与路由规划。

后两者通常需要相互结合实现,可统称为基于物联网的智能协作信息处理框架。

2.2 危化气体扩散理论及模型

为了实现对危化气体泄漏源定位,需要对气体扩散的一些基本物理规律和理论进行分析和研究。危化气体在环境中的扩散运动具有流体运动模式的基本物理特性,可用物理和数学表达式加以描述,即气体扩散模型[82]。基于气体扩散的物理模型,可以有针对性地研究和运用基于物联网的信息处理方法实现对气体泄漏源定位。这种将气体扩散规律、理论与物联网信息处理技术、方法相结合的研究方法,为实现对危化气体泄漏源定位提供了新的研究思路,具有广阔的应用前景[83]。目前,大部分气体泄漏源定位研究工作都是在土壤、风洞、封闭的室内或具有稳定气流等特定环境下进行的,所采用的气体物理扩散模型主要有静态环境气体扩散模型和动态环境气体扩散模型两种。本书分别基于两种气体扩散模型对危化气体泄漏监测定位问题进行了研究。

2.2.1 气体扩散影响因素

自然环境中的风、温度、湿度等因素会对气体的扩散造成影响,而主要的影响因子是自然风的风速和环境的大气稳定度。大气稳定度,通俗地讲,就是环境中大气的稳定程度,通常会选择大气的气温垂直加速度来衡量当前环境的大气稳定度,是影响气体扩散的最重要的影响因素。环境中的大气越不稳定,产生的湍流现象就越剧烈,大气的对流现象也就越明显,气体扩散现象就会剧烈,使得气体扩散的越快;反之,大气湍流现象就会越不明显,大气的对流现象越弱,气体不容易发生稀释,气体扩散的越慢,会产生危化泄漏气体的沉积,造成严重的污染现象。

当自然环境中有风时,逸散到大气中的危化气体会随着自然风的方向进行飘散,由于风的输送作用,危化气体会从浓度高的区域向浓度低的区域扩散,因此在泄漏源的上风向区域污染现象不明显,而在下风向区域内,危化气体物质会越积越多,使得下风向区域产生严重的环境污染现象。自然风是影响气体扩散的重要影响因素之一,环境中的风速越高,气体就会迅速的进行扩散,泄漏的气体会短时间内进行稀释,从而使得大气中的气体浓度很低,泄漏点处造成的污染就会很小;反之,气体速度越低,气体的扩散就会很慢,气体的稀释需要的时间较长,就会对环境的大气造成严重的污染现象。此外,地理上的一些因素也对气体的扩散产生影响,主要的影响因子有环境地貌以及环境的地面物体。地球的地貌状况复杂,陆地、海洋、丘陵、高山等地貌因素对气体的扩散具有很大的影响;另一方面,地面上的物体也会对气体的扩散造成影响,例如城市中的建筑物。

综上所述,在实际环境中,气体扩散过程中的自身结构相当复杂,同时还经常受外界风的影响,气体的扩散需要更多的要考虑到气体湍流、环境布局及气味源和释放物本身的因素。到目前为止,基于现有理论,还不能给出一个适用于各种条件的气体扩散模型来描述实际环境中的气体扩散问题。因此,目前的研究主要是对其进行特殊化处理,建立或选择相对简单的气体扩散模型。常用的静态环境气体扩散模型[84]有高斯烟羽模型[85](Gaussian Plume Puff Model)、BM(Britter and McQuaid)模型[86]、Sutton模型[87]、气体湍流扩散模型[88]等。在目前已有的气味源定位工作中应用最多的静态气体扩散模型为高斯模型和基于湍流扩散理论的静态气体扩散模型,而动态气体扩散模型由于系统的高度非线性,通常不能直接采用单一扩散模型来进行描述。

2.2.2 高斯气体扩散模型

高斯模型主要有烟羽模型和烟团模型两类,其中烟羽模型适用于连续的点源扩散过程描述,即释放时间通常大于或等于扩散时间的情况;而烟团模型适用于气体瞬间释放或泄漏的扩散过程。

1. 高斯烟羽模型

高斯烟羽模型在风向、风速、大气稳定度均不随时间而变的条件下，一般可用式(2-1)进行描述：

$$c(x,y,z) = \frac{q}{2\pi\sigma_y\sigma_z v} \cdot \exp\left(-\frac{y^2}{2\sigma_y^2}\right) \cdot$$
$$\left\{\exp\left[-\frac{(z-H)^2}{2\sigma_z^2}\right] + \exp\left[-\frac{(z+H)^2}{2\sigma_z^2}\right]\right\} \quad (2\text{-}1)$$

其中，$c(x,y,z)$ 为下风向某点 (x,y,z) 的气体浓度，单位为毫克每立方米 (mg/m^3)；q 是气味源释放率，单位为毫克每秒 (mg/s)；H 为气味源的有效高度，单位为米 (m)；v 是风速，单位为米每秒 (m/s)；σ_y、σ_z 分别是 y 和 z 方向的扩散系数；当 $z=0$ 时，可获得式(2-2)所示的气体浓度的计算公式。

$$c(x,y,z) = \frac{q}{\pi\sigma_y\sigma_z v} \cdot \exp\left(-\frac{y^2}{2\sigma_y^2} - \frac{H^2}{2\sigma_z^2}\right) \quad (2\text{-}2)$$

2. 高斯烟团模型

高斯烟团模型适用于气味源突发释放情况，即其释放时间相对于扩散时间比较短的情况，烟团模型为

$$c(x,y,z) = \frac{2q}{(2\pi)^{3/2}\sigma_x\sigma_y\sigma_z} \cdot \exp\left(-\frac{x^2}{2\sigma_x^2}\right) \cdot$$
$$\exp\left(-\frac{y^2}{2\sigma_y^2}\right) \cdot \exp\left(-\frac{z^2}{2\sigma_z^2}\right) \quad (2\text{-}3)$$

其中，气味源的中心位于坐标原点，σ_x 是 x 方向的扩散系数，其他参数意义如式(2-1)所示。

一般情况下，气味源在空气中的释放过程多为有限时间内的连续排放，如采用烟团模型进行描述，则需要把连续释放源看作在有限时间内的多个瞬时烟团在某点 (x,y,z) 处的气体物质浓度的叠加，由此可以得出下面的扩散模型：

$$c(x,y,z) = \sum_{i=1}^{n} c_i(x,y,z,t-t_i)$$
$$= \sum_{i=1}^{n} \frac{2q}{(2\pi)^{3/2}\sigma_x\sigma_y\sigma_z} \cdot \exp\left[-\frac{(x-vt)^2}{2\sigma_x^2}\right] \cdot$$
$$\exp\left(-\frac{y^2}{2\sigma_y^2}\right) \cdot \exp\left(-\frac{H^2}{2\sigma_z^2}\right) \quad (2\text{-}4)$$

其中，$\sigma_x = \sigma_y$；v 为风速，单位为米每秒 (m/s)；n 为烟团个数。

2.2.3 基于湍流扩散理论的气体扩散模型

1. 无风时气体扩散模型

假设 $c(\boldsymbol{r},t)$ 为气体在位置参数为 $\boldsymbol{r}=(x,y,z)$ 处的浓度值,单位为毫克每立方米(mg/m^3)。$\boldsymbol{f}(\boldsymbol{r},t)$ 为扩散通量,单位为毫克每立方米(mg/m^3)。由菲尔克斯定律可知,垂直于气体扩散方向的单位横截面积扩散通量,在单位时间内与该横截面处的气体浓度梯度成正比,而且气体物质扩散的方向为气体浓度变化梯度的反方向。而该处的气体浓度随时间的变化率等于扩散通量随距离变化率的负值,即

$$\begin{cases} \boldsymbol{f}(\boldsymbol{r},t)=-k\cdot\nabla c(\boldsymbol{r},t) \\ \dfrac{\partial c(\boldsymbol{r},t)}{\partial t}=-\nabla\cdot \boldsymbol{f}(\boldsymbol{r},t) \end{cases} \quad (2\text{-}5)$$

其中,k 为气体的扩散系数,单位为平方米每秒(m^2/s)。

$$\frac{\partial c(\boldsymbol{r},t)}{\partial t}=k\cdot\nabla^2 c(\boldsymbol{r},t) \quad (2\text{-}6)$$

其中,

$$\nabla^2 c(\boldsymbol{r},t)=\frac{\partial^2 c}{\partial^2 x}+\frac{\partial^2 c}{\partial^2 y}+\frac{\partial^2 c}{\partial^2 z}$$

假设一个气味源坐标为 $\boldsymbol{r}_0=(x_0,y_0,z_0)$,从 t_0 时刻开始以释放速率 q 向四周释放气体,由式(2-6)可得

$$c(\boldsymbol{r},t)=\frac{q}{4\pi k|\boldsymbol{r}-\boldsymbol{r}_0|}\cdot \operatorname{erfc}\left[\frac{|\boldsymbol{r}-\boldsymbol{r}_0|}{2\sqrt{k(t-t_0)}}\right] \quad (2\text{-}7)$$

其中,

$$\operatorname{erfc}(x)=\frac{2}{\sqrt{\pi}}\int_x^{+\infty}e^{-y^2}dy$$

为误差补偿函数,$|\boldsymbol{r}-\boldsymbol{r}_0|$ 为传感器结点 $\boldsymbol{r}$ 与气味源 $\boldsymbol{r}_0$ 之间的欧几里得距离。当 $t\leqslant t_0$ 时,$c(\boldsymbol{r},t)=0$,当 $t\rightarrow+\infty$ 时,式(2-7)达到平衡状态[89],此时

$$c(\boldsymbol{r},+\infty)=\frac{q}{4\pi k|\boldsymbol{r}-\boldsymbol{r}_0|} \quad (2\text{-}8)$$

2. 有风时气体扩散模型

气体在空气中的传播除了自身扩散外,往往还要受外界风的影响。假设在同质均匀的风场中,气味源以恒定释放率 q 连续的向空气中释放气体,且被释放的物质在环境中以一定扩散率 k 向四周扩散。$c(\boldsymbol{r},\boldsymbol{r}_0,t)$ 表示在 t 时刻坐标

点 $r=(x,y,z)$ 处的气体浓度,$r_0=(x_0,y_0,z_0)$ 表示气味源坐标位置。t_0 表示气味源释放气体的初始时刻,考虑到风速影响,由菲尔克斯定律可知:

$$\frac{\partial c(r,t)}{\partial t} - k \cdot \nabla^2 c(r,t) + v \cdot \nabla c(r,t)$$
$$= q \cdot 1(t-t_0) \cdot \delta(x-x_0) \cdot \delta(y-y_0) \cdot \delta(z-z_0) \quad (2-9)$$

其中,$v=(v_x,v_y,v_z)$ 为风速向量,单位为米每秒(m/s);由式(2-9)可以推导出式(2-10)。

$$c(r,r_0,t) = \frac{q}{8\pi k |r-r_0|} \cdot \exp\left[\frac{(r-r_0) \cdot v}{2k}\right] \cdot \left\{\exp\left(\frac{|r-r_0| \cdot |v|}{2k}\right) \cdot \right.$$
$$\operatorname{erfc}\left[\frac{|r-r_0|}{2\sqrt{k(t-t_0)}} + |v| \cdot \sqrt{\frac{t-t_0}{4k}}\right] + \exp\left(-\frac{|r-r_0| \cdot |v|}{2k}\right) \cdot$$
$$\left.\operatorname{erfc}\left[\frac{|r-r_0|}{2\sqrt{k(t-t_0)}} - |v| \cdot \sqrt{\frac{t-t_0}{4k}}\right]\right\} \quad (2-10)$$

其中,$|r-r_0|$ 表示传感器结点 r 与气味源 r_0 之间的欧几里得距离,$|v|$ 表示风速。当 $t \leqslant t_0$ 时,$c(r,r_0,t)=0$,当 $t \to +\infty$ 时,$c(r,r_0,+\infty)$ 表示达到平衡状态,此时

$$\lim_{t \to \infty} c(r,r_0,t) = \frac{q}{4\pi k |r-r_0|} \cdot$$
$$\exp\left[\frac{(r-r_0) \cdot v - |r-r_0| \cdot |v|}{2k}\right] \quad (2-11)$$

当 $v=0$ 时,即无风情况,式(2-11)变成式(2-8);当 $v=(v_x,0,0)$ 时,即只有 x 方向有风的情况,式(2-11)转化为

$$\lim_{t \to \infty} c(r,r_0,t) = \frac{q}{4\pi k |r-r_0|} \cdot$$
$$\exp\left\{\frac{v_x \cdot [(x-x_0) - |r-r_0|]}{2k}\right\} \quad (2-12)$$

3. Ishida 模型

文献[90]中给出一种时均气体分布模型。此模型可以描述在时均风速恒定且均匀(Homogeneous)、各向同性(Isotropic)的湍动气流作用下的气体物质分布状况。假设危化气体点源位于地平面上 $r_0=(x_0,y_0)$ 处,则气体分布模型表达式如下:

$$c(r_i,t) = \frac{q}{2\pi k} \cdot \frac{1}{d} \cdot \exp\left[-\frac{v}{2k}(d-\Delta x)\right] \quad (2-13)$$

其中，$c(\boldsymbol{r}_i,t)$为监测区域中传感器结点$\boldsymbol{r}_i=(x_i,y_i)$处的气体浓度值；$q$为气体释放率；$k$是湍流扩散系数；$v$为风速；$d$是区域中传感器结点$\boldsymbol{r}_i=(x_i,y_i)$到气体泄漏源$\boldsymbol{r}_0=(x_0,y_0)$的距离，即

$$d=\sqrt{(x_i-x_0)^2+(y_i-y_0)^2}$$

如果假设风向沿着x轴，则式(2-13)可以简化为

$$c(\boldsymbol{r}_i,t)=\frac{q}{2\pi k}\cdot\frac{1}{x_i-x_0}\cdot\exp\left\{-\frac{v}{2k}[d-(x_i-x_0)]\right\} \quad (2-14)$$

可以看出式(2-14)与式(2-12)非常相似，针对所模拟的环境条件，基于湍流扩散理论的静态模型和 Ishida 所提出的模型均引入风的因素。受外界风速和风向影响，气体主要是沿着风向扩散，风是基于湍流扩散理论的静态模型中重要影响因素，所以本书中气体泄漏源的定位算法主要是在基于湍流的静态模型的基础上进行。

2.2.4 经典气体扩散烟羽仿真模型

1. Farrell 基于细丝的大气扩散模型

Farrell 和 Murlis 等所建的基于细丝的大气扩散模型(简称 Farrell 模型)是目前应用较为广泛的烟羽模型。Farrell 大气扩散的模型中包括了一个连续的流场，流场中风速的大小及方向都是时变的，流场中时变的风速使得流场中的烟羽(气味浓度)具有蜿蜒性、间歇性和时变性，如图 2-1 所示。在图 2-1 中，实

图 2-1 Farrell 模型[16]

验区域大小为 100m×100m,气味源的坐标为(5,0),单位为米(m),图中箭头的长短和方向分别代表该位置风速的大小和方向,小圆点表示烟羽,烟羽每 0.01s 刷新一次。

2. Balkovsky 的格构(Lattice)烟羽模型

在 Balkovsky 所建立的格构烟羽模型中,以气味源为坐标原点(0,0),以平均风的下风向为坐标轴 y 的正方向。在每个时间步长内,有一个气味包从气味源处释放出来,气味包的运动受流场中风的控制。在每个步长内,气味包都向 y 轴的正向移动一个单位,在 x 轴方向的移动可以是正向也可以是负向,也可以静止不动,移动量为一个单位。即在每个时间步长内,风速可以是(−1,1)、(0,1)或(1,1)3 种情况,气味包在每个步长内受这 3 种风速影响的概率是相同的。如图 2-2 所示,烟羽模型某个瞬间的烟羽分布中,小圆点表示气味包,位于下方的曲线为经过长时间统计得到的气味包的概率分布。长时间烟羽的概率分布可以用式(2-15)表示:

$$P(r) = \frac{1}{\sqrt{4\pi Dy}} \exp\left[-\frac{x^2}{4Dy}\right] \qquad (2-15)$$

其中,$r=(x,y)$,D 为漩涡的扩散率。

图 2-2 Balkovsky 的格构烟羽模型在某个瞬间的烟羽分布

3. 基于 CofinBox 的烟羽模型

Lino Marques 利用 CofinBox 软件包和 MMPP(Markov Modulated Poisson Process)模型,计算所获得的烟羽也具有蜿蜒性和间歇性的特点,如图 2-3 所示。图中实心小圆点表示随风飘散的气味包;空心圆圈代表气味包的中心线的位置。

图 2-3 基于 CofinBox 的烟羽模型

4. Sutton 和 Li Wei 的三维烟羽模型(CPT_M3D)

Sutton 和 Li Wei 的 CPT_M3D 模型是在 Farrell 二维烟羽模型的基础上所建的,将二维烟羽改成了三维烟羽,如图 2-4 所示。图中箭头代表风向,曲线代表机器人的运动轨迹,箭头的圆点代表机器人,不带箭头的圆点代表气味源,小点代表烟羽。

5. Liu 基于 CFD 的连续烟羽模型

Liu 利用计算流体动力学的 Fluent[50] 商用软件包计算得到风场和浓度场数据。并将所计算得到的数据导出,再导入 MATLAB 中软件中,用于移动机器人气味源定位研究的仿真实验。如图 2-5 所示为其得到的烟羽仿真环境。

图 2-5 中,中间的正方形代表障碍物,左边的小长方形代表气味源,气味源周围浓度高,左下方的位置气味浓度低。由图 2-5 可知,该模型计算出来的浓度是连续的烟羽,和真实环境中烟羽的间歇性不相符合。

图 2-4　CPT_M3D 烟羽模型示意图

图 2-5　基于 CFD 的连续烟羽模型

2.2.5　气体扩散仿真风场和浓度场建立与分析

在构建气体扩散物理模型和仿真模型的同时,还需要考虑气体扩散过程中的风速影响,以及风速与气体扩散浓度之间的关系。本节重点分析建立与真实环境相似的仿真风场和浓度场过程,并通过对实测风场和浓度场信息与仿真风场和浓度场信息的对比分析说明其与真实环境的相似性。

1. 真实风速和浓度数据的采集

真实的风场数据采集主要借助三维风速仪实现,所采集的数据可为后面的风场仿真进口条件及实测与仿真风场和浓度场信息的对比提供数据。一般情况下风速信息和浓度信息的采集是同时进行的。本节所完成的风速信息和浓度信息采集主要基于:

(1) 实验环境　本研究的实验环境为天津某大学的实验室,如图 2-6 所示。实验区域长、宽、高分别为 6.9m、5.5m、3m。采集风以及浓度的数据时将门以及对角方向的一扇窗打开,形成通风环境,门宽 1.3m、高 2m,中心位置距离右侧墙壁 1.25m;窗宽 0.5m 高 1.1m,底端离地高度为 0.95m,右侧离右侧墙壁距离为 5.4m;窗下侧靠墙的桌子高度为 0.75m。

(a) 从门口拍摄　　(b) 从室内拍摄

图 2-6　实验环境

(2) 风速信息的测量　实验时共采用 8 个超声风速风向传感器,测量时长 15min,采样频率为 4Hz。在门中心位置(结点 8)使用一个三维风速传感器(Gill,R3-50)测量的风速、风向信息作为风场仿真的进口边界条件。为了验证仿真风场与真实风场的相似性,在室内(结点 2 到结点 6)和窗口处(结点 1)用 7 个二维风速风向仪传感器(Gill,WindSonic)采集风速和风向信息。风速风向传感器实际布局如图 2-6 所示,传感器摆放高度为 1m。图 2-7 为对应平面示意图,图中圆点表示风速风向传感器。风速风向传感器的位置坐标如表 2-1 所示。

图 2-7　气味源和传感器的分布

表 2-1　风速风向传感器的坐标位置

测量结点	结点1	结点2	结点3	结点4	结点5	结点6	结点7	结点8
x 坐标/m	5.65	2.07	3.87	5.67	2.07	3.87	5.67	1.20
y 坐标/m	0.00	2.09	2.09	2.09	3.89	3.89	3.89	5.50

(3) 浓度信息的测量　浓度信息测量通常包含气体传感器的标定环节,本研究所用的气体传感器(MiCS-5521)为金属氧化物半导体气体传感器,这类传感器的输出会受环境温度、环境湿度等因素的影响。一个已经标定好的传感器,如果使用的环境和时间发生了变化(如在室内标定好之后,在室外进行使用;今天标定好的传感器,改天再使用),那么它的基准值(浓度为 0 时对应的输出)也将发生偏移。所以为保证实验数据的准确性,在实验之前要进行气体传感器的标定。如图 2-8 所示为标定气体传感器的实验图。图 2-9 为对 16 个气体传感器标定的结果图。图中,横坐标表示气体浓度,纵坐标表示传感器输出电压值;"＋"为相应标定点所对应的值,曲线为拟合出来的标定曲线。

图 2-8　气体传感器的标定

本研究真实实验的气味源为酒精,气体传感器为 MiCS-5521 酒精浓度传感器。采样频率为 1Hz,采样时长为 15min。气味源、气体传感器实际布局如图 2-6 所示,摆放高度均为 1m。图 2-7 中方块代表气味源,三角代表浓度传感器。气味源和气体传感器的位置坐标如表 2-2 所示。

图 2-9 传感器的标定结果

注：PPM(Parts Per Million,百万分之一。)

表 2-2 气味源和气体传感器的坐标位置

测量结点	气味源	浓度测量结点				
		传感器 1	传感器 2	传感器 3	传感器 4	传感器 5
x 坐标/m	1.20	1.20	1.20	2.07	2.07	3.87
y 坐标/m	5.00	4.60	2.99	2.09	1.09	1.09

2. 各测量点仿真风速与实测风速的对比分析

湍流环境中每点的风速、风向时间序列都是随机变化的,也就是说用仿真的方法不可能得到和真实环境完全相同的风场,但仿真风场和真实风场在统计意义上是存在一些共同特征的,也就是说在统计意义上具有可比性。如图 2-10 所示,为测量结点 4 的实测与仿真风速 x/y 方向分量的对比,实测风速呈现出较大的脉动特性,而仿真风速只能给出较平稳的时均风速值,但它与实测风速的中心线基本一致,即仿真风速与实测风速的均特性是具有可比性的,这与上文的理论分析是一致的。

图 2-10 测量结点 4 实测与仿真风速在 x 和 y 方向分量的对比

3. 各测量点仿真浓度与实测浓度统计量的对比分析

下面从各浓度测量点浓度值的长时间统计量来分析仿真环境和真实环境的相似性。各浓度测量点的坐标如表 2-2 所示。真实浓度的采集已在第一部分中进行了详细阐述,仿真浓度的采集在仿真环境中进行,测量点和真实环境测量点相对应,采样时长和采样频率都与真实实验一样,测量时间也与真实测量相对应。图 2-11～图 2-15 是各浓度测量点实测浓度(PPM)和仿真浓度(单位为每立方厘米的分子数)的平均值、标准差、偏度、峰度、峰值与均值之比的走势图。平均浓度随着离气味源的距离增加而减小,传感器 4 测量的浓度稍高是因为室内烟羽累积所致;标准差随着离气味源的距离增加而减小,因为离气味源越远浓度越低,瞬时浓度偏离均值也就越小;除传感器 4 外,随着离气味源的距离增加,偏度、峰度、峰值与均值之比都增大,传感器 4 减小是由于受到烟羽累积的作用较大。从图中可以看出,各统计量的走势基本一致,这也说明本文建立的室内仿真烟羽模型和真实环境具有较高的相似性。

图 2-11　实测浓度与仿真浓度平均值的走势对比

图 2-12　实测浓度与仿真浓度标准差的走势对比

图 2-13 实测浓度与仿真浓度偏度的走势对比

图 2-14 实测浓度与仿真浓度峰度的走势对比

图 2-15 实测浓度与仿真浓度峰值与均值之比的走势对比

2.2.6 室内通风环境下的气体扩散二维烟羽仿真模型构建

受环境中湍流的影响,流体中气味分布特性很难用控制方程计算得到的准确解析解来表达,而采用 CFD 方法则有可能找出满足工程需要的数值解。目前 CFD 中使用较多的数值模拟方法包括直接数值模拟(DNS)、大涡模拟(LES)、Reynolds 平均法。DNS 直接用瞬时的 Navier-Stokes 公式进行计算,理论上可以得到相对准确的计算结果。但是现有的计算机能力难以满足该方法的计算要求。大涡模拟是用瞬时的 Navier-Stokes 方程直接模拟湍流中的大尺度涡,而小尺度涡运动的影响则通过建立模型来考虑。然而,该方法对计算机要求仍然比较高。Reynolds 平均法不直接求解瞬时的 Navier-Stokes 方程,而是求解时均化的 Navier-Stokes 方程。这样,不仅可以避免计算量太大的问题,而且工程实际中可以取得好的效果。本书就采取 Reynolds 平均法来计算时均化的流场。Liu 提出的基于 CFD 的连续烟羽模型直接将 Fluent 软件计算得到的时均化流场和浓度场作为仿真环境,机器人在该环境下进行气味源搜索,与实际的气态流体环境相比,该模型没有考虑流场和浓度场的脉动。

为了更加接近真实条件下的流场和浓度场,通过结合 Farrell 的模型和 CFD 计算结果对通风室内二维环境进行模拟,即速度的对流分量通过 CFD 计算时均化流速得到,而速度的脉动分量和浓度场计算都采用了基于 Farrell 模型的方法。

CFD 通过数值计算的方法(如有限差分、有限元、有限体积法等)迭代地求解质量守恒、动量守恒和能量守恒公式。这里通过 CFD 用 Fluent 生成搜索环境中的流场数据。Fluent 是一款使用广泛、技术成熟的软件,计算结果具有较高的可信度。用 Fluent 可以模拟从不可压流体到高度可压缩流体的复杂流动问题,采用多种求解方法和多重网格加速收敛技术,能达到很好的收敛速度和求解精度。CFD 主要是通过质量守恒方程、动量守恒方程、能量守恒方程和组分质量守恒定律进行计算。下面就对这 4 个公式的使用进行简单介绍。

质量守恒方程常称为连续方程,表述为单位时间内流体微元体中质量的增加等于同一时间间隔内流入该微元体的净质量,如式(2-16)所示:

$$\frac{\partial \rho}{\partial t} + \frac{\partial (\rho u)}{\partial x} + \frac{\partial (\rho v)}{\partial y} + \frac{\partial (\rho w)}{\partial z} = 0 \qquad (2-16)$$

其中,ρ 表示密度;t 表示时间;u、v、w 表示速度向量在 x、y、z 方向的分量。

由动量守恒定律——微元体中流体的动量对时间的变化率等于外界作用在该微元体上的各种力之和,得出的动量守恒方程(也称 Navier-Stokes 方程)[116]如下:

$$\frac{\partial(\rho u)}{\partial t}+\frac{\partial(\rho u u)}{\partial x}+\frac{\partial(\rho u v)}{\partial y}+\frac{\partial(\rho u w)}{\partial z}$$
$$=\frac{\partial}{\partial x}\left(\mu\frac{\partial u}{\partial x}\right)+\frac{\partial}{\partial y}\left(\mu\frac{\partial u}{\partial y}\right)+\frac{\partial}{\partial z}\left(\mu\frac{\partial u}{\partial z}\right)-\frac{\partial p}{\partial x}+S_u \qquad (2\text{-}17)$$

$$\frac{\partial(\rho v)}{\partial t}+\frac{\partial(\rho v u)}{\partial x}+\frac{\partial(\rho v v)}{\partial y}+\frac{\partial(\rho v w)}{\partial z}$$
$$=\frac{\partial}{\partial x}\left(\mu\frac{\partial v}{\partial x}\right)+\frac{\partial}{\partial y}\left(\mu\frac{\partial v}{\partial y}\right)+\frac{\partial}{\partial z}\left(\mu\frac{\partial v}{\partial z}\right)-\frac{\partial p}{\partial y}+S_v \qquad (2\text{-}18)$$

$$\frac{\partial(\rho w)}{\partial t}+\frac{\partial(\rho w u)}{\partial x}+\frac{\partial(\rho w v)}{\partial y}+\frac{\partial(\rho w w)}{\partial z}$$
$$=\frac{\partial}{\partial x}\left(\mu\frac{\partial w}{\partial x}\right)+\frac{\partial}{\partial y}\left(\mu\frac{\partial w}{\partial y}\right)+\frac{\partial}{\partial z}\left(\mu\frac{\partial w}{\partial z}\right)-\frac{\partial p}{\partial z}+S_w \qquad (2\text{-}19)$$

式中,μ 表示动力黏度(Dynamic Viscosity);S_u、S_v、S_w 表示动量守恒方程的广义源项;p 表示流体微元体上的压力。

能量守恒公式又称能量方程,可表述为微元体中能量的增加率等于进入微元体的净热流量加上体力与面力对微元体所做的功,可由式(2-20)表示[116]:

$$\frac{\partial(\rho T)}{\partial t}+\frac{\partial(\rho u T)}{\partial x}+\frac{\partial(\rho v T)}{\partial y}+\frac{\partial(\rho w T)}{\partial z}$$
$$=\frac{\partial}{\partial x}\left(\frac{k}{c_p}\frac{\partial T}{\partial x}\right)+\frac{\partial}{\partial y}\left(\frac{k}{c_p}\frac{\partial T}{\partial y}\right)+\frac{\partial}{\partial z}\left(\frac{k}{c_p}\frac{\partial T}{\partial z}\right)+S_T \qquad (2\text{-}20)$$

式中,c_p 表示比热容;T 表示温度;k 表示流体的传热系数;S_T 表示流体的内热源及由于黏性作用流体机械能转换为热能的部分。

质量守恒方程、动量守恒方程和能量守恒方程构成了 CFD 求解流动问题的基本框架。此外,在一个特定的系统中,可能存在质的交换,或者存在多种化学组分,每种组分都要遵守组分质量守恒定律。对于一个确定的系统而言,组分质量守恒定律可以表述为系统内某种化学组分质量对时间的变化率等于通过系统界面净扩散流量与通过化学反应产生的该组分的生产率之和。根据组分质量守恒定律可以写出组分质量守恒方程:

$$\frac{\partial(\rho c_s)}{\partial t} + \frac{\partial(\rho c_s u)}{\partial x} + \frac{\partial(\rho c_s v)}{\partial y} + \frac{\partial(\rho c_s w)}{\partial z}$$
$$= \frac{\partial}{\partial x}\left[D_s \frac{\partial(\rho c_s)}{\partial x}\right] + \frac{\partial}{\partial y}\left[D_s \frac{\partial(\rho c_s)}{\partial y}\right] + \frac{\partial}{\partial z}\left[D_s \frac{\partial(\rho c_s)}{\partial z}\right] + S_s \quad (2\text{-}21)$$

式中,c_s表示组分s的体积浓度;D_s表示该组分的扩散系数;S_s表示该组分的生产率。一种组分的质量守恒方程实际就是一个浓度传输方程,当水流或气流在流动过程中挟带有某种污染物时,污染物质在流动情况下除有分子扩散外还会随流传输,即传输过程包括对流和扩散两部分,污染物质的浓度随时间和空间变化。因此,组分方程在有些情况下被称为浓度传输方程或浓度方程。二维烟羽仿真模型构建通常包括基于CFD计算对流风速和速度脉动与浓度计算两部分。在第一步对流风速计算过程中通常会涉及定义仿真区域、设置边界条件、选择求解器、模型的选择和运行仿真求解等步骤构成。

天津大学李飞结合Farrell模型和CFD计算对室内通风二维环境进行模拟,风场中速度的平流分量通过CFD中的Reynolds平均法计算时均化流速得到,而浓度场的计算和速度的脉动分量与Farrell模型中相同。为了模拟实际气体传感器的时延特性,还加入了二阶气体传感器模型。上述烟羽仿真环境是用Visual C++建立的一个动态的可视化仿真环境。主要以实测风速作为入口边界条件,用Fluent软件进行二维空间的风场仿真,在每一个要求解的时间步长内都输出一个文件,该文件包含了仿真流场中各网格结点的位置信息以及网格结点处的仿真风速信息。根据分析可知,用Fluent软件仿真所得到的风速可作为室内风场的平流风速。目前,由于传感器网络结点多高度固定,气体源定位的研究所用到的信息又只是某一平面内的风信息和浓度信息,所以为了满足真实性和考虑到目前研究的需要,取其中高度为1m平面内的风速值不是计算网格结点位置处的风速,用插值法获得,再叠加上分析得出的脉动风速,即可形成烟羽仿真环境的风场,在该仿真模型中用Visual C++进行可视化处理,如图2-16中箭头所示。有了仿真风场之后,在Visual C++环境中加上Farrell模型,构建出烟羽仿真环境中的浓度场。在可视化环境中,如图2-16实心圆表示烟羽,颜色越深表示浓度越大,颜色越浅表示浓度越低。图2-16左侧表示李飞仿真烟羽环境的构建过程。需要指出的是,第一,该模型仿真时用的边界条件是人工设定的均匀风场,而实际情况下窗口处和门处的风是由平均值和脉动值两部分组成的,并且随着时间不断变化。第二,该模型也没有经过实测数据的对比验证。

图 2-16　李飞室内通风环境下的二维湍流烟羽模型

2.3　基于物联网的智能协作信息处理框架

由于物联网中的单个监测结点的信息采集、处理和通信能力通常有限,因此,多采用多个监测结点相互协作的方法完成环境信息感知与处理、数据通信与传输等复杂的任务,可在节省网络能量、延长网络寿命的同时提高整个物联网系统的稳健性和可靠性[91-92]。物联网智能协作信息处理技术主要解决以下问题。

(1) 基于概率估计理论结合网络拓扑结构设计分布式信息算法,在本书中主要采用分布式估计算法实现。

(2) 基于信息融合参数和效用函数设计物联网中监测结点的调度和路由规划策略,实现实时动态环境中监测结点的激活和运动控制,并基于通信协议实现物联网内监测结点自组织通信。图 2-17 描述了物联网智能协作信息处理功能模块及其相互关系结构。

图 2-17　物联网智能协作信息处理框架结构

2.3.1　经典分布式估计算法

物联网中多个监测结点协作信息处理一般采用分布式估计算法实现,对特定事件如危化气体泄漏源的监测定位来讲,分布式估计算法的设计是关系到整个物联网络能否高效完成气体泄漏状态参数估计的核心问题。

下面介绍后续章节所涉及的经典分布式估计算法及估计理论,主要包括最小方差估计、最小均方差(MMSE)估计和卡尔曼滤波等理论。

1. 最小方差无偏估计器(MVUE)

根据估计理论,参数 $\boldsymbol{\theta} \in \mathbb{R}^{p \times 1}$,基于观测数据集 z 产生估计 $\hat{\boldsymbol{\theta}}$,若满足 $E(\hat{\boldsymbol{\theta}}) = \boldsymbol{\theta}$,则该估计量是无偏的。估计量的均方误差(MSE)为

$$\mathrm{MSE}(\hat{\boldsymbol{\theta}}) = E[(\hat{\boldsymbol{\theta}} - \boldsymbol{\theta})^{\mathrm{T}}(\hat{\boldsymbol{\theta}} - \boldsymbol{\theta})] \tag{2-22}$$

若直接采用极小化 $\mathrm{MSE}(\hat{\boldsymbol{\theta}})$ 作为估计性能准则将导致不可实现的估计器,最优估计将不能仅仅表示成观测数据的函数,这是因为

$$\begin{aligned}\mathrm{MSE}(\hat{\boldsymbol{\theta}}) &= E\{[\hat{\boldsymbol{\theta}} - E(\hat{\boldsymbol{\theta}}) + E(\hat{\boldsymbol{\theta}}) - \boldsymbol{\theta}]^{\mathrm{T}}[\hat{\boldsymbol{\theta}} - E(\hat{\boldsymbol{\theta}}) + E(\hat{\boldsymbol{\theta}}) - \boldsymbol{\theta}]\} \\ &:= \mathrm{tr}\{\mathrm{Var}(\hat{\boldsymbol{\theta}})\} + b^2(\boldsymbol{\theta})\end{aligned} \tag{2-23}$$

其中,$\mathrm{tr}\{\mathrm{Var}(\hat{\boldsymbol{\theta}})\}$ 为估计量 $\hat{\boldsymbol{\theta}}$ 的协方差阵的迹,$b^2(\boldsymbol{\theta})$ 为偏差项。由于偏差项依赖于未知参数 $\boldsymbol{\theta}$,因此通过对 $\mathrm{MSE}(\hat{\boldsymbol{\theta}})$ 求极小值的方法将依赖于未知参数 $\boldsymbol{\theta}$,从

而导致不可实现的估计器。因此需要考虑无偏估计,即偏差项为零的估计[93]。下面介绍一种最优线性无偏估计器,即偏差项为零且为线性最优的估计器。

2. 最优线性无偏估计器(BLUE)

设观测向量 $z = [z_1\ z_2\ \cdots\ z_N]^T$,且其联合概率分布为 $p(z,\boldsymbol{\theta})$,考虑一般性的线性观测模型,若观测模型为

$$z = H\boldsymbol{\theta} + w \tag{2-24}$$

其中,$z \in \mathbb{R}^{N \times 1}$,观测矩阵 $H \in \mathbb{R}^{N \times p}$,待估量参数 $\boldsymbol{\theta} \in \mathbb{R}^{p \times 1}$,$w \in \mathbb{R}^{N \times 1}$ 为一个零均值噪声向量,协方差为 C,w 概率分布可任意,则关于 $\boldsymbol{\theta}$ 的最优线性无偏估计为

$$\hat{\boldsymbol{\theta}} = (H^T C^{-1} H)^{-1} H^T C^{-1} z \tag{2-25}$$

且 $\hat{\boldsymbol{\theta}}$ 的协方差矩阵为

$$C_{\hat{\boldsymbol{\theta}}} = (H^T C^{-1} H)^{-1} \tag{2-26}$$

3. 最小均方差估计器(MMSE)

考虑随机向量 $\boldsymbol{\theta} \in \mathbb{R}^{p \times 1}$,设其先验分布为 $p_\theta(\boldsymbol{\theta})$,均方误差亦根据式(2-22)给定,设 z 为观测数据集,则关于 $\boldsymbol{\theta}$ 的最小均方差估计为

$$\hat{\boldsymbol{\theta}} = E(\boldsymbol{\theta} \mid z) = \int \boldsymbol{\theta} p_\theta(\boldsymbol{\theta} \mid z) d\boldsymbol{\theta} = \int \boldsymbol{\theta} \frac{p_z(z \mid \boldsymbol{\theta}) p_\theta(\boldsymbol{\theta})}{\int p_z(z \mid \boldsymbol{\theta}) p_\theta(\boldsymbol{\theta}) d\boldsymbol{\theta}} d\boldsymbol{\theta} \tag{2-27}$$

考虑一种特殊情况,若 x 和 y 是联合高斯随机向量,其中 $x \in \mathbb{R}^{m \times 1}$,$y \in \mathbb{R}^{n \times 1}$,期望向量为 $[Ex^T, Ey^T]^T$ 且协方差矩阵为 $C = \begin{bmatrix} C_{xx} & C_{xy} \\ C_{yx} & C_{yy} \end{bmatrix}$,则

$$\begin{cases} E(y \mid x) = E(y) + C_{yx} C_{xx}^{-1} [x - E(x)] \\ C_{y\mid x} = C_{yy} - C_{yx} C_{xx}^{-1} C_{xy} \end{cases} \tag{2-28}$$

其中,后验协方差矩阵 $C_{y\mid x}$ 与观测 x 无关,这是因为 x 和 y 服从联合高斯分布,而通常情形下后验协方差矩阵与观测有关。

4. 线性最小均方差估计(LMMSE)

对于线性最小均方差估计,若观测 x 满足下面的贝叶斯线性模型:

$$z = H\boldsymbol{\theta} + w \tag{2-29}$$

其中,$z \in \mathbb{R}^{N \times 1}$,观测矩阵 $H \in \mathbb{R}^{N \times p}$ 已知,$\boldsymbol{\theta} \in \mathbb{R}^{p \times 1}$ 为待估计向量,其均值为 $E(\boldsymbol{\theta})$,协方差阵为 $C_{\theta\theta}$,$w \in \mathbb{R}^{N \times 1}$ 为零均值协方差阵为 C_w 噪声向量,且与 $\boldsymbol{\theta}$ 不相关,联合分布 $p(w, \boldsymbol{\theta})$ 可任意,则对 $\boldsymbol{\theta}$ 的线性最小均方差估计为

$$\begin{aligned} \hat{\boldsymbol{\theta}} &= E(\boldsymbol{\theta}) + C_{\theta\theta} H^T (H C_{\theta\theta} H^T + C_w)[x - HE(\boldsymbol{\theta})] \\ &= E(\boldsymbol{\theta}) + (C_{\theta\theta}^{-1} + H^T C_w^{-1} H)^{-1} H^T C_w^{-1} [x - HE(\boldsymbol{\theta})] \end{aligned} \tag{2-30}$$

估计器的性能通过误差 $\boldsymbol{\varepsilon} = \hat{\boldsymbol{\theta}} - \boldsymbol{\theta}$ 测定,其均值为 0,协方差阵为

$$C_\varepsilon = E_{z,\theta}(\boldsymbol{\varepsilon}\boldsymbol{\varepsilon}^T) = C_{\theta\theta} - C_{\theta\theta}\boldsymbol{H}^T(\boldsymbol{H}C_{\theta\theta}\boldsymbol{H}^T + C_w)\boldsymbol{H}C_{\theta\theta}$$
$$= (C_{\theta\theta}^{-1} + \boldsymbol{H}^T C_w^{-1} \boldsymbol{H})^{-1} \tag{2-31}$$

若以上联合分布 $p(w,\theta)$ 为高斯分布,则线性最小均方差估计器即为最小均方差估计器。虽然一般来说线性最小均方差估计器是次优的,但由于它的解析形式以及仅依赖于均值和协方差的性质,故在实际中经常用到。

5. 卡尔曼滤波

卡尔曼滤波给出了一种高效的计算方法来实现系统的状态参数估计,并可以使估计量的均方误差最小。卡尔曼滤波在线性系统中的应用非常广泛且功能强大,它不仅能够实现信号参量的过去和当前状态估计,甚至能对其将来的状态进行估计。下面对卡尔曼滤波器进行概括介绍。

假设高斯离散马尔可夫模型为

$$\boldsymbol{\theta}(k) = \boldsymbol{A}\boldsymbol{\theta}(k-1) + \boldsymbol{B}\boldsymbol{\mu}(k), \quad k \geq 0 \tag{2-32}$$

其中,状态向量 $\boldsymbol{\theta}(k) \in \mathbb{R}^{p \times 1}$,且 $\boldsymbol{A} \in \mathbb{R}^{p \times p}$ 和 $\boldsymbol{B} \in \mathbb{R}^{p \times r}$ 为已知矩阵。驱动噪声向量 $\boldsymbol{\mu}(k) \in \mathbb{R}^{r \times 1}$,且 $\boldsymbol{\mu}(k) \sim N(\boldsymbol{0}, \boldsymbol{Q})$,其不同时刻相互独立,即若 $m \neq n$,则 $E[\boldsymbol{\mu}(m)\boldsymbol{\mu}^T(n)] = 0$。初始状态 $\boldsymbol{\theta}(0) \sim N(\mu_s, \Sigma_s)$,且与 $\boldsymbol{\mu}(k)$ 独立。

观测向量 $z(k) \in \mathbb{R}^{N \times 1}$,为下面贝叶斯线性模型:

$$\boldsymbol{z}(k) = \boldsymbol{H}(k)\boldsymbol{\theta}(k) + \boldsymbol{w}(k), \quad k \geq 0 \tag{2-33}$$

其中,观测矩阵 $\boldsymbol{H}(k) \in \mathbb{R}^{N \times p}$ 已知,观测噪声向量 $\boldsymbol{w}(k) \in \mathbb{R}^{N \times 1}$,且 $\boldsymbol{w}(k) \sim N[\boldsymbol{0}, \boldsymbol{\Sigma}(k)]$,其不同时刻相互独立,即若 $m \neq n$,则 $E[\boldsymbol{w}(m)\boldsymbol{w}^T(n)] = 0$。则基于观测向量 $\boldsymbol{z}(k) = \{z_k^1, z_k^2, \cdots, z_k^n\}$ 对 $\boldsymbol{\theta}(k)$ 的最小均方差估计,即

$$\boldsymbol{\theta}(k|k) = E[\boldsymbol{\theta}(k)|\boldsymbol{z}(k)] \tag{2-34}$$

可以通过下面的递归方程进行计算。

估计预测:

$$\hat{\boldsymbol{\theta}}(k|k-1) = \boldsymbol{A}\hat{\boldsymbol{\theta}}(k-1|k-1) \tag{2-35}$$

协方差阵预测:

$$\boldsymbol{P}(k|k-1) = \boldsymbol{A}\boldsymbol{P}(k-1|k-1)\boldsymbol{A}^T + \boldsymbol{B}\boldsymbol{Q}\boldsymbol{B}^T \tag{2-36}$$

卡尔曼滤波增益:

$$\boldsymbol{G}(k) = \boldsymbol{P}(k|k-1)\boldsymbol{H}^T(k)[\boldsymbol{H}(k)\boldsymbol{P}(k|k-1)\boldsymbol{H}^T(k) + \boldsymbol{\Sigma}(k)]^{-1} \tag{2-37}$$

估计校正:

$$\hat{\boldsymbol{\theta}}(k|k) = \hat{\boldsymbol{\theta}}(k|k-1) + \boldsymbol{G}(k)[\boldsymbol{z} - \boldsymbol{H}(k)\hat{\boldsymbol{\theta}}(k|k-1)] \tag{2-38}$$

43

协方差阵校正：

$$P(k \mid k) = [I - G(k)H(k)]P(k \mid k-1) \quad (2\text{-}39)$$

其中，$G(k) \in \mathbb{R}^{p \times m}$，$P(k \mid k) \in \mathbb{R}^{p \times p}$，上述递归方程初始化为 $\hat{\theta}(0 \mid 0)$ 和 $P(0 \mid 0) \in \Sigma_s$。

2.3.2 物联网监测结点调度与规划策略及自组织通信

物联网中的单个监测结点虽然具有独立的信息感知、信息处理与通信功能，但其感知范围、通信半径以及计算能力等非常有限，同时结点的空间分布性决定多数情况下单个甚至几个传感器结点没有能力获得整个监测区域的全局信息，因此多个监测结点协作信息处理技术通常成为物联网分布式信息融合实现的必然选择[94]，即通过多结点之间的协商与合作，并综合分析与考虑融合算法的收敛性、可靠性以及网络性能与资源消耗等约束条件，以完成物联网信息处理中所涉及的信息驱动机制、结点自组织与通信、结点调度与路由规划、分布式估计算法设计与实现等[95]。

在实际应用中，物联网中的监测结点通常高密度部署，如何有效地提高资源利用率，延长网络生命周期，完成大量冗余感知数据的协作信息处理成为物联网信息处理的重要研究课题。要想动态地调度多个结点相互协作实现分布式信息融合，基于动态路由协议和调度策略的结点路由规划和自组织通信成为物联网多结点协作信息处理亟待解决的重点问题。结点路由规划和自组织通信实质上是在能量约束条件下的网络中的结点调度和动态路由规划及数据通信传输问题，通常涉及两个既重要又相互矛盾的指标：目标源状态参数估计量的估计精度和网络能量消耗。如何合理地利用网络中大量的冗余信息在保证一定的跟踪精度前提下节约能量消耗，并且使整个网络的生命周期最大化是结点协同调度策略算法设计的关键。

在目前的基于物联网的气体泄漏源监测定位研究工作中，所涉及的监测结点调度与动态路由规划通常是基于统一的采样周期，忽略目标源或任务随时间的动态性变化，简单地将传感器调度与路由规划问题退化为单纯的监测结点路径选择问题。Zhao 等在文献[96]中提出了信息驱动传感器查询(Information-Driven Sensor Query,IDSQ)的选择策略，主要思想是基于信息增益、通信和网络能耗等约束条件，动态地决定哪个传感器结点最适合完成待执行任务，解决不同时钟周期结点之间有效信息的传递与协同处理更新。在具体实现上，该文给定一个信息融合目标函数作为反映信息增益与能量消耗的综合性能指标，通过在候选结点中选择使性能指标函数值最大的结点作为下一周期运算结点来完成结点间的自组织协同与通信。最小距离结点调度[97]和最小迹调度[98]都是 IDSQ 思想的具体应用。以上算法均属于传感器网络中的单结点式调度与选择方法,每个周期只使用了单个结点进行目标感知和数据传递。杨小军等[99]提出的多结点动态协同跟踪算法是通过对包含目标跟踪精度和结点间通信消耗两方面参数的信息融合目标函数进行在线优化,自适应地动态选择当前运算结点并基于该选择结点进行分簇,最终实现目标跟踪。该算法属于分簇网络的动态局部分布式结点调度算法,也是目前物联网应用中的主流调度算法,通常使用概率预测估计机制具体实现。针对危化气体泄漏监测定位应用背景,本文将监测结点调度与选择、数据通信与传输以及能量消耗管理相结合,分别提出适用于序贯分布式估计算法的单个未知结点动态自组调度策略和分簇分散式估计算法的多个未知传感器结点协同调度策略,并给出了基于能量平衡的协作 MIMO 传感器数据通信与传输模型。

1. 面向序贯分布式估计的单结点调度与规划策略

在序贯分布式估计实现过程中,参与运算传感器结点的调度与选择通常是以高估计精度和低能量消耗为原则。目标源参数的估计精度根据不同的估计算法有多种不同的描述方法,例如最小均方差、误差协方差的最小迹、误差协方差的行列式等。文献[26,59,96]中提出一种基于信息驱动机制的结点调度与选择算法,通过构造目标函数并求极值确定将要选择的下一个结点。描述如下:

$$J[p(x\mid z_{1:k}^{i})]=\beta\Phi_{\text{utility}}[p(x\mid z_{1:k}^{i-1},z_{k}^{i})]-(1-\beta)\Phi_{\cos t}(z_{k}^{i}) \quad (2\text{-}40)$$

其中,$z_{1:k}^{i}=\{z_{1}^{i},z_{2}^{i},\cdots,z_{k}^{i}\}$,$\Phi_{\text{utility}}$ 指结点所能获得信息的有效性度量值且 $0\leqslant\Phi_{\text{utility}}\leqslant1$,$\Phi_{\cos t}$ 是指通信及其他能耗的代价,β 是信息有效性与资源消耗代价的平衡系数。由此可见传感器结点 i 调度和选择通常符合两个标准,一是尽量选择信息增益最大的结点,二是选择通信消耗能最大限度降低的结点。其实质就是通过对信息获取和资源消耗代价目标函数求极值的能量均衡和优化问题。

基于上述算法思想提出一种单个未知结点动态自组调度策略并将其应用到序贯分布式估计算法中,具体描述如下。

(1) 首先在监测区域内选择一个传感器结点作为初始激活任务结点 s_1,通常为浓度超阈值的结点,以该任务结点为中心结点,依据其设定的通信范围激活其周围的 $M-1$ 个邻近结点,当前结点 s_1 与这 $M-1$ 个邻近结点动态自组形成一个邻近结点集合 $G_c^{s_1}$。

(2) 通过 G_1 内的传感器结点协同来实现目标源参数估计。在结点集合 G_1 内,根据预先设定的估计精度阈值,构建目标函数如下:

$$J(s_i,s_j,\Delta t_k)=\beta\Phi_{\text{utility}}[p(\theta\mid s_j,G_i)]-(1-\beta)\Phi_{\cos t}(s_i,s_j) \quad (2\text{-}41)$$

当目标源参数估计精度 $\Phi_{\text{utility}}(\cdot)$ 满足设定阈值 Φ_0 时 $\Phi_{\text{utility}}\leqslant\Phi_0$,从当前传感器结点 s_i 的邻近结点集合 G_2^i 中选择使目标函数最小的传感器结点 s_j 作为下一时刻的任务结点;当目标源参数估计精度达不到设定阈值要求时,则由当前结点 s_i 及其邻近结点集中 G_2^i 选择一个能量消耗最小的结点 s_j 作为下一时刻的任务结点,进一步完成参数估计,$\Phi_{\text{utility}}\leqslant\Phi_0$ 为止。

(3)选择下一个任务结点 s_j 后,以其为中心形成一个新的集合 G_2。重复完成第(2)步运算,类似地形成 G_3、G_4、……

单个未知结点动态自组调度策略可根据网络拓扑结构和环境信息的实时变化,动态地激活当前结点的通信范围内部分结点以形成邻近结点集合,并根据包含能量和精度两个指标的目标函数模型在其邻近结点集合中选择相应的传感器结点作为下一个任务结点。该方法与最小距离调度算法相比,折中了距离、精度和能量指标,在保持能量相当的情况下,提高了预测精度,同时减少了预测误差累积等负面影响。该方法与最小迹调度算法相比,除考虑了预测精度外,还考虑能量消耗和实时性;当精度满足要求时,考虑能量消耗最少的传感器结点作为下一个任务结点,方便灵活。该方法与文献[96,100-101]中调度算法相比,除了考虑精度和能量外,还考虑了环境变化因素,提高了估计的实时性和鲁棒性,并且可以根据实际需求,通过调整邻近结点集合内结点数目 M 以适应不同应用需要。在邻近结点集合中,当结点数 $M=1$ 时,该方法可简化为单结点自适应调度算法;当结点集合内结点数 M 为整个网络中的结点数时,该算法就退化为最短距离调度算法。

2. 面向分簇分散式估计的能量均衡多结点协同调度与规划策略

为了进一步提高分布式目标源参数估计精度和可靠性,特别是在一些具有多个不确定性参数的非线性环境中,通常需要考虑同时调度多个任务结点来并行分布式实现目标源的状态参数估计。目前,基于分簇传感器网络的多个结点调度与选择可以通过如下两种方法实现[100]:静态分簇式传感器网络多结点调度策略和动态分簇式传感器网络多结点调度策略。其中静态分簇式多结点调度策略一般设定一些具有较强处理能力的结点作为簇头,其他结点定义为普通结点,并且普通结点需要将测量信息传递给簇头,由簇头完成信息融合并通过路由最终传递给用户。这种层次式的处理方法对于网络拓扑不可人为控制时,就失去了有效性。动态分簇式多结点调度策略中簇头通常在算法实现过程中动态产生,簇内结点将数据传送给动态簇头并由其完成估计运算,然后根据估计性能传递给新簇,同时为了保证通信的稳健性,通常簇与簇之间的通信采用协作 MIMO 方式[101]进行。多传感器调度策略对比单传感器调度策略,提高了估计精度和可靠性,但也同时会增加大量的能量消耗,因此在设计多结点调度策略时整个网络中参与感知和数据传输的簇内结点数量以及网络能量分配与均衡成为考虑的重点。

在上述单个结点动态自组调度的基础上,给出一种基于能量均衡的动态分簇多结点协同调度策略应用于分散式估计算法实现危化气体泄漏监测定位,具体实现主要包括结点动态分簇和簇头结点选择两部分,具体描述如下。

(1) 在初始 $k=0$ 时刻,激活监测区域中的一个初始结点并由其唤醒其邻近结点形成一个初始簇集 $(n_0, s_0^1, s_0^2, \cdots, s_0^{c_0})$,初始簇包含 c_0+1 结点,n_0 为簇头。

(2) 设 k 时刻被唤醒的簇为 $(n_k, s_k^1, s_k^2, \cdots, s_k^{c_k})$,簇头 n_k 激活簇内各个结点并共同参与环境信息感知,通过相应路由算法将得到的测量数据 $z_k^1, z_k^2, \cdots, z_k^{c_k}, z_k^{n_k}$ 发送给簇头 n_k,由其采用相应估计算法完成参数估计,给出参数估计结果和估计性能指标,根据所采用的算法不同,其参数估计量和估计量性能指标通常不同,一般采用预估值 $\hat{x}_{k+1|k}$ 和预估协方差 $P_{k+1|k}$ 来描述。

(3) $k+1$ 时刻,首先,基于 n_k 所获得测量值预测 $\hat{z}_{k+1|k}^j$,然后更新计算误差协方差矩阵 $P_{k+1|k+1}(n_k)$ 及其迹作为当前簇 n_k 的预测性能指标 $J_{k+1}=\text{trace}[P_{k+1|k+1}(n_k)]$,并基于 $P_{k+1|k+1}(n_k)$ 的迹 J_{k+1} 选择下一个被激活任务结点,并同时指定其为下一个簇 n_{k+1} 内的第一个簇内结点,即 $s_{k+1}^1 = \underset{s_j \in G_c^{n_k}}{\operatorname{argmin}}$ $\{\text{trace}[P_{k+1|k+1}(n_k)]\}$,其中 $G_c^{n_k}$ 表示 n_k 的邻近结点的集合。如果 $J_{k+1} = \text{trace}[P_{k+1|k+1}(n_k)] > \Sigma_0$($\Sigma_0$ 是预先设定的误差阈值),则选择下一个簇内的第二个成员 s_{k+1}^2。选择如下:

$$s_{k+1}^2 = \underset{s_j \in (G_c^{n_k} - s_{k+1}^1)}{\operatorname{argmin}} \{\text{trace}[P_{k+1|k+1}(s_{k+1}^1, s_j)]\} \tag{2-42}$$

其中,$G_c^{n_k} - s_{k+1}^1$ 表示排除 s_{k+1}^1 的邻近结点的集合。$P_{k+1|k+1}(s_{k+1}^1, s_j)$ 计算如下:融合 s_{k+1}^1 和 s_j 的测量值,并用 n_k 和 s_j 预测值 $\hat{z}_{k+1|k}^j$,然后基于 $\hat{z}_{k+1|k}^j$ 计算误差协方差矩阵 $P_{k+1|k+1}(s_{k+1}^1, s_j)$。如果 $P_{k+1|k+1}(s_{k+1}^1, s_j) > \Sigma_0$,下一个簇 n_{k+1} 的剩余簇内结点采用类似的方式选择,直到 $P_{k+1|k+1}(s_{k+1}^1, s_{k+1}^2, \cdots, s_{k+1}^{c_{k+1}}, s_j) < \Sigma_0$ 为止,从而构成一个新的簇 $(n_{k+1}, s_{k+1}^1, s_{k+1}^2, \cdots, s_{k+1}^{c_{k+1}})$。

(4) 选择簇内的剩余能耗最大的结点作为新簇 $(n_{k+1}, s_{k+1}^1, s_{k+1}^2, \cdots, s_{k+1}^{c_{k+1}})$ 内簇头 n_{k+1},由 n_{k+1} 重复实现以上内容。

3. 监测结点自组织通信与数据传输

物联网中监测结点与结点之间数据通信模型一般由信息发送结点、信道和接收结点 3 部分所组成。主要考虑两方面的影响因素。

（1）在数据通信过程中由于信道干扰噪声的存在,信息接收结点所接收的发送结点的数据往往存在着的干扰或噪声,具有一定的不确定性,其通常用信息量来表示。信息量的大小通常采用信息论中信息熵进行度量。

（2）对比结点的信息处理能耗,数据信息在传输过程中的信息发送能耗、信息接收能耗以及信道传输能耗在传感器网络耗能中占有最大的比重,因此数据传输能耗是物联网系统能耗约束中所必须考虑重要因素。

传统的监测结点之间的数据通信与传输通常采用单输入单输出（Single Input Single Output,SISO)无线通信技术实现,其可靠性差,耗能高。近年来,人们将 MIMO 无线通信技术引入物联网领域用以实现结点间的数据通信与传输。MIMO 技术可以有效地利用多径效应抑制信道衰落（Channel Fading),提高无线通信系统的容量,降低接收端的误码率,提高信息传输的可靠性。同时在系统容量一定时,利用 MIMO 技术可以降低无线传感器结点的发射功率,相对于传统的 SISO 技术更节省能量。多个结点组成协作式 MIMO 传感器网络系统如图 2-18 所示。

图 2-18 协作 MIMO 传感器网络示意图

协作 MIMO 传感器网络的基本思想为在分簇传感器网络中,将当前簇内 M_T 个结点协作起来进行发送,其中一个结点为当前簇头结点,其余 M_{T-1} 个结点为协作结点或簇内普通结点。将当前簇内的 M_T 个结点视为虚拟多天线阵列,建立起等效的 MIMO 通信系统与目标簇内的结点进行通信。接收端簇集由 M_R 个结点构成,其中一个目的结点通常设定为新簇头,其余 M_{R-1} 个结点为新簇内普通结点,M_R 个结点共同实现协作接收。当前簇头结点与目标簇头结点间距离为 d,协作 MIMO 数据通信与传输数学模型可表示为

$$\begin{bmatrix} y_1 \\ y_2 \\ \vdots \\ y_{M_R} \end{bmatrix} = \boldsymbol{H}\boldsymbol{x} + \boldsymbol{n} = \begin{bmatrix} h_{11} & \cdots & h_{1M_T} \\ h_{12} & \cdots & h_{2M_T} \\ \vdots & \ddots & \vdots \\ h_{M_R 1} & \cdots & h_{M_R M_T} \end{bmatrix} \begin{bmatrix} x_1 \\ x_2 \\ \vdots \\ x_{M_T} \end{bmatrix} + \begin{bmatrix} n_1 \\ n_2 \\ \vdots \\ n_{M_R} \end{bmatrix} \quad (2\text{-}43)$$

其中,$\boldsymbol{y} = [y_1 \ y_2 \ \cdots \ y_{M_R}]^T$ 表示 M_R 维接收信号向量,$\boldsymbol{x} = [x_1 \ x_2 \ \cdots \ x_{M_T}]^T$ 代表 M_T 维发送信号向量,$\boldsymbol{n} = [n_1 \ n_2 \ \cdots \ n_{M_R}]^T$ 表示 M_R 维信道噪声向量,$\boldsymbol{H}$ 为 $M_R \times M_T$ 的信道增益矩阵,h_{ij} 表示从结点 s_i 到结点 s_j 的信道增益。在 WSN 中通常需要根据实际环境需求设计协作 MIMO 网络结点的通信方式,主要分为单跳通信方式和多跳通信方式,其中簇内结点通常采用单跳方式通信,簇与簇之间通常采用多跳方式通信。

2.4 危化气体泄漏安全监测与定位性能评价

2.4.1 定位误差和收敛速度

定位误差是判断物联网危化气体监测定位系统和算法优劣性的首要评价标准,根据对比过程中对象的不同,定位误差分为相对误差和绝对误差。绝对误差指的是检测值与实际值之间的误差,而相对误差指的是误差值与实际值之间的百分比。总的来说,误差越小,定位越准确。收敛速度是指在相同环境中,当监测定位算法的迭代结果充分接近最优解时,即已经收敛时,算法所需的迭代次数或者运行时间。

2.4.2 运算复杂度

运算复杂度是指完成迭代算法所需要的操作次数。许多均衡算法尽管收敛速度较快,但因其运算量太大,对硬件和软件要求很高,使其应用受到一定限制。因此,在误码率满足要求的前提下,降低运算复杂度具有十分重要的意义。

2.4.3 系统容错性和自适应性

容错性是指在物联网监测定位系统出现故障的情况下,系统是否能够正常运行或者从故障中恢复正常。例如,在物联网中某个监测结点出现故障,系统的容错性指的是能否继续进行正常工作或者定位。容错性指的是系统容故障,而不是容错误;自适应性指的是系统在某些环境参数改变的情况下能否根据环境自动调节参数,系统的自适应性能够增强系统的适用性以及灵活性,能够保证系统在不同的环境条件下完成正常工作和定位。

2.4.4　结点功耗和生命周期

结点功耗和生命周期是指物联网系统中监测结点的电池能量有限且不易补充,因此在保证满足系统要求的定位精确度的前提下,应尽量减小电池能量的损耗,以延长监测结点的使用期和系统的使用期。

上述标准是评定一个定位系统优劣性的标准,也是物联网监测定位系统优化的方向。实际上,一个定位系统并不能满足上面的所有标准,而且上面的标准是相互关联的,这就需要在设计定位系统的时候必须在上面的标准中进行权衡,以尽可能设计出最适合的定位系统。

2.5　本章小结

本章对危化气体扩散模型中的高斯模型和基于湍流的静态烟羽模型进行了介绍。在这两种常用的静态烟羽模型中,基于湍流扩散理论的静态模型引入了风的因素,更符合气体泄漏源定位中所模拟的实际环境条件,因此,本书后续章节所提出的各种基于传感器网络的气体泄漏源分布式定位算法主要是在湍流的静态环境扩散模型的基础上进行的。本章给出的物联网分布式信息处理理论框架主要是对后续章节中涉及的基本估计理论进行了介绍,并提出了适用于分布式序贯估计算法的结点动态自组调度策略和适用于分散式估计算法的多结点协同调度策略。本章最后,给出了基于协作 MIMO 技术的结点自组织通信和数据传输模型。

第 3 章

危化气体物联网智慧监测定位系统

3.1 引言

本章针对危化气体泄漏安全监管所存在的现实问题,采用物联网技术实现危化气体智慧监测定位系统的设计,系统架构主要包括环境状态感知监测系统、无线网络通信系统和智慧监测定位终端 3 部分。通过分析系统各部分具体的功能需求,分别对环境状态监测结点、物联网中各异构网络网关、智慧监测定位终端等部分进行了具体的硬件设计和软件设计。

3.2 危化气体智慧监测定位系统总体设计

3.2.1 系统设计需求分析

基于物联网的危化气体智慧监测定位系统按其功能结构可分为环境状态感知监测系统、无线网络通信系统和智慧监测定位终端 3 部分,环境状态感知监测系统通常采用无线传感器网络进行实现,网络中的各个监测结点配备有多种传感器,负责采集危化气体及其周边环境的各种状态信息,并把采集到的数据通过 ZigBee 无线通信协议传递到协调器结点进行数据预处理,再根据环境需要将预处理结果通过远程无线通信网络传递到智慧监测定位终端。各种异构网络间的通信主要由网关模块实现。各智慧监测定位终端对数据进行接收、存储,并根据设计好的监测定位算法和数据融合优化方法对接收到的信息进行处理,最终实现危化气体泄漏的智慧监测定位。

1. 环境状态感知监测系统的功能需求分析

环境状态感知监测系统负责实时监测危化气体及其周边环境的各种状态信息,对采集到的相关状态数据进行预分析和处理,删除冗余数据或对数据进行简易变换,然后通过远程通信网络把数据传送到智慧监测定位终端。为了完成这些要求,环境状态感知监测系统应具有危化气体状态信息(环境温度、湿度、泄漏气体浓度、环境风速等)实时感知、数据预处理、无线网络通信等功能。

2. 智慧监测定位终端的功能需求分析

智慧监测定位终端要实时接收由环境监测结点或各传感器网络汇聚结点传递的环境状态信息,并根据接收的各种状态数据采用相应监测定位算法和数据融合优化方法,最终实现危化气体泄漏的智慧监测定位。为了完成上述要求,智慧监测中心应具有远程无线网络通信、数据存储及管理、信息融合和优化处理、人机交互等功能。

3.2.2 总体设计方案

通过对基于物联网的危化气体智慧监测定位系统的功能需求进行分析,可将系统结构分为环境状态感知监测系统、无线通信网络和智慧监测定位终端这3部分分别设计实现。

1. 环境状态感知监测系统设计

环境状态感知系统主要完成环境实时状态信息的实时感知,所有采集到的数据通常要发送至协调器或汇聚结点。在环境状态感知系统中,通常需要由气体传感器采集危化气体泄漏的浓度,由温湿度传感器实时测量环境的温度和湿度,由风速传感器监测危化气体泄漏传播的风速、由 GPS 模块测量的环境中相应监测结点的位置,或者由图像采集模块完成气体泄漏区域的实时图像采集。

2. 无线通信网络系统设计

各种监测结点基于无线通信协议构成无线通信网络,即物联网。局部范围内的多个监测结点通常需要构建一个汇聚结点连接无线传感器网络监测结点和智慧监测定位终端,完成信息的预处理和远距离无线通信功能。其主要负责接收各无线传感监测结点采集的各种状态信息,然后将接收的各种状态信息重组预处理,各构成一个完整的包含状态信息的数据帧,以送至智慧监测定位终端,并完成对各监测结点数据采集速度、发送速度及睡眠时间等控制。

3. 智慧监测定位终端设计

智慧监测定位终端可以根据需要分别采用嵌入式移动终端或远程服务器终端这两种不同的系统平台来实现。嵌入式移动终端平台主要包括处理器模块、电源模块、时钟模块、无线通信模块等,其他的相应扩展模块可利用相应的硬件接口与嵌入式控制器相连。远程服务器终端平台主要是通过无线通信网络将数据传递至服务器终端。智慧监测定位终端需要完成无线网络通信、数据存储及管理、信息融合和优化处理、人机交互等功能。为了实现远程无线通信功能通常需要设计异构网关,数据的存储与管理根据不同需求可以采用数据库管理技术实现,信息的融合和优化处理由所设计的相关定位算法和信息优化方法实现,人机交互功能则根据不同平台采用相应软件设计实现。

3.3 危化气体环境感知监测系统设计

3.3.1 气体传感器分类及选型

气体检测技术在国民经济中占有重要地位。目前检测气体的方法和手段已经非常多,主要包括电化学法、气相色谱法、导热法、红外吸收法、接触燃烧法、半导体气体传感器检测法、光纤法等。从材料的应用范围、普及程度以及实用性来看,半导体气体传感器是应用最为广泛的。半导体传感器包括电阻式气体传感器和非电阻式气体传感器,电阻式是利用其阻值变化来检测气体浓度,而非电阻式主要是利用一些物理效应与器件特性来检测气体。由于电阻式半导体传感器研究较早,所以是应用最为广泛的一种。此类传感器具有灵敏度高、操作方便、体积小、成本低廉、响应和恢复时间短等优点,但是在实际应用中也存在着稳健性和选择性差、敏感机理复杂、工作温度高、寿命短等缺点。

本章主要介绍两种半导体气体传感器,一种为 Figaro 公司的 TGS2620 传感器,另一种为新选购的 E2V 公司出品的 MiCS-5135 传感器。两种传感器均为半导体金属氧化物气体传感器,此类半导体金属氧化物传感器均可用来探测如甲烷、一氧化碳、异丁烷、己烷、苯、乙醇、丙酮等挥发性有机物;可以兼容直流或交流电源供电(但一般情况下推荐使用直流供电)。两种传感器的工作原理相同:由加热电阻及传感器信号电阻构成,在工作状态下,传感器信号电阻的阻值会随有机气体的浓度而变化,通过检测传感器信号电阻上的电压信号来获得气体浓度信息。两种传感器的功耗参数对比如表 3-1 所示。

表 3-1 MiCS-5135 与 TGS2620 主要功耗参数对比

参　　数	MiCS-5135	TGS2620
加热回路电压(VH)/V	3.2	5.0
检测回路电压(VC)/V	5.0	5.0
加热回路电阻(RH)/Ω	97	83
加热回路电流(IH)/mA	32	42
加热回路功耗(PH)/mW	102	210

可以看出,MiCS-5135 的加热回路电压与加热回路电流更低,其功耗仅为 102mW,是 TGS2620 功耗 210mW 的一半,更适合应用在电池供电且需要长时

第3章 危化气体物联网智慧监测定位系统

间工作,对功耗敏感的无线传感器结点上。最重要的是,经过实验对比,MiCS-5135 的响应时间较 TGS2620 大为缩短。MiCS-5135 在示波器上截取的响应曲线如图 3-1 所示。

图 3-1　MiCS-5135 响应曲线

更短的响应时间,可让传感器对快速变化的流场做出实时反应,这样就大大改善了实验条件。故后续章节最终选择了 E2V 公司出品的 MiCS-5135 气体传感器作为无线传感器网络的气体传感器。MiCS-5135 传感器如图 3-2 所示。

图 3-2　MiCS-5135 传感器

MiCS-5135 气体传感器的引脚如图 3-3 所示。引脚 1、3 之间的 R_H 为加热电阻,引脚 2、4 之间的 R_S 为传感器信号电阻。表 3-2 为传感器引脚名称。

图 3-3　MiCS-5135 传感器的引脚

表 3-2　MiCS-5135 的引脚

序　号	名　称
1	加热电压地
2	信号引脚
3	加热电压输入
4	信号引脚

图 3-4 所示为基于 MiCS-5135 传感器的基本测量电路。加热电压 V_H 加在引脚 1、3 上。负载电阻 R_L 与传感器信号电阻 R_S 串联，用来将 R_S 的阻值转换为电压信号。通过改变负载电阻 R_L 的大小可以改变实际输出信号的幅值。传感器信号电阻阻值 R_S 可以由式 (3-1) 计算得出：

$$R_S = R_L(V_{CC} - V_S) \times V_S \tag{3-1}$$

图 3-4　基于 MiCS-5135 传感器的基本测量电路

3.3.2　危化气体环境感知监测系统硬件电路设计

1. ZigBee 模块电路设计

目前市场上可供选择的 ZigBee 模块主要有 TI 公司的 CC2530、Freescale 公司的 Mc1321x、Jennic 公司的 JN5121 等。最终选择 TI 公司的 CC2530 无线模块作为环境监测感知系统的核心。CC2530 是 TI 公司推出的用来实现嵌入式 ZigBee 应用，支持 2.4GHz IEEE 802.15.4/ZigBee 协议的片上系统。CC2530 芯片内部包括一个高性能 2.4GHz DSSS（直接序列扩频）射频收发器核心和一颗工业级小巧、高效的 8051 控制器。在单个芯片上整合了 ZigBee 射频 (RF) 前端、内存和微控制器。它包含模拟数字转换器 (ADC)、定时器 (Timer)、AES128 协同处理器、看门狗定时器 (Watchdog Timer)、32kHz 晶振的休眠模式定时器、上电复位电路(Power On Reset)、掉电检测电路(Brown Out Detection)以及21个可编程 I/O 引脚。表 3-3 所示为 CC2530 无线模块通用的接口。为了模块化及通用化，在网络中的各种类型设备上都使用了这种统一的接口。

表 3-3 CC2530 无线模块的端口

左排（以无线模块正方为准）		右排（以无线模块正方为准）	
引脚	端口	引脚	端口
1	V_{CC}(3.3V)	2	P1.4
3	P0.3(Uart_TXD)	4	P1.5
5	P0.2(Uart_RXD)	6	P1.7
7	P1.2	8	P1.6
9	RESET	10	P0.1
11	P1.2	12	P0.4(CANCEL)
13	P2.1	14	P0.7(SENSOR)
15	P2.1	16	P0.6(ADC_KEY)
17	P0.0	18	P0.5(KEY_OK)
19	GND	20	P2.0(LCD_DAT)

CC2530 模块控制电路部分包括芯片复位电路、JTAG 程序下载接口。为了方便调试能够独立下载程序，在终端子结点上仍然保留了直插封装的 10 引脚 JTAG 接口。模块复位电路及射频模块接口如图 3-5 所示，JTAG 程序下载接口如图 3-6 所示。

图 3-5 复位电路及射频模块接口

图 3-6　JTAG 程序下载接口

2. CC2530 无线模块其他外部电路

(1) 键盘及 LED 电路。这部分根据结点设备类型的不同做了不同的配置。中央收集结点的扩展板上除复位按键之外,还配备了更多的 LED 指示灯及一块六键键盘。由于 CC2530 的 I/O 资源有限,故采用了两键通过基本的 I/O 查询方式判断,另外 4 个功能键则与电阻网络组成了一个分压电路,信号统一进入芯片 A/D,由 A/D 对电压采样,通过不同的电压值来判断按键值,如图 3-7 所示。而终端子结点为了减小体积,在复位按键之外,仅仅设计了一个确认按键与一个 LED 指示灯。

图 3-7　键盘的电路

(2) RS-232 串口电平转换电路。传感器网络与智慧监测定位终端(PC)的通信是通过 RS-232 接口完成的。在电路设计中不能将 RS-232 接口与 CC2430 上的 UART 引脚直接连接,因为 CC2530 上的 UART 引脚电平为 −3～3V,而 PC 的 CMOS 电平为 −15～15V,如果两者直接相连,会直接烧毁 CC2530 模块。这时需要通过一片电平转换芯片来实现电平转换,RS-232 电平转换电路如图 3-8 所示,采用的是 SP3223E 芯片,由一个标准的 9 针串行接口与 PC 相连。PC 端的 CMOS 信号由 R1IN 引脚输入,经芯片转换为 TTL 电平,由 R1OUT 引脚输出,送给 CC2530 模块;同样原理,CC2530 模块的 TTL 信号由 T1IN 引脚输入,经芯片转换为 CMOS 电平,由 T1OUT 引脚输出,送给 PC。此部分电平转换电路只配置在了汇聚结点上。终端监测子结点出于体积考虑并没有直接与 PC 通信的功能。

图 3-8 串口的电平转换电路

同时,为了方便与无串口的 PC 通信,中央收集结点的扩展板上还设置了如图 3-9 所示的 USB 转串口电路。USB 转串口电路的作用是将 PC 的 USB 口通过转换做串口使用,这也是平时调试最常用的接口。该电路采用了 FT232 芯片完成转换工作。终端子结点在尽量微型化的同时,并没有忽略今后的扩展应用的可能,为此专门做了扩展接口。引出了三路 A/D、5V 及 3.3V 电源方便今后扩展如风速仪、GPS 等额外传感器。同时也引出了串口引脚 TXD、RXD,为将来与其他芯片通信做好准备。

(3) GPS 模块接口。用于环境监测定位系统中的参考结点定位选用 U-BLOX-6010 GPS 模块实现。这种芯片精度较高,无论在偏远区域还是城市中心都可以无失真地接收到卫星信号。采用 U-BLOX-6010 设计的 GPS 接收机的封装尺寸较小、性能良好、功耗较低,其硬件接线如图 3-10 所示。

图 3-9　USB 转串口的电路

3.3.3　电源选型及硬件电路设计

关于监测结点的电源方案,应本着小型化、高可靠性、低功耗和低成本的原则进行设计。结点供电电源使用的是 7.2V 镍镉电池组,受镍镉电池充放电特性的影响,实际使用时电池组的空载电压的变化范围是 6.0~8.4V,带负载时会更低一些。因此所选电源方案应保证在宽电压输入范围及供电电压较低时均保证输出电压稳定。结点对电源种类的需求比较简单,ZigBee 模块和气体传感器的加热电源使用 3.3V 电压,气体传感器的信号电源使用 5V 电压。其中 3.3V 电压上的负载电流在正常工作时约为 80mA。气体传感器的信号电源功耗极低,电流不足 1mA。

基于以上的电源需求分析,初步列出以下几种方案备选。

(1) 使用成品 DC-DC 双路输出电源模块。

(2) 开关稳压芯片供给 3.3V 电压,线性稳压芯片供给 5V 电压。

(3) 两种电压电源均使用开关稳压芯片。

(4) 两种电压电源均使用线性稳压芯片。

图 3-10 GPS 模块的硬件接线

方案(1)能保证电源性能满足要求,但其体积和成本不占优势。方案(2)与方案(4)使用了开关稳压芯片,电源效率较高,但需要若干电感与电容元件配合,体积较大,与使用线性稳压芯片的方案相比其成本和复杂度也较高。方案(4)的优点是简单且廉价,元件体积也小,但单纯使用线性稳压芯片又使电源效率下降。

考虑到所选用的电池容量较大,子结点整机功耗低,对电源效率的要求可以适当放宽。再综合体积和成本等因素,决定选用方案(4)作为子结点电源设计方案。5V 和 3.3V 电源都使用了线性稳压芯片,为使耗散功率尽量均匀分配,应采用逐级稳压。即 5V 稳压芯片的电源为电池,3.3V 稳压芯片的电源为5V 输出。

5V 稳压芯片应满足低压差要求,可以选择的 LDO 芯片有多种,现列出几种备选,表 3-4 所示为 3 种常见的 5V 稳压芯片的参数比较。

表 3-4 中,LM78L05 体积小、价格便宜,但需要最低输入电压 6.7V,不能满足应用要求;LM1085 成本较高,适合于大功率负载情况下的应用。综合比较性能与价格等因素,选择了国家半导体公司的 LM2940。由芯片特性可知其低压差性能完全能够满足要求。为方便散热及占用 PCB 面积更小,选择了直插 TO-220 封装。3.3V 稳压芯片由于输入为稳定的 5V 电压,对压差的要求低一些,应在满足耗散功率和电压稳定性的前提下尽量考虑体积、价格等因素。

表 3-4 3 种 5V 稳压芯片的参数比较

型号	LM2940	LM78L05	LM1085
参数特点	• 输出电流可达 1A; • 输出电流为 1A 时,典型压降为 0.5V; • 输入电压上限为 45V; • 电源反接保护; • 内置短路电流限制; • 芯片反插保护等	• 输出电流为 100mA; • 内置过温保护; • 内置短路电流限制; • 可选塑封 TO-92 封装或 SO-8 封装; • 不需要外部元件	• 过流和过温保护; • 输出电流为 3A; • 输出电流为 3A 时,典型压降为 1.3V; • 可选 TO-220 或 TO-263 封装

表 3-5 所示为 3 种常见的 3V 稳压芯片的参数比较。

表 3-5 3 种 3.3V 稳压芯片的参数比较

型号	LM1117	LM317	LM1084-3.3
参数特点	• 输出电流可达 1A； • 输出电流 1A 时，典型压降为 1.1V； • 线性调整率最大 0.2%； • 负载调整率最大 0.4%； • 小体积贴片或 SOT-223 封装	• 输出电压为 1.2～37V，可调； • 输出电流大于 1.5A； • 内置短路电流限制； • 过温保护； • 可选 TO-220 封装或 SOT-223 封装	• 过流和过温保护； • 输出电流为 5A； • 工业级工作温度范围为 −4～125℃； • 线性调整率典型值 0.015%； • 负载调整率典型值 0.1%

表 3-5 中，LM317 可通过外部电阻元件调整输出电压，但在子结点电源设计中只需固定电压值，不宜增加电路复杂度。LM1084-3.3 成本较高，适合于大功率负载情况下的应用。LM1117 的 SOT-223 封装其热阻为 90℃/W，工作温度上限为 125℃，在不加装其他散热设施的情况下可耗散超过 1W 的热功率，而子结点整机功耗约为 0.3W，完全可以满足要求。电压稳定性也能够满足要求。综合考虑各因素，选择使用 LM1117。电源系统的电路原理如图 3-11 所示。经过实践验证，此电源设计方案可以满足传感器和 ZigBee 模块对电源的要求，其体积和成本控制也较为合理。

3.3.4 危化气体环境感知监测系统软件设计

危化气体物联网感知系统的软件设计主要是在硬件系统设计的基础上，根据各部分相应模块的功能采用不同软件设计实现。其中环境状态感知监测系统软件设计主要是在监测结点所组成的传感器网络硬件系统设计的基础上，基于 ZigBee 协议栈进行系统软件平台的开发，包括监测结点、汇聚结点上运行的通信网络协议和相应应用程序。软件开发平台选用了 IAR Embedded Workbench（EW）。

1. IEEE 802.15.4 与 ZigBee 协议

IEEE 802.15.4 协议是 IEEE 802.15.4 工作组为低速率无线个人区域网（Wireless Personal Area Network，WPAN）制定的标准，该工作组成立于 2000 年 12 月，致力于开发一种廉价的、固定、便携或移动设备使用的，低复杂度、低成本、低功耗、低速率的无线连接技术，并于 2003 年 12 月通过了第一个 IEEE 802.15.4 标准。随着无线传感器网络技术的发展，这个也可服务于无线传感器

图 3-11 电源系统的电路原理

网络的标准得到了快速的发展。IEEE 802.15.4 标准给定了在个人区域网中通过射频方式在设备间进行互连的方式与协议,该标准使用避免冲突的载波监听多址接入(CSMA/CA)方式作为媒体访问机制,同时支持星形与以太拓扑结构。在 IEEE 802.15.4 标准中指定了两个物理频段：868/915MHz 和 2.4GHz 的直接扩频序列(DSSS)物理层频段。2.4GHz 的物理层支持空气中 250kbps 的传输速率,而 868/915MHz 的物理层支持空气中 20kbps 和 40kbps 的传输速率。作为支持低速率、低功耗、短距离无线通信的协议标准,IEEE 802.11.4 协议在无线电频率和数据率、数据传输模型、设备类型、网络工作方式、安全等方面都做出了说明。并且将协议模型划分为物理层(PHY)和媒体接入控制层(MAC)两个子层进行实现。

ZigBee 标准以 IEEE 802.11.4 标准设定的物理层及 MAC 层为基础,并对其进行了扩展,对网络层协议和 API 进行了标准化,给定一个灵活、安全的网络层,支持多种拓扑结构,在动态的射频环境中提供高可靠性的无线传输。此外,ZigBee 联盟还开发了应用层、安全管理、应用接口等规范。由此可见,ZigBee 是一种新兴的短距离、低速率、低功耗无线网络技术,主要应用于近距离无线连接。它应用自己的无线电标准,在多至数千个微小的传感器之间相互协调实现通信。这些传感器只需要很低的功耗,以接力的方式通过无线电波将数据从一个传感器传到另一个传感器,因此它们的通信效率非常高。

相对于常见的无线通信标准,ZigBee 协议比较紧凑、简单,从总体框架来看,可以分为 4 个基本层次：物理层、MAC 层、网络层和应用层。物理层位于最底层,应用层位于最高层,各层的基本功能如下。

(1) 物理层。物理层设定了物理无线信道和 MAC 子层之间的接口,提供物理层数据服务和物理层管理服务。

(2) MAC 层。MAC 层负责处理所有的物理无线信道访问,并产生网络信号、同步信号；提供两个对等 MAC 实体之间可靠的链路。MAC 层数据服务保证了 MAC 协议数据单元在物理层数据服务中正确收发；MAC 层管理服务则是维护一个存储 MAC 子层协议状态相关信息的数据库。

(3) 网络层。ZigBee 协议栈的核心部分在网络层。网络层主要实现结点加入或离开网络、接受或抛弃其他结点、路由查找及传送数据等功能,支持多种路由算法,支持星形(Star)、树状(Cluster-Tree)、网状(Mesh)等多种拓扑结构。

(4) 应用层。ZigBee 应用层框架包括应用支持层(APS)、ZigBee 设备对象(ZDO)和用户自定义的应用对象。应用支持层(APS)的功能包括维持绑定表、在绑定的设备之间传送消息。所谓绑定就是基于两台设备的服务和需求将它们匹配地连接起来。ZigBee设备对象(ZDO)的功能包括设定设备在网络中的角色(如ZigBee协调器和终端设备),发起和响应绑定请求,在网络设备之间建立安全机制。ZigBee设备对象还负责发现网络中的设备,并且决定向它们提供何种应用服务。ZigBee应用层除了提供一些必要函数以及为网络层提供合适的服务接口外,一个重要的功能是应用者可在这层设定自己的应用对象。

在实际开发中,主要是对应用层进行了开发,同时在 HAL 硬件层和 Zmain 主函数部分对相关入口函数和硬件关联函数进行了配置。

在 ZigBee 无线网络中存在 Coordinator(汇聚结点)、Router(路由器)和 End-Device(监测结点)3 种结点设备类型。ZigBee 网络由一个 Coordinator 以及多个 Router 和多个 End_Device 组成。

图 3-12 所示为一个简单的 ZigBee 网络。其中方形结点为 Coordinator,圆形结点为 Router,三角形结点为 End-Device。

图 3-12 ZigBee 网络

汇聚结点负责启动整个网络。它也是网络的第一个设备。汇聚结点选择一个信道和一个 PAN ID(Personal Area Network ID,个人区域网识别码),随后启动整个网络。汇聚结点也可以用来协助建立网络中安全层和应用层的绑定(Binding)。汇聚结点的角色主要涉及网络的启动和配置。一旦这些都完成后,汇聚结点的工作就像一个路由器。由于 ZigBee 网络本身的分布特性,因此接下来整个网络的操作就不再依赖汇聚结点是否存在。

路由器的功能主要是允许其他设备加入网络,多跳路由和协助它自己的由电池供电的子终端设备的通信。通常情况下,路由器应一直处于活动状态,因此它必须使用主电源供电。

本设计中由于网络结点数量不多,采用了较为简单的星形网络,网络中包括一个作为协调器的中央收集结点和若干作为终端设备的传感器子结点。

表 3-6 显示了 ZigBee 协议栈整个目录结构及各个部分的功能。软件设计所需要开发及修改的程序文件主要有 3 类：第一类是结点上所用的器件驱动程序文件，主要集中在 HAL 目录下，包括 A/D 驱动文件、LED 驱动文件以及键盘开关设定文件等；第二类是 Zmain 目录和 MAC 目录中的相关网络设置及设备类型选取文件；第三类是结点的应用程序文件，包括作为协调器的中央收集结点的 AppCollector.c 文件和作为终端的传感器子结点的 AppSensor.c 文件。

表 3-6　ZigBee 协议的功能

协议栈目录	功　能
APP	应用层目录，这是用户创建各种不同工程的区域，在这个目录中包含了应用层的内容和这个项目的主要内容，在协议栈里面一般是以操作系统的任务实现的
HAL	硬件层目录，包含与硬件相关的配置和驱动及操作函数
MAC	MAC 层目录，包含了 MAC 层的参数配置文件及其 MAC 的 LIB 库的函数接口文件
MT	实现通过串口可控各层，与各层进行直接交互
NWK	网络层目录，含网络层配置参数文件及网络层库的函数接口文件，APS 层库的函数接口
OSAL	协议栈的操作系统
Profile	AF 层目录，包含 AF 层处理函数文件
Security	安全层目录，安全层处理函数，例如加密函数等
Services	地址处理函数目录，包括地址模式的给定及地址处理函数
Tools	工程配置目录，包括空间划分及 ZStack 相关配置信息
ZDO	ZDO 目录
ZMac	MAC 层目录，包括 MAC 层参数配置及 MAC 层 LIB 库函数回调处理函数
ZMain	主函数目录，包括入口函数及硬件配置文件
Output	输出文件目录，由 EW8051 IDE 自动生成

2. 环境状态感知汇聚结点软件设计

ZigBee 网络协调器的功能是建立一个新的网络。当结点上电后，首先进行初始化操作，包括 ZigBee 堆栈的初始化、网络类型的选择，及硬件外设的初始化;接着进行信道查询,选择合适的信道建立一个无信标网络,并设置网络的ID,等待路由器或终端结点加入网络;最后,在有路由器或终端结点加入网络之后,接收路由器或终端结点发送的传感器数据。具体每个步骤的详细说明如下。

(1) 网络类型选择与设定。在 ZigBee 2006 协议栈中一共支持星形、树状、网状几种网络,根据不同的设置可以完成不同形式的组网。本设计综合考虑现有条件和应用需要,选择了搭建星形网络。

星形网络(Star Network)是指一个网络,在这个网络中所有处在工作状态的子结点均被连接到一个中央结点上。在实际应用中,传感器子结点定时采集传感器的信号,并发送这些数据到中央收集结点进行处理。

ZigBee 2006 中,星形网络的实现很简单,在整个协议栈中,各种网络的拓扑结构都已经通过判断一个变量的形式体现在协议栈中,如果需要使用,直接通过设置一些条件和一些必要的设置就可以实现星形网络。网络类型的选择可以通过修改 nwk_globals.c 和 nwk_globals.h 文件实现,nwk_globals.h 文件中给定了网络的类型,通过 #define STACK_PROFILE_ID GENERIC_STAR 语句可以实现网络的变化,在这里 STACK_PROFILE_ID 参数可以有 3 种量,分别表示星形网络、网状网络和树状网络。这里设定为 GENERIC_STAR 即星形网络。另外,在 nwk_globals.h 文件中,还需要更改如下两处设置。

① MAX_NODE_DEPTH:这个参数是用来设定网络的路由深度的,根据星形网络的特殊性,将需要的路由深度设置为 1。

② NWK_MAX_DEVICE_LIST:这个参数设定了网络中最大能容的设备个数,在这里可以直接设置为 100 以上。

在 nwk_globals.c 文件中,需要通过如下两处代码对整个网络中需要的路由个数和终端结点个数进行设置。

① CskipRtrs[MAX_NODE_DEPTH+1]={5,0}:通过一个数组的方式来设定,元素 0 表示在路由 0 级的时候最多挂载的路由器结点个数,元素 1 表示在路由 1 级中最多挂载的路由器结点个数。这里设定了在 0 级(协调器直接通信)最多挂载 5 个路由器,第一级不挂载。

② CskipChldrn[MAX_NODE_DEPTH+1]={50,0}:同样是通过一个数组的方式来给定的,元素 0 表示在路由 0 级的时候最多挂载的终端结点个数,元素 1 表示在路由 1 级中最多挂载的终端结点个数。这里设定了在 0 级(协调

器直接通信)最多挂载 50 个终端,第一级不挂载。在设定好这些参数后,星形网络即设置完成。

(2) 初始化 64 位 IEEE 地址。ZigBee 设备有两种类型的地址。一种是 64 位 IEEE 地址,另一种是 16 位网络地址。64 位地址需要在每次模块下载程序后重新烧写制定,且必须是独立唯一的地址。64 位物理地址一旦写入,再重新擦写 Flash 前将会是该设备的永久 ID。如果下载程序后不对 64 位物理地址进行设置,系统将默认地址为 0xFF FF FF FF FF FF FF FF,这样会导致网络因地址冲突而组网失败。16 位网络地址是当设备加入网络后分配的。它仅仅在当前网络中是唯一的,作用是在网络中鉴别设备和发送数据,每次网络上电都会重新随机分配 16 位网络地址。

(3) 选择设备类型。当 ZigBee 设备物理地址检测通过后,便进入了设备选择阶段。程序循环检测特定键盘输入,以决定设备是作为协调器启动,还是作为终端结点启动。一旦设备类型被选择,在下次下载程序前将不会改变。

(4) 建立网络。当设备被选择为协调器开始工作后,便进入建立网络阶段。协调器选择一个信道和一个网络 ID 对网络进行格式化,等待路由器或终端结点加入网络。

(5) 中央结点接收数据并处理。中央结点作为信息融合的中心,将各个传感器子结点发送的数据收集后,按照特定的格式发送给 PC。这里首先将传感器结点发送上来的传感器输出值进行处理后转换为实际电压格式,即如 2.17V 的格式。

同时为了方便 PC 数据收集软件对传感器结点进行识别分类,采用了如下格式对收集到的数据进行上传:Num 为 1,SensorOut 为 2.17V。

即首先发送以 Num 为开头的该结点的编号,其次发送以 SensorOut 为开头的传感器输出电压值。经过如上处理的字符串,通过串口,以 38400 的波特率发送给 PC。

3. 环境状态感知监测结点软件设计

终端子结点同样需要进行初始化 64 位物理地址与选择设备类型的操作,当结点被选作终端结点启动后,便进入了搜索网络,加入网络的阶段。

(1) 加入网络和绑定。当设备被选择为路由或终端传感器结点开始工作后,设备将循环扫描网络,一旦发现有可用的网络,便提出申请加入网络。

当终端传感器结点成功加入网络后,传感器结点将试图发现和绑定它自己到一个中心收集设备。绑定是控制信息从一个应用层到另一个应用层流动的一种机制。在 ZigBee 2006 协议中，绑定机制在所有的设备中被执行。一旦绑定成功，信息便可以在两个相互绑定的结点间流动。

（2）监测结点数据采集并发送。由于 CC2530 芯片内部直接内置了 A/D 模块，出于简化系统的目的，直接使用了 CC2430 内部 AD 进行传感器数据采集。选择 PORAT0.7 作模拟信号输入端口，AD 精度设置为 14 位，参考电压为电源电压 3.3V，查询式转换。采集间隔通过设置一个定时器，每秒激发一次事件，对 A/D 转换结果进行一次读取。每 5s 上传一次加权平均后的传感器数据。值得注意的是，此时模块 A/D 端口读取的结果为 0~32767 的一个相对值。为了直观显示，这里将其转换为传感器实际输出电压。为了将显示精度精确到小数点后的两位数，采取了将结果先乘以 100 再除以 32767 后发送的方法。

3.4 无线通信网关模块设计

ZigBee 技术主要用于实现短距离的数据采集与传输，而无法完成远距离的数据传输。为了实现 ZigBee 采集到的传感器数据向远处的监控中心进行远距离传输，就需要借助成熟的移动无线通信网络来完成。由于 ZigBee 数据与移动无线通信网络的数据格式和传输协议不同，不能直接进行相互传输，因此需要一套网关系统来完成二者之间协议的转换。

同时，考虑到整个系统中包含多个无线传感器网络，所设计的网关系统还需要具有一定的路由功能。网关系统可关联多个 ZigBee 传感器网络，建立并维护 ZigBee 网络与对应物理端口（UART）的路由表，并且可以根据连接网络情况动态更新。来自用户的命令在到达网关后，进行解析，由网关系统查询路由表，决定将命令转发给哪个物理端口。

由此可知，本系统研究设计的网关系统应具有如下功能。

（1）处理器性能优异，可以搭载合适的嵌入式操作系统，完成各种需要的设计功能，并且提高系统处理能力。

（2）系统扩展接口多种多样，能接入若干 ZigBee 传感器网络，并且有利于后续的开发和升级。

（3）系统可以提供移动通信的网络接口。

（4）系统能够完成 ZigBee 协议与 4G 网络 TCP/IP 的转换。

(5) 系统具有路由功能,能够实时维护路由表。

(6) 系统必须具有较强的实时性和可靠性。

3.4.1 网关总体结构及运行流程

1. 网关总体结构

本网关采用模块化设计方案,由硬件层、软件层和应用层组成,如图 3-13 所示。其中硬件层描述了网关的硬件实现;软件层使用了嵌入式 Linux 操作系统、Z-Stack 协栈和 TCP/IP 协议栈,实现了 ZigBee 和 TCP/IP 的双向转换,同时封装一些关键 API 函数供应用层程序调用;应用层运行的是用户自己编写的应用程序,用于将 ZigBee 结点收到的数据经网关转换后 4G 链路发送出去。

应用层	应用程序		
软件层	ZigBee 协议栈	TCP/IP 协议栈	
	嵌入式 Linux 内核		
物理层	ZigBee 无线收发器	ARM处理器	存储器	4G 模块

图 3-13 网关的模块化结构

2. 网关运行流程

网关由 ARM 11 处理器和 4G 模块等构成。其中 ARM 处理器的主要功能是根据动态管理路由表,对各个传感器结点发送执行命令。ARM 接收并且解析来自 4G 模块的指令,通过本地路由表对指令进行判断,然后把命令发给对应的 ZigBee 协调器,接收到数据后,进行 PAIND 整合,并通过 4G 网络发送给服务器。为了满足 ARM 同时监听 4G 模块和串口数据的要求,本文选择了基于 Linux 的 select 函数模型进行程序设计。select 函数模型可以在一个进程中同时处理全部的通信请求,解决了系统内存不共享或不同任务间通信原语不同的问题。网关系统作为一个桥梁,在连接 Uart 接口的 ZigBee 协调器并接收数据的同时,还要连接 4G 网卡设备。将从 Uart 接口接收到的数据转化为 TCP/IP 数据,并从 4G 网络接口发送出去;如果 4G 网络接口向网关发送数据,网关先将其转化为 ZigBee 数据，并根据动态数据路由表，选择出相应的 Uart 接口，将数据发送到对应的 ZigBee 无线传感器网络结点中。网关系统程序运行的流程如图 3-14 所示。

图 3-14　网关系统程序的运行流程

3.4.2　网关硬件设计

网关系统由 ARM11 处理器模块、大规模存储器模块、4G 模块以及锂电池供电模块构成。作为沟通 ZigBee 传感器网络与 4G 网络的桥梁，网关在本系统中起着至关重要的作用。网关系统总体硬件电路如图 3-15 所示。

图 3-15 网关系统的总体硬件电路

3.4.3 网关软件设计

系统网关使用嵌入式 Linux 系统作为软件的基础平台，系统都是基于嵌入式 Linux 系统进行网关软件设计的，嵌入式 Linux 系统的体系结构如图 3-16 所示。

图 3-16 嵌入式 Linux 系统的体系结构

该网关系统软件部分具体实现按照如下几方面完成。

1. Linux 系统的开发与移植

从软件开发方面来看，一个典型的嵌入式 Linux 系统主要分为 4 部分。

（1）引导加载程序。包括内置在存储器中的 boot 代码和 bootloader。

（2）Linux 内核。针对具体硬件定制和配置的内核及相关代码。

（3）文件系统。包括文件系统和建立在其上的系统命令，常用 yaffs2 和 ramdisk 作为 rootfs。

（4）驱动和应用程序。包括设备驱动程序、应用程序及必要的图形用户界面。

2. 动态路由表

在本课题研究的网关系统中，需要连接多个 ZigBee 协调器。也就是说，网关系统与多个 ZigBee 子网络互连，当 Socket 接口有数据要发送到 ZigBee 子网络时，需要决定将数据发送到哪一个子网。一种解决方法是，将 Socket 接口收到的数据转发到所有的子网，由子网来判断数据的有效性，这类似于以太网中的"广播"。这种方式带来了如下的问题：一是造成了带宽的浪费，ZigBee 网络设计的带宽与以太网相比要低得多，而这种方式使得 ZigBee 网络收发了大量的无效信息，有可能导致通信过程中出现"丢包"现象；二是使得 ZigBee 网络一直处于不必要的活动状态，会严重影响 ZigBee 网络的功耗，缩短电池的使用寿命，因此提出了一种基于"动态路由表"的数据转发机制，其工作流程如图 3-17 所示。

图 3-17 动态路由表的转发机制

3. Socket 网络通信

在嵌入式 Linux 系统中，Socket(套接字)接口是唯一的用户应用程序访问内核网络协议的方法。具体地说，就是 Socket 在用户空间里实现了若干应用程序间的网络连接和数据交换的函数，而且屏蔽了具体网络协议的细节，方便了用户的使用。Socket 网络通信工作在客户机模式下，具体的工作流程如图 3-18 所示。

图 3-18 Socket 网络的通信工作流程

(1) 首先建立一个 Server，并设置服务器监听的端口号。
(2) 客户机申请一个 Socket，并说明需要连接的目标 IP 和端口号。

第3章 危化气体物联网智慧监测定位系统

（3）客户机发起向目标服务器的连接。

（4）当服务器端的 Server 发现有连接请求后，服务器端接受连接请求，建立 Socket 网络连接。

（5）服务器端和客户端利用各自的 send()、recv() 等函数进行通信。

（6）通信结束后，程序在接收到终止命令前，一直保持循环等待状态。

3.5 智慧监测定位终端系统设计

此处采用 PC 作为终端，使用 Visual C++ 编写的数据收集软件对中央结点发送的数据进行分类存储，如图 3-19 所示。具体流程为，首先检测字符串中的 Num 关键字，当检测到 Num 后，偏移两位读取传感器结点号，确认结点号后，将数据显示地址指向与该结点号对应的窗口。其次查询 SensorOut 字符串，当

图 3-19 Visual C++ 的数据采集处理界面

检测到 SensorOut 后，偏移一位读取传感器输出并显示。在分类显示的同时，将传感器数据依照结点序号保存到文本文件中，以便算法程序读取数据进行估计。具体仿真实验在 MATLAB 中实现。

3.6 本章小结

本章从硬件系统和软件系统两部分介绍了危化气体物联网监测定位系统的设计。硬件部分搭建了环境状态监测结点、物联网中各异构网络网关、智慧监测定位终端等具体电路，对气体传感器，电源等相关外围电路模块进行了详细的介绍。软件部分介绍了 ZigBee 协议栈的基本结构，详细阐述了网络设置方法及网关系统的功能及工作流程。在协议栈应用层依照实际需要，开发了传感器数据的采集、传输、提取分析等功能。

第 4 章

基于序贯分布式卡尔曼滤波算法的危化气体监测定位

本章给出了一种基于物联网的序贯分布式卡尔曼滤波(Sequential Distrbuted Kalman Filter,S-DKF)理论框架,用于实现危化气体泄漏监测定位。鉴于环境中气体扩散模型的高度非线性、非高斯特征,其核心算法分别采用序贯扩展卡尔曼滤波(Sequential Extended Kalman Filter,S-EKF)和序贯无迹卡尔曼滤波(Sequential Unscented Kalman Filter,S-UKF)算法具体实现,并通过仿真实验对这两种算法的性能进行了论证分析。

4.1 引言

卡尔曼滤波算法在基于传感器网络的移动目标源追踪与定位中已有较多应用,但在静态气体泄漏源监测定位方面的研究较少。按传感器网络的拓扑结构不同,卡尔曼滤波算法可分为集中式[102-104]和分布式[73-75]两大类。Olfati-Saber 等[75,105-107]提出分布式卡尔曼滤波算法,其中每个传感器结点进行局部卡尔曼滤波,通过邻近结点之间信息交换实现滤波器的趋同并将该算法应用于传感器网络分布式目标跟踪应用中。尽管利用分布式卡尔曼滤波可以实现分布式目标跟踪,但是为了达到局部滤波器的趋同,邻近结点之间需要多次通信,有可能产生大量能量消耗。文献[105-107]提出了基于传感器网络的序贯卡尔曼滤波、序贯贝叶斯滤波以及序贯粒子滤波算法,并将这些算法应用于传感器网络目标跟踪应用中。该方法在每个周期只需要在一对邻近结点之间进行点对点的数据传输,降低了无线信道中信号干扰和碰撞的概率,减少了传输时滞和数据丢包现象的发生,极大地降低了整个网络通信能量消耗。

本章重点阐述序贯分布式卡尔曼滤波算法在危化气体监测定位领域的应用研究,分别提出两种分布式卡尔曼滤波算法具体实现:序贯扩展卡尔曼滤波和序贯无迹卡尔曼滤波算法。假设所监控环境中存在一个静态的气体泄漏源,危化气体泄漏监测定位过程如下:首先,选择一个初始监测结点并激活其通信范围内的邻居监测结点构成一个监测结点集合,当前监测结点对自身和邻居监测结点的所传递的浓度数据运用卡尔曼滤波算法进行处理,实现气体泄漏源的位置参数和释放率等参数估计并给出估计结果。然后,由当前监测结点基于第 2 章中的结点调度策略实现下一个路由结点选择,并将估计结果传递给新选择的路由监测结点,由后者继续利用分布式卡尔曼滤波算法进一步完成状态变量的迭代更新。该方法在每个周期内只有监测结点进行点对点的数据通信和信息处理,降低了网络通信能量消耗。最后,通过计算机仿真对这两种分布式算法进行了分析比较。

4.2 危化气体扩散的模型描述

4.2.1 气体的扩散和测量模型

基于传感器网络并运用概率估计的方法解决危化气体泄漏监测定位问题需要给定气体在环境中的扩散模型。准确地建立所监测实际环境中的气体扩散模型是非常困难的,因为气态物质在空气中的扩散通常受到湍动气流影响,其随机性非常大。但是,通过流体运动中的湍流扩散理论可以推导出相对简单的用于描述时均气体物质分布的物理模型。下面采用文献[90]中提出的时均气体分布模型。此模型可以描述在时均风速恒定且均匀(Homogeneous)、各向同性(Isotropic)的湍动气流作用下的气体物质分布状况。假设危化气体泄漏源位于地平面上 $r_0 = (x_0, y_0)$ 处,则气体扩散模型表达式如下:

$$c(r_i, t) = \frac{q}{2\pi K} \cdot \frac{1}{d} \cdot \exp\left[-\frac{U}{2K}(d - \Delta x)\right] \tag{4-1}$$

其中,$c(r_i, t)$ 为监测区域中传感器结点 $r = (x_i, y_i)$ 处的气体浓度值;q 为气体释放率;K 是湍流扩散系数;U 为风速;d 是区域中传感器结点 $r_i(x_i, y_i)$ 到气体泄漏源点 $r_0 = (x_0, y_0)$ 的距离,即

$$d = \sqrt{(x_i - x_0)^2 + (y_i - y_0)^2}$$

如果假设风向沿着 x 轴,则式(4-1)可以简化为

$$c(r_i, t) = \frac{q}{2\pi K} \cdot \frac{1}{x_i - x_0} \cdot \exp\left\{-\frac{U}{2K}[d - (x_i - x_0)]\right\} \tag{4-2}$$

根据上述模型可以得出在一定区域内气体浓度分布如图4-1所示。

基于以上所选气体扩散模型,在系统的测量模型(即传感器结点 $r_i = (x_i, y_i)$ 中,浓度测量值 $y(r_i, t)$)可以描述如下:

$$y(r_i, t) = c(r_i, t) + b + w(r_i, t) \tag{4-3}$$

其中,$c(r_i, t)$ 为结点 $r_i = (x_i, y_i)$ 处的浓度;b 为系统中的某些恒定量汇总,是一个标量;$w(r_i, t)$ 为第 i 个结点的测量噪声,为高斯白噪声。

令 $z_i(t) = y(r_i, t)$,$w_i(t) = w(r_i, t)$,$\lambda(\boldsymbol{\theta})h_i(t) = c(r_i, t)$,则式(4-3)可以描述为

$$z_i(t) = \boldsymbol{H}_i(t)\boldsymbol{x}(t) + w_i(t) \tag{4-4}$$

其中,$\boldsymbol{H}_i(t) = [h_i(t), 1]$,$\boldsymbol{x} = [\lambda(\boldsymbol{\theta}), b]^T$。$\boldsymbol{\theta} = [r_0, q]$ 为气体泄漏源待估参数向量。

图 4-1 气体泄漏扩散分布图

（释放率 q 和扩散系数 K 分别取值为 80ml/min 和 $3\text{m}^2/\text{s}$）

4.2.2 气体扩散过程的状态空间模型描述

本章主要阐述的是一种基于序贯分布式卡尔曼滤波算法的气体泄漏监测与定位方法，为便于算法设计，需要将气体泄漏的物理扩散过程用状态空间模型加以描述。状态空间模型一般由两部分构成：描述状态变量的时变系统模型和与含有测量噪声且与状态变量相关的观测模型。状态变量通常由系统未知参数构成，如气体泄漏的位置、释放率等。在线性目标源的状态参数估计问题中，通常采用离散状态空间模型进行描述。

一个系统的离散状态空间模型的通用表达式为

$$\begin{cases} \boldsymbol{x}_k = \boldsymbol{f}_k(\boldsymbol{x}_{k-1}, \boldsymbol{v}_{k-1}) \\ \boldsymbol{z}_k = \boldsymbol{h}(\boldsymbol{x}_k, \boldsymbol{w}_k) \end{cases} \quad (4-5)$$

其中，$\boldsymbol{f}_k: \mathbb{R}^{n_s} \times \mathbb{R}^{n_v} \to \mathbb{R}^{n_x}$ 为状态转换函数；$\boldsymbol{h}_k: \mathbb{R}^{n_x} \times \mathbb{R}^{n_w} \to \mathbb{R}^{n_z}$ 为观测函数；$\boldsymbol{x}_k: \mathbb{R}^{n_x}$ 为状态变量，其初始状态服从 $p(\boldsymbol{x}_0)$ 的概率分布；$\boldsymbol{v}_k, k \in N$ 为相互独立的系统噪声向量；n_x 和 n_v 分别是状态变量 $\boldsymbol{x}_{k-1} \in \mathbb{R}^{n_s}$ 和系统噪声 $\boldsymbol{v}_k \in \mathbb{R}^{n_v}$ 的维数；$\boldsymbol{z}_k \in \mathbb{R}^{n_z}, k \in N$ 为观测值向量；$\boldsymbol{w}_k, k \in N$ 为相互独立的观测噪声向量；n_z 和 n_w 分别是观测值向量 $\boldsymbol{z}_k \in \mathbb{R}^{n_z}$ 和观测噪声向量 $\boldsymbol{w}_k \in \mathbb{R}^{n_w}$ 的维数；过程噪声、测量噪声的概率密度分布一般是已知且相互独立的，通常为高斯白噪声。

假设环境中时空连续释放气体的过程符合经典高斯-马尔可夫模型，则不同传感器结点处的气体浓度 $c(\boldsymbol{r}_i, t)$ 可用一个有限的离散状态向量 $\boldsymbol{x}_k$ 来代替，如式(4-6)所示：

$$x_k = A_k x_{k-1} + B_k u_{k-1} + v_k \tag{4-6}$$

其中，k 表示第 k 个时间周期；A_k 为系统状态矩阵，B_k 为输入量矩阵，u_{k-1} 为已知输入量或者控制信号，v_k 表示系统噪声。

传感器结点 i 在第 k 时间周期所测得的气体物质浓度为

$$z_k^i = H_k^i x_k + w_k^i \tag{4-7}$$

其中，H_k^i 为测量矩阵，w_k^i 为观测噪声。

系统噪声 v_k 和观测噪声 w_k^i 均符合高斯分布且相互独立：

$$E[v_k v_l^T] = \begin{cases} Q_k, & k = l \\ 0, & k \neq l \end{cases} \tag{4-8}$$

$$E[w_k^i (w_l^i)^T] = \begin{cases} R_k^i, & k = l \\ 0, & k \neq l \end{cases} \tag{4-9}$$

$$E[w_k^i (w_k^j)^T] = \begin{cases} R_k^i, & i = j \\ 0, & i \neq j \end{cases} \tag{4-10}$$

$$E[v_k (w_l^i)^T] = 0, \quad i \text{ 和 } l \text{ 为任意数} \tag{4-11}$$

4.3 基于序贯分布式卡尔曼滤波算法的定位

4.3.1 卡尔曼滤波理论

根据贝叶斯估计理论，所有关于状态参数向量的信息都可以从其概率密度分布函数中获得。因此危化气体泄漏源检测与定位可基于气体物质浓度观测向量 $z_{0:k} = \{z_0, z_1, \cdots, z_k\}$ 求解气体泄漏源参数后验概率密度 $p(x_k | z_{0:k})$ 实现。

假设 $p(x_{k-1} | z_{0:k-1})$ 为第 $k-1$ 个时钟周期的后验概率密度函数，则第 k 个时钟周期的后验概率密度函数 $p(x_k | z_{0:k})$ 通常可以通过以下"预测阶段"和"更新阶段"两部分计算得到。

1. 预测阶段

假设状态变量的初始概率密度分布为 $p(x_0) = p(x_0 | z_0)$，其中 z_0 表示没有测量值的情况。假设不能观测的状态参数向量构成隐藏马尔可夫过程，即 $p(x_k | x_{0:k-1}) = p(x_k | x_{k-1})$，且第 $k-1$ 个时钟周期的后验概率密度 $p(x_{k-1} | z_{0:k-1})$ 已知，则根据科尔莫戈罗夫-查普曼方程，可得

$$p(x_k | z_{0:k}) = \int_{-\infty}^{+\infty} p(x_k | x_{k-1}) p(x_{k-1} | z_{0:k}) dx_{k-1} \tag{4-12}$$

其中，$p(x_k|x_{k-1})$ 为在没有获取最新测量值 z_k 时的系统状态变量的先验 (Prior) 概率密度分布。

2. 更新阶段

基于贝叶斯迭代估计并结合第 k 个周期的测量值 z_k 对后验概率密度函数 $p(x_k|z_{0:k-1})$ 进行更新，得

$$p(x_k \mid z_{0:k}) = \frac{p(z_k \mid x_k)p(x_k \mid z_{0:k-1})}{p(z_k \mid z_{0:k-1})} \quad (4\text{-}13)$$

其中，$p(_k|x_k)$ 为似然函数，可以基于测量模型得到。

$$p(z_k \mid z_{0:k-1}) = \int_{-\infty}^{+\infty} p(z_k \mid x_k)p(x_k \mid z_{0:k-1})\mathrm{d}x_k$$

为归一化函数。

上述预测以及更新过程以迭代方式进行，就构成了贝叶斯迭代估计滤波器。

基于上述分析，当系统状态空间模型是线性高斯模型，同时状态噪声和观测噪声都是加性高斯噪声时，可以采用卡尔曼滤波来进行求解。

假设 $m_{k-1|k-1}$ 和 $P_{k-1|k-1}$ 分别为危化气体泄漏源状态概率密度函数的均值向量和方差矩阵。$p(x_{k-1}|z_{0:k-1}^i)$ 为第 i 个结点在第 $(k-1)$ 个时钟周期的已知后验概率密度，即

$$p(x_{k-1} \mid z_{0:k-1}^i) = N(x_{k-1}, m_{k-1|k-1}^i, P_{k-1|k-1}^i) \quad (4\text{-}14)$$

其中，$N(x;m,p)$ 表示系统变量 x 在满足均值向量为 m、方差矩阵为 p 的高斯分布，可表示为

$$N(x;m,p) = \frac{1}{\sqrt{(2\pi)^{n_s}\|P\|}} \cdot$$

$$\exp\left[-\frac{1}{2}(x-m)^{\mathrm{T}}P^{-1}(x-m)\right] \quad (4\text{-}15)$$

分布式卡尔曼滤波算法由第 i 个结点在第 k 个时钟周期，通过预测与更新两个阶段来实现均值向量 $m_{k|k}^i$ 和方差矩阵 $P_{k|k}^i$ 的更新计算。

预测阶段：

$$p(x_k \mid z_{0:k-1}^i) = N(x_k, m_{k|k-1}^i, P_{k|k-1}^i) \quad (4\text{-}16)$$

其中，

$$m_{k|k-1}^i = A_k m_{k-1|k-1}^i \quad (4\text{-}17)$$

$$P_{k|k-1}^i = Q_{k-1} + A_k P_{k-1|k-1}^i A^{\mathrm{T}} \quad (4\text{-}18)$$

更新阶段：

$$p(\boldsymbol{x}_k \mid \boldsymbol{z}_{0:k}^i) = N(\boldsymbol{x}_k, \boldsymbol{m}_{k|k}^i, \boldsymbol{P}_{k|k}^i) \qquad (4\text{-}19)$$

$$\boldsymbol{m}_{k|k}^i = \boldsymbol{m}_{k|k-1}^i + \boldsymbol{K}_k^i(\boldsymbol{z}_k^i - \boldsymbol{H}_k^i \boldsymbol{m}_{k|k-1}^i) \qquad (4\text{-}20)$$

$$\boldsymbol{P}_{k|k}^i = \boldsymbol{P}_{k|k-1}^i - \boldsymbol{K}_k^i \boldsymbol{H}_k^i \boldsymbol{P}_{k|k-1}^i \qquad (4\text{-}21)$$

$$\boldsymbol{K}_k^i = \boldsymbol{P}_{k|k-1}^i (\boldsymbol{H}_k^i)^{\mathrm{T}} (\boldsymbol{S}_k^i)^{-1} \qquad (4\text{-}22)$$

$$\boldsymbol{S}_k^i = \boldsymbol{H}_k^i \boldsymbol{P}_{k|k-1}^i (\boldsymbol{H}_k^i)^{\mathrm{T}} + \boldsymbol{R}_k^i \qquad (4\text{-}23)$$

其中，$\boldsymbol{K}_k^i$ 为第 i 个结点的卡尔曼增益；式(4-22)中，$\boldsymbol{S}_k^i$ 为估计值与真值残差方差。

对于线性高斯模型，卡尔曼滤波算法通常可以给出最优解。但实际应用中系统很难满足线性条件，通常都是非线性模型。针对危化气体泄漏源检测与定位问题，由于气体泄漏源释放物质扩散过程是高度非线性、非高斯的，因此需要用非线性的状态空间模型进行描述，式(4-6)和式(4-7)可改写为

$$\boldsymbol{x}_k = \boldsymbol{f}_k(\boldsymbol{x}_{k-1}) + \boldsymbol{v}_{k-1} \qquad (4\text{-}24)$$

$$\boldsymbol{z}_k^i = \boldsymbol{h}_k^i(\boldsymbol{x}_k) + \boldsymbol{w}_k^i \qquad (4\text{-}25)$$

其中，$\boldsymbol{f}_k(\cdot)$ 和 $\boldsymbol{h}_k^i(\cdot)$ 分别为状态变量的非线性状态转移函数和观测函数。

针对上述非线性模型，迭代卡尔曼滤波算法需要进行线性化处理才能实现非线性系统的状态估计问题。通常有扩展卡尔曼滤波和无迹卡尔曼滤波两种方法实现。

4.3.2 基于序贯扩展卡尔曼滤波算法的定位

针对非线性模型，卡尔曼滤波算法是一种有效的改进。利用泰勒级数展开来线性化状态方程和观测方程，从而用高斯分布来近似状态的后验分布，然后使用卡尔曼滤波算法进行估计。

基于序贯扩展卡尔曼滤波算法如表 4-1 所示，具体表示如下：假设 $\boldsymbol{m}_{k-1|k-1}$ 和 $\boldsymbol{P}_{k-1|k-1}$ 分别为危化气体泄漏源状态变量概率密度函数的均值向量和方差矩阵，$p(\boldsymbol{x}_{k-1}|\boldsymbol{z}_{0:k-1}^i)$ 为第 i 个结点在第 $k-1$ 个时钟周期内的已知后验概率密度函数（符合高斯分布），可表示为

$$p(\boldsymbol{x}_{k-1} \mid \boldsymbol{z}_{0:k-1}^i) \approx N(\boldsymbol{x}_{k-1}, \boldsymbol{m}_{k-1|k-1}^i, \boldsymbol{P}_{k-1|k-1}^i) \qquad (4\text{-}26)$$

(1) 初始结点的扩展卡尔曼滤波运算。

$$p(\boldsymbol{x}_k \mid \boldsymbol{z}_{0:k-1}^1) \approx N(\boldsymbol{x}_k, \boldsymbol{m}_{k|k-1}^1, \boldsymbol{P}_{k|k-1}^1) \qquad (4\text{-}27)$$

其中，

$$\boldsymbol{m}_{k|k-1}^1 = \boldsymbol{f}_k(\boldsymbol{m}_{k-1|k-1}^1) \qquad (4\text{-}28)$$

$$\boldsymbol{P}_{k|k-1}^1 = \boldsymbol{Q}_{k-1} + \hat{\boldsymbol{A}}_k \boldsymbol{P}_{k-1|k-1}^1 \hat{\boldsymbol{A}}_k^{\mathrm{T}} \qquad (4\text{-}29)$$

(2) 第 i 个结点的扩展卡尔曼滤波运算需要用到第 $i-1$ 个结点的扩展卡尔曼滤波运算结果作为其前验概率分布,同时第 i 个结点的扩展卡尔曼滤波运算结果会传递给第 $i+1$ 个结点,作为其前验概率分布。这样依次迭代运算,最终完成序贯扩展卡尔曼滤波运算。

$$\boldsymbol{m}_{k|k}^1 = \boldsymbol{m}_{k-1|k-1}^1 + \boldsymbol{K}_k^1 [\boldsymbol{z}_k^1 - \boldsymbol{h}_k^1(\boldsymbol{m}_{k|k-1}^1)] \tag{4-30}$$

$$\boldsymbol{m}_{k|k}^i = \boldsymbol{f}_k(\boldsymbol{m}_{k|k}^{i-1}) + \boldsymbol{K}_k^i \{\boldsymbol{z}_k^i - \boldsymbol{h}_k^i [\boldsymbol{f}_k(\boldsymbol{m}_{k|k}^{i-1})]\}, \quad i=2,3,\cdots,n \tag{4-31}$$

其中,初始结点和第 i 个结点的卡尔曼增益分别为

$$\boldsymbol{K}_k^1 = \boldsymbol{P}_{k|k-1}^1 (\hat{\boldsymbol{H}}_k^1)^{\mathrm{T}} (\boldsymbol{S}_k^1)^{-1} \tag{4-32}$$

$$\boldsymbol{K}_k^i = \boldsymbol{P}_{k|k-1}^i (\hat{\boldsymbol{H}}_k^i)^{\mathrm{T}} (\boldsymbol{S}_k^i)^{-1}$$

$$= (\boldsymbol{Q}_{k-1} + \hat{\boldsymbol{A}}_k \boldsymbol{P}_{k|k}^{i-1} \hat{\boldsymbol{A}}_k^{\mathrm{T}})(\hat{\boldsymbol{H}}_k^i)^{\mathrm{T}} (\boldsymbol{S}_k^i)^{-1}, \quad i=2,3,\cdots,n \tag{4-33}$$

$\hat{\boldsymbol{A}}_k$ 为 $\boldsymbol{f}_k(\boldsymbol{x})$ 的雅可比矩阵:

$$\hat{\boldsymbol{A}}_k = \left. \frac{\mathrm{d}\boldsymbol{f}_k(\boldsymbol{x})}{\mathrm{d}(\boldsymbol{x})} \right|_{\boldsymbol{x}=\boldsymbol{m}_{k-1|k-1}} \tag{4-34}$$

初始结点和第 i 个结点的估计值与真值残差方差分别为

$$\boldsymbol{S}_k^1 = \hat{\boldsymbol{H}}_k^1 \boldsymbol{P}_{k|k-1}^1 (\hat{\boldsymbol{H}}_k^1)^{\mathrm{T}} + \boldsymbol{R}_k^1 \tag{4-35}$$

$$\boldsymbol{S}_k^i = \hat{\boldsymbol{H}}_k^i \boldsymbol{P}_{k|k-1}^i (\hat{\boldsymbol{H}}_k^i)^{\mathrm{T}} + \boldsymbol{R}_k^i$$

$$= \hat{\boldsymbol{H}}_k^i (\boldsymbol{Q}_{k-1} + \hat{\boldsymbol{A}}_k \boldsymbol{P}_{k|k}^{i-1} \hat{\boldsymbol{A}}_k^{\mathrm{T}})(\hat{\boldsymbol{H}}_k^i)^{\mathrm{T}} + \boldsymbol{R}_k^i, \quad i=2,3,\cdots,n \tag{4-36}$$

初始结点和第 i 个结点的观测向量函数的雅可比值为

$$\hat{\boldsymbol{H}}_k^1 = \left. \frac{\mathrm{d}\boldsymbol{h}_k^1(\boldsymbol{x})}{\mathrm{d}(\boldsymbol{x})} \right|_{\boldsymbol{x}=\boldsymbol{m}_{k|k-1}^1}, \quad k=2,3,\cdots,n \tag{4-37}$$

$$\hat{\boldsymbol{H}}_k^i = \left. \frac{\mathrm{d}\boldsymbol{h}_k^i(\boldsymbol{x})}{\mathrm{d}(\boldsymbol{x})} \right|_{\boldsymbol{x}=\boldsymbol{f}_k(\boldsymbol{m}_{k|k}^{i-1})}, \quad i=2,3,\cdots,n \tag{4-38}$$

状态方差矩阵的更新如下:

$$\boldsymbol{P}_{k|k}^1 = \boldsymbol{P}_{k|k-1}^1 - \boldsymbol{K}_k^1 \hat{\boldsymbol{H}}_k^1 \boldsymbol{P}_{k|k-1}^1 \tag{4-39}$$

$$\boldsymbol{P}_{k|k}^i = \boldsymbol{P}_{k|k-1}^i - \boldsymbol{K}_k^i \hat{\boldsymbol{H}}_k^i \boldsymbol{P}_{k|k-1}^i$$

$$= (\boldsymbol{Q}_{k-1} + \hat{\boldsymbol{A}}_k \boldsymbol{P}_{k|k}^{i-1} \hat{\boldsymbol{A}}_k^{\mathrm{T}}) - \boldsymbol{K}_k^i \hat{\boldsymbol{H}}_k^i (\boldsymbol{Q}_{k-1} + \hat{\boldsymbol{A}}_k \boldsymbol{P}_{k|k}^{i-1} \hat{\boldsymbol{A}}_k^{\mathrm{T}}), \quad i=2,3,\cdots,n$$

$$\tag{4-40}$$

由于本书是对释放率恒定的静态气体泄漏源进行位置和释放率估计,换句话说,气体泄漏源的位置和释放率是不变的,即向量 $\boldsymbol{x}$ 是恒定的,因此转换方程可以简化为

$$\boldsymbol{x}_k = \boldsymbol{x}_{k-1} \tag{4-41}$$

$$f_{k-1}(\boldsymbol{x}_{k-1}) = \boldsymbol{x}_{k-1} \qquad (4\text{-}42)$$

因此 $\hat{\boldsymbol{A}}_{k-1}$ 和 $\hat{\boldsymbol{H}}_k^i$ 可以分别表示为

$$\hat{\boldsymbol{A}}_{k-1} = \left[\nabla_{\boldsymbol{x}_{k-1}} \boldsymbol{f}_{k-1}^{\mathrm{T}}(\boldsymbol{x}_{k-1}) \right]^{\mathrm{T}} \Big|_{\boldsymbol{x}_{k-1} = \hat{\boldsymbol{x}}_{k-1|k-1}}$$

$$= \left[\begin{bmatrix} \dfrac{\partial}{\partial x_0} \\ \dfrac{\partial}{\partial y_0} \\ \dfrac{\partial}{\partial q} \end{bmatrix} \begin{bmatrix} x_0 & y_0 & q \end{bmatrix} \right]^{\mathrm{T}} \Bigg|_{\boldsymbol{x}_{k-1} = \hat{\boldsymbol{x}}_{k-1|k-1}} = \boldsymbol{I} \qquad (4\text{-}43)$$

$$\hat{\boldsymbol{H}}_{k-1}^i = \left[\nabla_{\boldsymbol{x}_k} \boldsymbol{h}_k^{\mathrm{T}}(\boldsymbol{x}_k) \right]^{\mathrm{T}} \Big|_{\boldsymbol{x}_k = \hat{\boldsymbol{x}}_{k|k-1}}$$

$$= \left[\begin{bmatrix} \dfrac{\partial}{\partial x_0} \\ \dfrac{\partial}{\partial y_0} \\ \dfrac{\partial}{\partial q} \end{bmatrix} \left[\dfrac{q}{2\pi K} \dfrac{1}{x_i - x_0} \exp\left[-\dfrac{U}{2K}(d - x_i + x_0) \right] \right] \right]^{\mathrm{T}} \Bigg|_{\boldsymbol{x}_k = \hat{\boldsymbol{x}}_{k|k-1}}$$

$$= \begin{bmatrix} \boldsymbol{h}_k(\boldsymbol{x}_k) \left[\dfrac{1}{x_i - x_0} + \dfrac{U}{2K} \left[\dfrac{(x_i - x_0)}{d} - 1 \right] \right] \\ \boldsymbol{h}_k(\boldsymbol{x}_k) \dfrac{U}{2K} \left[\dfrac{(y_i - y_0)}{d} \right] \\ \dfrac{\boldsymbol{h}_k(\boldsymbol{x}_k)}{q} \end{bmatrix}^{\mathrm{T}} \Bigg|_{\boldsymbol{x}_k = \hat{\boldsymbol{x}}_{k|k-1}} \qquad (4\text{-}44)$$

表 4-1 基于序贯扩展卡尔曼滤波算法

(1) 给定状态空间模型：

$$\begin{cases} \boldsymbol{x}_k = \boldsymbol{f}_k(\boldsymbol{x}_{k-1}) + \boldsymbol{v}_{k-1} \\ \boldsymbol{z}_k^i = \boldsymbol{h}_k^i(\boldsymbol{x}_k) + \boldsymbol{w}_k^i \end{cases}$$

(2) 初始化：

for $k = 0$

$$\boldsymbol{m}_{0|0} = E(\boldsymbol{x}_0)$$
$$\boldsymbol{P}_{0|0} = E[(\boldsymbol{m}_{0|0} - \boldsymbol{x}_0)(\boldsymbol{m}_{0|0} - \boldsymbol{x}_0)^{\mathrm{T}}]$$
$$E(\boldsymbol{w}_k \boldsymbol{w}_l^{\mathrm{T}}) = \begin{cases} \boldsymbol{Q}_k, & k = l \\ 0, & k \neq l \end{cases}$$

续表

$$E[\boldsymbol{v}_k^i(\boldsymbol{v}_l^i)^T] = \begin{cases} \boldsymbol{R}_k^i, & k=l \\ 0, & k \neq l \end{cases}$$

$$E[\boldsymbol{v}_k^i(\boldsymbol{v}_k^j)^T] = \begin{cases} \boldsymbol{R}_k^i, & i=j \\ 0, & i \neq j \end{cases}$$

for $k=1,2,\cdots$

$$\hat{\boldsymbol{A}}_k = \frac{\mathrm{d}\boldsymbol{f}_k(\boldsymbol{x})}{\mathrm{d}(\boldsymbol{x})}\bigg|_{\boldsymbol{x}=m_{k|k-1}^{i-1}}$$

（3）初始结点 EKF 算法：

$$\boldsymbol{m}_{k|k-1}^1 = \boldsymbol{f}_k(\boldsymbol{m}_{k-1|k-1}^1)$$
$$\boldsymbol{P}_{k|k-1}^1 = \boldsymbol{Q}_{k-1} + \hat{\boldsymbol{A}}_k \boldsymbol{P}_{k-1|k-1}^1 \hat{\boldsymbol{A}}_k^T$$
$$\hat{\boldsymbol{H}}_k^1 = \frac{\mathrm{d}\boldsymbol{h}_k^1(\boldsymbol{x})}{\mathrm{d}(\boldsymbol{x})}\bigg|_{\boldsymbol{x}=m_{k|k-1}^1}$$
$$\boldsymbol{S}_k^1 = \hat{\boldsymbol{H}}_k^1 \boldsymbol{P}_{k|k-1}^1 (\hat{\boldsymbol{H}}_k^1)^T + \boldsymbol{R}_k^1$$
$$\boldsymbol{K}_k^1 = \boldsymbol{P}_{k|k-1}^1 (\hat{\boldsymbol{H}}_k^1)^T (\boldsymbol{S}_k^1)^{-1}$$
$$\boldsymbol{m}_{k|k}^1 = \boldsymbol{m}_{k-1|k-1}^1 + \boldsymbol{K}_k^1 [\boldsymbol{z}_k^1 - \boldsymbol{h}_k^1(\boldsymbol{m}_{k|k-1}^1)]$$
$$\boldsymbol{P}_{k|k}^1 = \boldsymbol{P}_{k|k-1}^1 - \boldsymbol{K}_k^1 \hat{\boldsymbol{H}}_k^1 \boldsymbol{P}_{k|k-1}^1$$

（4）当 $i=2,3,\cdots$ 时的 EKF 算法：

$$\hat{\boldsymbol{H}}_k^i = \frac{\mathrm{d}\boldsymbol{h}_k^i(\boldsymbol{x})}{\mathrm{d}(\boldsymbol{x})}\bigg|_{\boldsymbol{x}=f_k(m_{k|k}^{i-1})}, i=2,3,\cdots,n$$

$$\boldsymbol{S}_k^i = \hat{\boldsymbol{H}}_k^i \boldsymbol{P}_{k|k-1}^i (\hat{\boldsymbol{H}}_k^i)^T + \boldsymbol{R}_k^i$$
$$= \hat{\boldsymbol{H}}_k^i (\boldsymbol{Q}_{k-1} + \hat{\boldsymbol{A}}_k \boldsymbol{P}_{k|k}^{i-1} \hat{\boldsymbol{A}}_k^T)(\hat{\boldsymbol{H}}_k^i)^T + \boldsymbol{R}_k^i, \quad i=2,3,\cdots,n$$

$$\boldsymbol{K}_k^i = \boldsymbol{P}_{k|k-1}^i (\hat{\boldsymbol{H}}_k^i)^T (\boldsymbol{S}_k^i)^{-1}$$
$$= (\boldsymbol{Q}_{k-1} + \hat{\boldsymbol{A}}_k \boldsymbol{P}_{k|k}^{i-1} \hat{\boldsymbol{A}}_k^T)(\hat{\boldsymbol{H}}_k^i)^T (\boldsymbol{S}_k^i)^{-1}, \quad i=2,3,\cdots,n$$

$$\boldsymbol{m}_{k|k}^i = \boldsymbol{f}_k \boldsymbol{m}_{k|k}^{i-1} + \boldsymbol{K}_k^i \{\boldsymbol{z}_k^i - \boldsymbol{h}_k^i [\boldsymbol{f}_k(\boldsymbol{m}_{k|k}^{i-1})]\}, \quad i=2,3,\cdots,n$$

$$\boldsymbol{P}_{k|k}^i = \boldsymbol{P}_{k|k-1}^i - \boldsymbol{K}_k^i \hat{\boldsymbol{H}}_k^i \boldsymbol{P}_{k|k-1}^i$$
$$= (\boldsymbol{Q}_{k-1} + \hat{\boldsymbol{A}}_k \boldsymbol{P}_{k|k}^{i-1} \hat{\boldsymbol{A}}_k^T) - \boldsymbol{K}_k^i \hat{\boldsymbol{H}}_k^i (\boldsymbol{Q}_{k-1} + \hat{\boldsymbol{A}}_k \boldsymbol{P}_{k|k}^{i-1} \hat{\boldsymbol{A}}_k^T)$$

（5）n 结点结果输出：

$$\boldsymbol{m}_{k|k} = \boldsymbol{m}_{k|k}^i$$
$$\boldsymbol{P}_{k|k} = \boldsymbol{P}_{k|k}^i$$

4.3.3　基于序贯无迹卡尔曼滤波算法的定位

与用泰勒级数近似非线性转换函数的扩展卡尔曼滤波算法不同，无迹卡尔曼滤波算法利用无迹变换代替泰勒级数展开，递推估计非线性系统高斯随机变量的均值和方差。无迹变换是无迹卡尔曼滤波算法的核心和基础，确切地说，无迹卡尔曼滤波算法是用一组采样点通过无迹变换近似得到系统状态的后验概率分布函数。

1. 无迹变换

假设某个 n_x 维系统随机变量 $\boldsymbol{x}$,其均值向量和方差矩阵分别为 $\boldsymbol{m}_x$ 和 $\boldsymbol{P}_x$。通过非线性函数变换 $\boldsymbol{y}=g(\boldsymbol{x})$ 得到一个新的向量 $\boldsymbol{y}$,则无迹变换为在确保均值和方差的前提下,定性的抽样一组采样点,并对所抽样的每一个采样点进行非线性变换得到变换后的点集合。通过对变换后所得点集合进行估算可以求得向量 $\boldsymbol{y}$ 的均值向量 $\boldsymbol{m}_y$ 和方差矩阵 $\boldsymbol{p}_y$。

首先按照式(4-45)～式(4-47)生成 $2n_x+1$ 个采样点 $(\chi_j,\omega_j)_{j=0}^{2n_x}$ 用于计算均值和方差:

$$\chi_0 = \boldsymbol{m}_x, \omega_0 = \frac{k}{n_x+k}, \quad j=0 \tag{4-45}$$

$$\chi_j = \boldsymbol{m}_x + [\sqrt{(n_x+k)\boldsymbol{P}_x}]_j, \quad \omega_j = \frac{1}{2(n_x+k)}, \quad j=1,2,\cdots,n_x \tag{4-46}$$

$$\chi_j = \boldsymbol{m}_x - [\sqrt{(n_x+k)\boldsymbol{P}_x}]_j, \quad \omega_j = \frac{1}{2(n_x+k)}, \quad j=n_x+1, n_x+2, \cdots, 2n_x \tag{4-47}$$

其中,k 为一个标量,$[\sqrt{(n_x+k)\boldsymbol{P}_x}]_j$ 为矩阵 $(n_x+k)\boldsymbol{P}_x$ 方根的第 j 列(或行)元素;ω_j 为第 j 个采样点 χ_j 的对应权重系数,且 $\sum_{j=0}^{2n_x}\omega_j=1$。

向量 $\boldsymbol{y}$ 的均值向量 $\boldsymbol{m}_y$ 和方差矩阵 $\boldsymbol{P}_y$ 可通过采样点加权近似计算:

$$\boldsymbol{m}_y \approx \sum_{j=1}^{2n_x}\omega_j g(\chi_j) \tag{4-48}$$

$$\boldsymbol{P}_y = \sum_{j=1}^{2n_x}\omega_j [g(\chi_j)-\boldsymbol{m}_y][g(\chi_j)-\boldsymbol{m}_y]^T \tag{4-49}$$

2. 序贯 UKF 算法

假设危化气体泄漏源扩散过程中,第 k 个时钟周期内,系统状态变量的系统噪声方差为 $\boldsymbol{Q}_k$,传感器结点 i 的测量噪声方差为 $\boldsymbol{R}_k^i$,则序贯 UKF 算法求解状态变量预估均值和状态预估方差过程描述如下:

$$\boldsymbol{m}_{0|0} = E(\boldsymbol{x}_0) \tag{4-50}$$

$$\boldsymbol{P}_{0|0} = E[(\boldsymbol{m}_{0|0}-\boldsymbol{x}_0)(\boldsymbol{m}_{0|0}-\boldsymbol{x}_0)^T] \tag{4-51}$$

$$\boldsymbol{P}_k^a = \mathrm{diag}(\boldsymbol{P}_{k|k}^x \boldsymbol{Q}_k \boldsymbol{R}_k^i) \tag{4-52}$$

$$\boldsymbol{x}_k^a = [\boldsymbol{x}_k^T \boldsymbol{w}_k^T (\boldsymbol{v}_k^i)^T]^T \tag{4-53}$$

$$n_a = \dim(\boldsymbol{x}_k^a) \tag{4-54}$$

$$\boldsymbol{\chi}_{j,k}^{a}=[\boldsymbol{\chi}_{k}^{x}\boldsymbol{\chi}_{k}^{w}\boldsymbol{\chi}_{k}^{v}]_{j}, \quad j=0,1,\cdots,2n_{a} \tag{4-55}$$

其中,$\boldsymbol{\chi}_{k}^{x}$表示与系统状态有关的采样点集合,$\boldsymbol{\chi}_{k}^{w}$表示与过程噪声有关的采样点集合,$\boldsymbol{\chi}_{k}^{v}$表示与测量噪声有关的采样点集合。

(1) 初始化阶段(当 $k=0$)。

$$\boldsymbol{m}_{0|0}^{a}=[\boldsymbol{m}_{0|0} \quad 0 \quad 0]^{\mathrm{T}} \tag{4-56}$$

$$\boldsymbol{P}_{0|0}^{a}=\begin{bmatrix} \boldsymbol{P}_{0|0} & & \\ & \boldsymbol{Q}_{0} & \\ & & \boldsymbol{R}_{0}^{i} \end{bmatrix} \tag{4-57}$$

(2) 迭代运算阶段(当 $k=1,2,\cdots$)。

① 抽取采样点并计算相应权重:

$$\boldsymbol{\chi}_{k-1|k-1}^{a}=\begin{bmatrix} \boldsymbol{m}_{k-1|k-1}^{a} \\ \boldsymbol{m}_{k-1|k-1}^{a}+\sqrt{(n_{a}+\lambda)\boldsymbol{P}_{k-1|k-1}^{a}} \\ \boldsymbol{m}_{k-1|k-1}^{a}-\sqrt{(n_{a}+\lambda)\boldsymbol{P}_{k-1|k-1}^{a}} \end{bmatrix}^{\mathrm{T}} \tag{4-58}$$

其中,

$$\begin{cases} (\boldsymbol{\chi}_{k-1|k-1}^{a})_{0}=\boldsymbol{m}_{k-1|k-1}^{a} \\ \omega_{0}^{(m)}=\dfrac{\lambda}{n_{a}+\lambda} \\ \omega_{0}^{(P)}=\dfrac{\lambda}{n_{a}+\lambda}(1-\alpha^{2}+\beta) \end{cases} \tag{4-59}$$

$$\begin{cases} \boldsymbol{\chi}_{j,k-1|k-1}^{a}=\boldsymbol{m}_{k-1|k-1}^{a}\pm\sqrt{(n_{a}+\lambda)\boldsymbol{P}_{k-1|k-1}^{a}} \\ \omega_{j}^{(m)}=\omega_{j}^{(P)}=\dfrac{\lambda}{2(n_{a}+\lambda)} \end{cases}, \quad j=1,2,\cdots,2n_{a} \tag{4-60}$$

其中,$\lambda=\alpha^{2}(n_{a}+k)-n_{a}$ 为系统尺度参数,参数 α 表示系统以均值 $\boldsymbol{m}_{x}$ 为中心采样点的广度,通常为比较小的正值;参数 k 为第二个尺度参数,通常设定为 0 或者 $3-n_{a}$;参数 β 为标量参数,用以描述额外的自由度,通常结合系统状态变量 $\boldsymbol{x}_{k}$ 的先验概率分布取值(对高斯分布[75]来讲 $\beta=2$)。

② 预测:

$$\boldsymbol{\chi}_{k|k-1}^{x}=f(\boldsymbol{\chi}_{k-1|k-1}^{x},\boldsymbol{\chi}_{k}^{w}) \tag{4-61}$$

$$\boldsymbol{m}_{k|k-1}=\sum_{j=0}^{2n_{x}}\omega_{j}^{(m)}\boldsymbol{\chi}_{k-1|k-1}^{x} \tag{4-62}$$

$$\boldsymbol{P}_{k|k-1}=\sum_{j=0}^{2n_{a}}\omega_{j}^{(P)}[\boldsymbol{\chi}_{j,k|k-1}^{x}-\boldsymbol{m}_{k|k-1}][\boldsymbol{\chi}_{j,k|k-1}^{x}-\boldsymbol{m}_{k|k-1}]^{\mathrm{T}} \tag{4-63}$$

③ 更新:

$$z_{j,k|k-1}^i = h(\pmb{\chi}_{j,k|k-1}^x, \pmb{\chi}_{j,k|k-1}^v), \quad j=0,1,\cdots,2n_a \tag{4-64}$$

$$\hat{z}_{k|k-1}^i = \sum_{j=0}^{2n_a} \omega_j^{(m)} z_{j,k|k-1}^i \tag{4-65}$$

$$\pmb{P}_{z_k z_k} = \sum_{j=0}^{2n_a} \omega_j^{(P)} [z_{j,k|k-1}^i - \hat{z}_{k|k-1}^i][z_{j,k|k-1}^i - \hat{z}_{k|k-1}^i]^{\mathrm{T}} \tag{4-66}$$

$$\pmb{P}_{x_k z_k} = \sum_{j=0}^{2n_a} \omega_j^{(P)} [\pmb{\chi}_{j,k|k-1} - \pmb{m}_{k|k-1}][\pmb{\chi}_{j,k|k-1} - \pmb{m}_{k|k-1}]^{\mathrm{T}} \tag{4-67}$$

$$\pmb{K}_k = \pmb{P}_{x_k z_k} (\pmb{P}_{z_k z_k})^{-1} \tag{4-68}$$

$$\pmb{m}_{k|k} = \pmb{m}_{k|k-1} + \pmb{K}_k (z_k^i - \hat{z}_{k|k-1}^i) \tag{4-69}$$

$$\pmb{P}_{k|k} = \pmb{P}_{k|k-1} + \pmb{K}_k \pmb{P}_{z_k z_k} \pmb{K}_k^{\mathrm{T}} \tag{4-70}$$

4.4 基于序贯卡尔曼滤波算法的危化气体监测的定位

4.4.1 基于序贯卡尔曼滤波算法的危化气体监测定位过程

假设监控环境中存在一个静态的气体释放源,基于序贯卡尔曼滤波的气体泄漏源检测与定位过程如下。

(1) 从传感器网络中选择一个初始结点并根据其通信范围阈值激活其周围的邻近结点形成一个邻近结点集合,该初始结点根据其所测得的气体浓度测量值以及邻近结点所传递的浓度数据,采用卡尔曼滤波算法对系统状态变量进行预估,得到气体泄漏源的位置、释放率等参数的估计方差矩阵。

(2) 当前结点将包含方差矩阵的参数估计结果传递给下一个新选择的路由结点,并由所选择的传感器结点进一步完成目标状态的迭代更新。

(3) 气体泄漏源的状态参数估计结果从一个传感器结点序贯传递到下一个传感器结点,直到某些条件满足(如邻近结点集内所有成员结点都参与过当前状态变量的估计或者预估结果满足设定性能要求)为止。

4.4.2 基于序贯卡尔曼滤波算法实现危化气体监测定位

综上所述,基于序贯卡尔曼滤波的气体泄漏源检测与定位算法通常由算法初始化、路由结点选择及迭代运算和算法结束判定 3 部分构成,其流程如图 4-2 所示。每一周期内,网络中只有一部分邻近结点之间进行点对点的数据通信,完成信息处理,该方法降低了网络通信的能量消耗。

图 4-2 分布式估计算法流程

1. 初始化过程

在算法初始化阶段，需要选定一个结点作为初始结点。初始结点可以是部署在环境中的任意结点，但若初始结点离气体泄漏源较近，则估计过程相对容易，因此为了验证分布式迭代估计算法的可行性，初始结点均在距离气味源较远的结点集合中选择。初始结点确定以后，该结点在一个采样周期内对所处的环境进行浓度信息采集。同时在采样过程中该结点需要和邻近结点完成信息共享以获得尽可能多的测量值。初始结点发布广播信息给单跳路由的邻近结点,接收到广播信息的邻近结点返回其对应的坐标信息和相应浓度测量值,根据这些信息由初始结点完成对目标参数的预估运算,并给出估计结果。初始结点得到的估计结果需要传递到邻近结点中的某个传感器结点,然后进一步完成迭代运算,其目标是不断地向接近气味源的结点传递气体泄漏源参数作预估信息。

2. 路由结点选择及迭代运算

下一个路由结点的选择通常是由结点坐标与气体泄漏源坐标估计值的距离函数

$$\hat{d} = \sqrt{(x_i - \hat{x}_0)^2 + (y_i - \hat{y}_0)^2}$$

来判定。其中,$\hat{d}$ 值最小的某个邻近结点通常被选为下一个路由结点。该结点再通过自身及其邻近结点提供的测量值对接收到的参数预估信息进行更新,然后以此类推完成迭代运算。这种迭代估计算法所进行的"预估-更新"过程实际上是一种卡尔曼滤波的实现过程,算法的最终目的是通过尽可能少的路由结点把初始结点的信息传递到气味源附近的某个结点,并完成气体泄漏源的定位和释放率估计。由于不需要把测量信息传递到融合中心,且融合计算不集中在融合中心实现,而是分布到整个监测环境中的某些结点上实现,降低了系统的运算和通信消耗。

3. 算法结束判定

迭代算法结束的判定由估计误差 $\Delta x = |x - \hat{x}|$ 来决定,其中 x 和 $\hat{x}$ 分别为气体泄漏源参数的真值和估计结果。当 Δx 小于给定阈值下限时,迭代算法结束。这里需要说明的是,在实际仿真过程中,UKF 算法的阈值下限为 10m,而 EKF 算法的阈值下限为 50m,因为若 EKF 下限也设置为 10m,则无法收敛。当估计误差比较大时,通常选择的传感器结点已经脱离了气体浓度扩散区域,需要重新选择路由传感器结点。

4.5 算法性能分析及仿真结果

4.5.1 仿真参数设置及性能指标

为了验证算法的可行性,本文在 MATLAB 平台上进行了仿真研究。仿真所用的计算机 CPU 主频为 2.4GHz，内存为 2GB。实验区域为 $500×400m^2$ 的一个二维空间，如图 4-3 所示。

图 4-3　气体泄漏源和 100 个传感器结点分布图

假设危化气体源真实坐标为 (50,0)，通过文献[90]中的气体扩散模型生成相应的浓度数据，其分布图由等高线给出，其中释放率 q 选择为 $30cm^3/min$，湍流扩散系数 K 为 $30cm^2/s$。100 个监测结点（用圆点表示）随机的部署在监测环境区域内，假设每个监测结点的位置信息已知，在仿真实验中各个监测结点均可以实时采集并具有时空一致性。考虑到通常所用的金属氧化物半导体气体传感器的相对较长的响应和恢复延时，仿真中监测结点的浓度采样周期设为 5s。对每个监测结点而言系统模型噪声采用高斯白噪声（均值 $\mu=0$，方差 $\sigma_i=3$）。

4.5.2　仿真结果分析

本章分别对基于 EKF 和 UKF 的分布式监测定位算法进行了仿真研究，并通过多次仿真结果对其性能进行了分析和比较。首先对两种算法在 10 种不同结点部署条件下的成功率以及成功实现的算法中参数估计误差均值进行了比较，然后在相同实验环境和条件下对两种算法的估计结果与所需传感器结点数量之间的关系进行了分析。

在每一种结点部署条件下，分别选择 10 个与气体泄漏源距离大于 400m 的不同监测结点作为初始结点。每个初始结点运用 EKF 和 UKF 两种不同的算法分别完成 10 次迭代估计运算，记录两种算法能够成功得到估计结果的次数，然后更换结点部署方案重复上面的运算。

算法完成运算的执行时间小于 5min 则视为一次成功的迭代估计,否则视为一次失败的运算(即没有收敛)。成功率设定为成功的次数除以总的实验次数(下面每种算法的总实验次数为 1000 次)。最后在成功的迭代运算中,求估计误差 Δx 的算术平均值。

图 4-4 给出了不同监测结点部署条件下 UKF 算法和 EKF 算法的气体泄漏源定位误差均值、释放率估计误差均值和成功率 3 种统计结果。从图 4-4 中可以看出,UKF 算法的成功率高于 EKF 算法,表明 UKF 估计算法的收敛性能好于 EKF 算法;UKF 算法估计误差均值比 EKF 小,说明 UKF 算法比 EKF 算法具有更高的估计精度。

图 4-4 不同结点部署条件下成功的迭代算法统计结果

图 4-5 给出了两种估计算法时其中一次成功估计的过程,其中带圆环的圆点代表参与了数据融合运算的监测结点;以此结点为圆心的圆圈表示结点测量的浓度值大小,圆圈半径越大,表示浓度越高。为便于性能分析和比较,EKF 算法和 UKF 算法都选择坐标为(475,112)的结点作为其初始结点。EKF 和 UKF 算法最终估计的气体泄漏源位置坐标分别为(73,-47)和(55,11)。

图 4-5(a)中的星号和图 4-5(b)中的三角形符号分别表示 EKF 和 UKF 算法最终估计的气体泄漏源位置。由图中结果可以判定 UKF 算法在定位过程中比 EKF 算法使用的结点数目少,且路径短。这也表明 UKF 在运算过程中的计

(a) EKF 算法估计过程

(b) UKF 算法估计过程

图 4-5　两种不同分布式估计算法估计实例

算量较小,从而定位速度比较快,同时通信消耗也会相应地降低。

为了更清晰地看出 EKF 和 UKF 算法的估计精度与所使用传感器结点数量之间的关系,基于图 4-5 所示传感器结点分布及气味源位置,图 4-6 和图 4-7 分别给出了气体泄漏源位置和释放率估计误差随传感器结点数量的变化情况。

(a) x 坐标估计误差

(b) y 坐标估计误差

图 4-6　气体泄漏源位置估计误差与传感器结点数量的关系

可以看出，UKF 算法定位精度和释放率估计精度均好于 EKF 算法。UKF 算法收敛比较快，经过大约 20 个结点后估计结果基本不再发生大的变化；而 EKF 算法收敛过程相对缓慢，使用的结点也比较多，而且随着结点的增加，其最终定位误差也比较大。

图 4-7 气体泄漏源释放率估计误差与传感器结点数量的关系

4.6 本章小结

本章研究了序贯分布式卡尔曼滤波算法实现危化气体泄漏监测定位问题。针对危化气体泄漏在空气中扩散的非线性特征,分别采用序贯式扩展卡尔曼滤波(EKF)和无迹卡尔曼滤波(UKF)算法进行具体实现。仿真结果表明,序贯分布式卡尔曼滤波算法可用于危化气体泄漏监测定位研究与实现;序贯 UKF 算法在危化气体泄漏源参数估计的成功率和估计误差均值两方面均好于序贯 EKF 算法;在相同的仿真条件下,序贯 UKF 算法比序贯 EKF 算法能够更快地收敛,即使用的传感器结点数目更少。

第 5 章

基于序贯最小均方差估计算法的危化气体监测定位

本章阐述了如何基于序贯最小均方差估计算法实现危化气体泄漏监测定位。主要推导了危化气体泄漏参数的最小均方差估计量及其均方误差表达式；构建了包含监测结点间信息增益和通信链路能耗两方面参数的信息融合目标函数，并对其求极值，完成网络路由结点选择；所选监测结点在其测量值和前一个结点估计结果基础上与邻近结点信息交互，实现了危化气体泄漏位置参数的估计量及均方误差的更新与传递。为降低通信链路能耗，邻近结点集的选择半径随估计量的均方误差做动态调整。该算法运算复杂度低。仿真分析表明，该算法在保持较低能耗的前提下可以较高的估计精度实现危化气体泄漏监测定位。

5.1 引言

基于传感器网络的危化气体泄漏监测定位本质上是气体泄漏源位置参数识别问题，通常采用概率估计算法实现。此问题也可看作环境中危化气体泄漏扩散建模的逆问题，即已知气体的物理扩散模型和气体浓度信息，对气体泄漏位置参数进行反向推导[40]。物联网中监测结点能量、感知范围、信号处理能力和通信带宽等资源有限，传统集中式信息处理方法存在稳定性和稳健性差的问题，因此，近年来非集中式信息处理的研究渐成热点[25-26,108-109]。

Zhao 等[25]所提算法采用一个主导结点顺序激活并访问网络中的传感器结点，根据访问所得信息完成目标参数估计量及其性能指标的更新。被激活结点的选择由主导结点根据前一个周期的估计结果决定；当估计性能指标达到或小于设定阈值时算法停止，主导结点给出融合结果。此算法在序贯执行过程中激活结点的选择对估计性能具有重要影响。Chu 等[26]进一步提出了基于信息熵和网络几何理论的信息融合函数用于主导结点的路由选择。

文献[45,59]分别对基于贝叶斯理论的分布式序贯估计方法和基于信息驱动机制的分布式极大似然估计方法在气体泄漏源定位领域的应用进行了研究。文献[45]首先根据泄漏气体的物理扩散模型推导出估计量的概率分布函数，然后根据结点测量值求解其后验概率密度，并与设定阈值比较。当达不到设定阈值时，当前运算结点向下一个结点传递估计结果，并由下一个结点进一步完成运算，否则停止迭代运算。文献[113]则采用分布式 MLE 方法并运用费希尔（Fisher）信息矩阵作为算法的估计性能指标，在结点之间完成更新和传递。两者给出的序贯估计算法在每个处理周期只使用当前结点的测量值和前一个结点的估计值完成气体泄漏源的位置估计。

本章给出一种新的能量有效的分布式序贯预估气体泄漏源位置的算法实现危化气体泄漏监测定位。主要贡献如下。

(1) 基于传感器网络的测量模型，推导了泄漏气体参数分布式最小均方差(D-MMSE)估计量及其均方误差的表达式。

(2) 提出了包含结点之间信息增益与网络通信链路能耗两方面参数的信息融合目标函数，此目标函数平衡了估计精度与能耗之间的矛盾。

(3) 通过对当前结点及其邻近结点之间的目标函数求极值实现路由结点选择；邻近结点集的大小根据估计量的均方误差实时调整，以实现更好的估计精度。仿真结果表明，所提算法在保持较低能耗的前提下可以较高的估计精度实现危化气体泄漏监测定位。

5.2 最小均方差气体扩散状态与观测方程

本章仍采用文献[90]中给出的时均气体扩散模型。此模型可描述在时均风速恒定且均匀(Homogeneous)的湍动气流作用下的气体分布状况。假设气体泄漏源位于地平面上 $\boldsymbol{x}_s = (x_s, y_s)$ 处，则气体扩散模型表达式如下：

$$C_k(\boldsymbol{x}_s) = \frac{q}{2\pi K} \cdot \frac{1}{\|\boldsymbol{x}_k - \boldsymbol{x}_s\|} \cdot \exp\left[-\frac{U}{2K}(\|\boldsymbol{x}_k - \boldsymbol{x}_s\| - \Delta x)\right],$$
$$k = 1, 2, \cdots, n \tag{5-1}$$

其中，$C_k(\boldsymbol{x}_s)$ 为区域中坐标为 $\boldsymbol{x}_k = (x_k, y_k)$ 的传感器结点 s_k 处的浓度值；n 为网络中传感器结点的总数；q 为气体释放率；K 是湍流扩散系数；U 为风速值；φ 是 x 轴正向与上风方向的夹角。

考虑到气体浓度随传播距离(即 $\Delta x = (x_s - x_k)\cos\varphi + (y_s - y_k)\sin\varphi$)增加而衰减的特性，给出传感器结点 s_k 在时刻 t 的观测模型如下：

$$z_k(t) = \theta_k(\boldsymbol{x}_s) + v_k(t), \quad k = 1, 2, \cdots, n \tag{5-2}$$

其中，$\theta_k(\boldsymbol{x}_s)$ 是包含气体泄漏源位置信息的随机量，可表示为 $\theta_k(\boldsymbol{x}_s) = \lambda C_k(\boldsymbol{x}_s)$，其中 λ 是满足均值为 μ_θ、方差为 σ_θ^2 的随机变量，$v_k(t)$ 表示传感器测量噪声，符合均值为零和方差 $\sigma_k^2 \propto \|\boldsymbol{x}_k - \boldsymbol{x}_s\|^{\alpha/2}$ 的高斯分布，其中为气体扩散衰减指数。

序贯最小均方差估计算法实现气体泄漏源定位的核心是构建一个信息融合目标函数，并通过传感器结点之间的信息交互，实现气体泄漏源位置的参数估计。

假设 s_1 为起始结点，根据式(5-2)可知起始结点 $\boldsymbol{x}_1$ 的观测值为 $z_1(t) =$

$\theta_1(\boldsymbol{x}_s)+\upsilon_1(t)$。设定 $\hat{\theta}_1$ 为结点 s_1 对 $\theta_1(\boldsymbol{x}_s)$ 的估计量,如果估计量的均方误差达不到设定阈值,则估计量 $\hat{\theta}_1$ 会被传递到下一个结点继续进行融合计算。当 $k>1$ 时,结点 s_k 在其自身观测值和第 $k-1$ 个结点 s_{k-1} 传递给结点 s_k 的估计结果基础上完成估计量的更新,结点 $s_k(k>1)$ 的观测模型如下:

$$z_k(t)=\begin{bmatrix} z_k(t) \\ y_k(t) \end{bmatrix}=\begin{bmatrix} \theta_k(\boldsymbol{x}_s)+\upsilon_k(t) \\ \hat{\theta}_{k-1}+\omega_k(t) \end{bmatrix}, \quad k=2,3,\cdots,n \tag{5-3}$$

其中,y_k 为结点 s_{k-1} 传递给结点 s_k 的含有噪声的信息,$\hat{\theta}_{k-1}$ 为结点 s_{k-1} 的估计量,ω_k 为 s_{k-1} 和 s_k 两个结点之间的通信链路噪声,符合零均值和方差为 $\sigma_{c(k-1,k)}^2 \propto \|\boldsymbol{x}_k-\boldsymbol{x}_{k-1}\|^{\frac{\alpha}{2}}$ 的高斯分布,其中 α 为气体扩散衰减指数,通常取决于气体泄漏源的扩散环境,扩散空间选定为二维时取值为 2。

5.3 基于序贯最小均方差估计算法的定位

5.3.1 气体泄漏参数的最小均方差估计量及均方误差

基于序贯最小均方差估计算法的估计量及其均方误差定义如下。

定义 5.1 当 $k=1$ 时,假设参量 $\theta_1(\boldsymbol{x}_s)$ 和观测噪声 υ_1 相互独立,基于观测值 z_1 的结点 s_1 获得的最小均方差估计量 MMSE 为

$$\hat{\theta}_1=\frac{\sigma_\theta^2}{\sigma_\theta^2+\sigma_1^2}z_1 \tag{5-4}$$

式(5-4)估计量对应的均方误差 M_1 为

$$M_1=\frac{\sigma_1^2\sigma_\theta^2}{\sigma_\theta^2+\sigma_1^2}=\left(\frac{1}{\sigma_1^2}+\frac{1}{\sigma_\theta^2}\right)^{-1} \tag{5-5}$$

则式(5-4)可以改写为 $\hat{\theta}_1=\dfrac{M_1}{\sigma_1^2}z_1$。

定义 5.2 $k>1$ 时,基于式(5-3)的观测模型,结点 s_k 的 MMSE 估计量 $\hat{\theta}_k$ 和对应的均方误差 M_k 分别为

$$\hat{\theta}_k(z_k,y_k)=\frac{M_k}{\sigma_k^2}z_k+\frac{M_k(\sigma_\theta^2-M_{k-1})}{M_{k-1}(\sigma_\theta^2-M_{k-1})+\sigma_\theta^2\sigma_{c(k-1,k)}^2}y_k \tag{5-6}$$

$$M_k=\frac{\sigma_\theta^2}{\sigma_\theta^2 d_{k-1,k}^2+1} \tag{5-7}$$

其中,

$$d_{k-1,k}^2 = \frac{1}{\sigma_k^2} + \frac{(\sigma_\theta^2 - M_{k-1})^2}{\sigma_\theta^2 [M_{k-1}(\sigma_\theta^2 - M_{k-1}) + \sigma_\theta^2 \sigma_{c(k-1,k)}^2]}$$

其中,M_{k-1} 为结点 s_{k-1} 估计量 $\hat{\theta}_{k-1}$ 均方误差。

证明:假设在给定 θ 的情况下 y_k 和 z_k 服从不同的正态分布且相互独立,分别为

$$z_k \mid \theta \sim N(\theta, \sigma_k^2) \tag{5-8}$$

$$y_k \mid \theta \sim N\left(\frac{\sigma_\theta^2 - M_{k-1}}{\sigma_\theta^2}\theta, \frac{(\sigma_\theta^2 - M_{k-1})M_{k-1}}{\sigma_\theta^2} + \sigma_{c(k-1,k)}^2\right) \tag{5-9}$$

基于式(5-3)可知,结点 s_k 的观测量 z_k 符合 $z_k \mid \theta \sim N(\boldsymbol{\mu}_k\theta, \boldsymbol{\Sigma}_k)$ 的正态分布,其中均值为 $\boldsymbol{\mu}_k = \begin{bmatrix} 1 & \dfrac{\sigma_\theta^2 - M_{k-1}}{\sigma_\theta^2} \end{bmatrix}^T$,方差为 $\boldsymbol{\Sigma}_k = \begin{bmatrix} \sigma_k^2 & 0 \\ 0 & \dfrac{\sigma_\theta^2 - M_{k-1}}{\sigma_\theta^2}M_{k-1} + \sigma_{c(k-1,k)}^2 \end{bmatrix}$。

因为 z_k 符合 $z_k \mid \theta \sim N(\boldsymbol{\mu}_k\theta, \boldsymbol{\Sigma}_k)$,基于文献[110],则后验概率密度函数 $p(\theta \mid z_k)$ 可以设定为

$$p(\theta \mid z_k)$$

$$= \frac{p(z_k \mid \theta) \cdot p(\theta)}{\int_{-\infty}^{+\infty} p(z_k \mid \theta) \cdot p(\theta)\mathrm{d}\theta}$$

$$= \frac{\dfrac{1}{(2\pi)^{n/2}\det^{1/2}(\boldsymbol{\Sigma}_k)} \cdot \exp\left[-\dfrac{1}{2}(z_k - \boldsymbol{\mu}_k\theta)^T \boldsymbol{\Sigma}_k^{-1}(z_k - \boldsymbol{\mu}_k\theta)\right] \dfrac{1}{\sqrt{2\pi\sigma_\theta^2}}\exp\left[-\dfrac{(\theta-\mu_\theta)^2}{2\sigma_\theta^2}\right]}{\int_{-\infty}^{+\infty}\left\{\dfrac{1}{(2\pi)^{n/2}\det^{1/2}(\boldsymbol{\Sigma}_k)} \cdot \exp\left[-\dfrac{1}{2}(z_k-\boldsymbol{\mu}_k\theta)^T\boldsymbol{\Sigma}_k^{-1}(z_k-\boldsymbol{\mu}_k\theta)\right]\dfrac{1}{\sqrt{2\pi\sigma_\theta^2}}\exp\left[-\dfrac{(\theta-\mu_\theta)^2}{2\sigma_\theta^2}\right]\right\}\mathrm{d}\theta}$$

$$= \frac{\exp\left\{-\dfrac{1}{2}\left[(z_k-\boldsymbol{\mu}_k\theta)^T\boldsymbol{\Sigma}_k^{-1}(z_k-\boldsymbol{\mu}_k\theta) + \dfrac{(\theta-\mu_\theta)^2}{\sigma_\theta^2}\right]\right\}}{\int_{-\infty}^{+\infty}\exp\left\{-\dfrac{1}{2}\left[(z_k-\boldsymbol{\mu}_k\theta)^T\boldsymbol{\Sigma}_k^{-1}(z_k-\boldsymbol{\mu}_k\theta) + \dfrac{(\theta-\mu_\theta)^2}{\sigma_\theta^2}\right]\right\}\mathrm{d}\theta}$$

$$= \frac{\exp\left[-\dfrac{1}{2}Q(\theta)\right]}{\int_{-\infty}^{+\infty}\exp\left[-\dfrac{1}{2}Q(\theta)\right]\mathrm{d}\theta} \tag{5-10}$$

其中,

$$Q(\theta) = \left(\boldsymbol{\mu}_k^T \boldsymbol{\Sigma}_k^{-1} \boldsymbol{\mu}_k + \frac{1}{\sigma_\theta^2}\right)\theta^2 - 2\left(\boldsymbol{\mu}_k^T \boldsymbol{\Sigma}_k^{-1} z_k + \frac{\mu_\theta}{\sigma_\theta^2}\right)\theta + \left(z_k^T \boldsymbol{\Sigma}_k^{-1} z_k + \frac{\mu_\theta^2}{\sigma_\theta^2}\right) \tag{5-11}$$

令

$$\sigma_{\theta/z_k}^2 = \frac{1}{\boldsymbol{\mu}_k^{\mathrm{T}} \boldsymbol{\Sigma}_k^{-1} \boldsymbol{\mu}_k + \frac{1}{\sigma_\theta^2}} \tag{5-12}$$

$$\mu_{\theta/z_k} = \left(\boldsymbol{\mu}_k^{\mathrm{T}} \boldsymbol{\Sigma}_k^{-1} \boldsymbol{z}_k + \frac{\mu_\theta}{\sigma_\theta^2} \right) \sigma_{\theta/z_k}^2 \tag{5-13}$$

则

$$\begin{aligned} Q(\theta) &= \frac{1}{\sigma_{\theta/z_k}^2} \cdot (\theta^2 - 2\mu_{\theta/z_k}\theta + \mu_{\theta/z_k}^2) - \frac{\mu_{\theta/z_k}^2}{\sigma_{\theta/z_k}^2} + \left(\boldsymbol{z}_k^{\mathrm{T}} \boldsymbol{\Sigma}_k^{-1} \boldsymbol{z}_k + \frac{\mu_\theta^2}{\sigma_\theta^2} \right) \\ &= \frac{1}{\sigma_{\theta/z_k}^2} \cdot (\theta - \mu_{\theta/z_k})^2 + \left(\boldsymbol{z}_k^{\mathrm{T}} \boldsymbol{\Sigma}_k^{-1} \boldsymbol{z}_k + \frac{\mu_\theta^2}{\sigma_\theta^2} - \frac{\mu_{\theta/z_k}^2}{\sigma_{\theta/z_k}^2} \right) \end{aligned} \tag{5-14}$$

所以把式(5-14)代入式(5-10)中可得

$$\begin{aligned} p(\theta \mid z_k) &= \frac{\exp\left[-\frac{1}{2\sigma_{\theta/z_k}^2}(\theta - \mu_{\theta/z_k})^2 \right]}{\int_{-\infty}^{+\infty} \exp\left[-\frac{1}{2\sigma_{\theta/z_k}^2}(\theta - \mu_{\theta/z_k})^2 \right] \mathrm{d}\theta} \\ &= \frac{1}{\sqrt{2\pi\sigma_{\theta/z_k}^2}} \exp\left[-\frac{1}{2\sigma_{\theta/z_k}^2}(\theta - \mu_{\theta/z_k})^2 \right] \end{aligned} \tag{5-15}$$

即估计量 θ 的后验概率密度函数 $p(\theta|z_k)$ 符合如下高斯分布：

$$\theta \mid \boldsymbol{z}_k \sim N(\mu_{\theta/z_k}, \sigma_{\theta/z_k}^2) \tag{5-16}$$

根据 MMSE 估计设定参量 θ 的 MMSE 估计量为

$$\hat{\theta}(\boldsymbol{z}_k) = E(\theta \mid \boldsymbol{z}_k) = \boldsymbol{\mu}_{\theta/z_k} = \sigma_{\theta/z_k}^2 (\boldsymbol{\mu}_k^{\mathrm{T}} \boldsymbol{\Sigma}_k^{-1} \boldsymbol{z}_k + \mu_\theta/\sigma_\theta^2) \tag{5-17}$$

其对应的均方误差

$$M_k = E[\mathrm{Var}(\theta \mid \boldsymbol{z}_k)] = \sigma_{\theta/z_k}^2 = \frac{1}{\boldsymbol{\mu}_k^{\mathrm{T}} \boldsymbol{\Sigma}_k^{-1} \boldsymbol{\mu}_k + \frac{1}{\sigma_\theta^2}} \tag{5-18}$$

令

$$d_{k-1,k}^2 = \boldsymbol{\mu}_k^{\mathrm{T}} \boldsymbol{\Sigma}_k^{-1} \boldsymbol{\mu}_k = \frac{1}{\sigma_k^2} + \frac{(\sigma_\theta^2 - M_{k-1})^2}{\sigma_\theta^2 [M_{k-1}(\sigma_\theta^2 - M_{k-1}) + \sigma_\theta^2 \sigma_{c(k-1,k)}^2]} \tag{5-19}$$

当 $\mu_\theta = 0$ 时，根据式(5-17)和式(5-18)即可得到式(5-6)和式(5-7)所给定的 MMSE 估计量和其对应的均方误差。

如果结点的观测值是独立同分布且无信道噪声影响，即 $\sigma_{c(k-1,k)}^2 = 0$，$k = 1$，$2, 3, \cdots, n$，此时结点 s_k 的 MMSE 估计量为

$$\hat{\theta}_k = \frac{\sigma_\theta^2}{\sigma_\theta^2 + \sigma_k^2/k} \bar{z}_k \qquad (5\text{-}20)$$

估计量的均方误差为

$$M_k = \frac{\sigma_\theta^2 \sigma_k^2}{\sigma_k^2 + k\sigma_\theta^2} \qquad (5\text{-}21)$$

其大小取决于 k 取值。当 $k=1$ 时即可得到式(5-4)和式(5-5)所给定的初始状态 MMSE 估计量和估计均方误差。

由式(5-6)可知,结点 s_k 的 MMSE 估计量 $\hat{\theta}_k(z_k, y_k)$ 取决于当前结点的测量值、前一个结点 s_{k-1} 传递的估计结果以及两个结点之间的通信信道噪声。从式(5-7)可以看出,均方误差 M_k 只取决于当前结点的测量值和通信信道噪声。当信道噪声方差 $\sigma_{c(k-1,k)}^2 \to 0$ 时,$\lim\limits_{\sigma_{c(k-1,k)}^2 \to 0} M_k = \dfrac{M_{k-1}}{1 + \dfrac{M_{k-1}}{\sigma_k^2}} (k=2,3,\cdots,n)$,即 $M_k < M_{k-1}$ 能够成立,此时前结点 s_{k-1} 的估计结果的应用,会减少当前结点 s_k 估计量的均方误差 M_k,从而提高估计性能。反之,当 $\sigma_{c(k-1,k)}^2 \to \infty$ 时,$\lim\limits_{\sigma_{c(k-1,k)}^2 \to \infty} M_k = \dfrac{\sigma_k^2 \sigma_\theta^2}{\sigma_\theta^2 + \sigma_k^2}$,由于通信信道噪声很大,$s_k$ 点的估计结果将更多地取决于自身的测量值。因此需要对通信信道噪声给出一个合理的方差阈值以确保信道的通信质量,从而保证 $M_k \leqslant M_{k-1}$。由式(5-7)可知,若要 $M_k \leqslant M_{k-1}$,则 $\sigma_{c(k-1,k)}^2$ 需满足如下条件:

$$\sigma_{c(k-1,k)}^2 \leqslant \frac{M_{k-1}^2(\sigma_\theta^2 - M_{k-1})}{\sigma_k^2(\sigma_\theta^2 - M_{k-1}) - M_{k-1}\sigma_\theta^2}, \quad k=2,3,\cdots,n \qquad (5\text{-}22)$$

5.3.2 监测结点协作信息融合目标函数构建

信息融合目标函数包含结点之间信息增益和通信链路能耗两方面参数,其中信息增益参数主要由当前结点和邻近结点的测量值以及气体泄漏源的位置信息构成,通信链路能耗则主要包括带宽、延迟等。其构建的表达式如下:

$$R(s_j, s_k) = \beta R_I(\theta_k, z_k, y_{j,k}) + (1-\beta) R_c(s_j, s_k) \qquad (5\text{-}23)$$

其中,$R_I(\theta_k, z_k, y_{j,k})$ 表示正在运算的结点 s_j 选择下一路由结点 s_k 时所产生的信息增益;$R_c(s_j, s_k)$ 表示结点 s_j 和 s_k 之间的通信链路能耗;$\beta \in [0,1]$ 是平衡两个参数项对目标函数影响的系数;当 $\beta=1$ 时,下一路由结点的选择以信息增益为主而忽略通信链路能耗的影响;当$\beta=0$时则主要以降低通信链路能耗为主而忽略信息增益的影响;$y_{j,k}=\hat{\theta}_j+n_{j,k}$表示当前结点$s_j$传递给下一路由结点$s_k$的含有噪声的预估信息;$n_{j,k}$为两个结点之间的信道噪声。

1. 信息增益参数

信息增益参数$R_I(\theta_k,z_k,y_{j,k})$的测算可以有多种方法,下面基于气体泄漏源的扩散模型以及信息熵理论[111],运用相对信息熵理论完成信息增益参数测算[112]。当前结点s_j选定下一路由结点s_k时产生的信息增益$R_I(\theta_k,z_k,y_{j,k})$可用条件互信息$I(\theta;z_k|y_{j,k}=\hat{\theta}_j+n_{j,k})$来表示:

$$R_I(\theta,z_k,y_{j,k})=I(\theta;z_k|y_{j,k}=\hat{\theta}_j+n_{j,k})$$
$$=h(\theta|\hat{\theta}_j+n_{j,k})-h(\theta|\hat{\theta}_j+n_{j,k},z_k) \quad (5-24)$$

根据式(5-9)描述的$y_k|\theta$的概率分布,参照文献[93]的结果可以得出

$$\theta|y_{j,k} \sim N\left[\frac{M_{j,k}(\sigma_\theta^2-M_{j,k})}{M_j(\sigma_\theta^2-M_j)+\sigma_\theta^2\sigma_{c(k-1,k)}^2}y_{j,k}, \frac{M_{j,k}\sigma_k^2}{\sigma_k^2-M_{j,k}}\right] \quad (5-25)$$

其中,第一项可描述为

$$h(\theta|\hat{\theta}_j+n_{j,k})=\frac{1}{2}\lg 2\pi e \frac{M_{j,k}\sigma_k^2}{\sigma_k^2-M_{j,k}} \quad (5-26)$$

由式(5-16)可知

$$\theta|z_k=\theta|(y_{j,k},z_k)\sim N(\tilde{\mu}_k,\tilde{\sigma}_k^2) \quad (5-27)$$

其中,$\tilde{\sigma}_k^2=M_{j,k}=E[\text{Var}(\theta|y_{j,k},z_k)]$,所以

$$h(\theta|y_{j,k},z_k)=\frac{1}{2}\lg 2\pi e[M_{j,k}] \quad (5-28)$$

由式(5-27)和式(5-28)得到条件互信息计算公式为

$$I(\theta;z_k|y_{j,k}=\hat{\theta}_j+n_{j,k})=\frac{1}{2}\lg\frac{\sigma_k^2}{\sigma_k^2-M_{j,k}} \quad (5-29)$$

所以当互信息作为信息源测量方法时,$R_I(\cdot)$可以描述为

$$R_I(\theta,z_k,y_{j,k})=\frac{1}{2}\lg\frac{\sigma_k^2}{\sigma_k^2-M_{j,k}}, \quad j=1,2,\cdots,n \text{ 且 } k=2,3,\cdots,n$$
$$(5-30)$$

2. 通信链路能耗参数

WSN中能量消耗通常包括结点信息采集与处理能量消耗和结点间信息传输的通信链路能量消耗[113],传感器网络中结点之间信息传输的通信链路能耗模型如式(5-31)与式(5-32)所示:

$$E_{Rx}(d) = L \cdot E_{elec} \tag{5-31}$$

$$E_{Tx}(d) = L \cdot E_{elec} + L \cdot \xi_{amp}(d) \tag{5-32}$$

其中,d 表示传感器结点之间的距离,E_{Rx} 表示接收结点所消耗总能量,L 代表信息量,单位为比特(bit,b),E_{elec} 为传送与接收每位元电路所消耗的能量且 $E_{elec} = 50\text{nJ/b}$,E_{Tx} 表示结点传送信息所消耗的总能量,$\xi_{amp}(d)$ 是传送结点发送出 L 位信息所消耗的能量。

假设 d_0 为预设阈值,通常表示结点的通信半径。如果 $d \leqslant d_0$,$\xi_{amp}(d)$ 和结点之间的平方成正比,如式(5-33)所示:

$$\xi_{amp}(d) = L \cdot \xi_{fs} \cdot d^2, \quad d \leqslant d_0 \tag{5-33}$$

如果 $d > d_0$,则传感器结点需要增加其传送功率才能将信息传送至目的结点,其 $\xi_{amp}(d)$ 和结点之间距离的四次方成正比,如式(5-34)所示:

$$\xi_{amp}(d) = L \cdot \xi_{tr} \cdot d^4, \quad d > d_0 \tag{5-34}$$

其中,ξ_{fs} 和 ξ_{tr} 为模型放大器参数,ξ_{fs} 为 $10\text{pJ/b} \cdot \text{m}^{-2}$,$\xi_{tr}$ 为 $0.0013\text{pJ/b} \cdot \text{m}^{-4}$。

从以上分析可知,影响信息传递能量消耗的最主要因素是结点之间的信息传送距离 d,其次是信息量 L。由式(5-31)~式(5-33)可知,结点 s_j 和 s_k 之间的信息交互的通信链路能耗模型为

$$E(s_j, s_k) = E_{Rx}(d) + E_{Tx}(d) = 2L \cdot E_{elec} + L^2 \cdot \xi_{fs} \cdot d^2 \tag{5-35}$$

其中,$d = (\boldsymbol{x}_j - \boldsymbol{x}_k)^T(\boldsymbol{x}_j - \boldsymbol{x}_k)$ 为当前结点与候选结点之间的距离,通常 L 为设定常数。

此处,通信链路能耗参数 $R_c(s_j, s_k)$ 为

$$R_c(s_j, s_k) = -\frac{E(s_j, s_k)}{E(d_0)} = -\frac{2L \cdot E_{elec} + L^2 \cdot \xi_{fs} \cdot d^2}{2L \cdot E_{elec} + L^2 \cdot \xi_{fs} \cdot d_0^2} \tag{5-36}$$

5.3.3 结点调度及路由规划算法推导

序贯最小均方差估计气体泄漏源预估定位算法执行过程中,为了降低结点间信息传递的能量消耗,此处设定当前结点只能在其有效通信范围内(即 $d \leqslant d_0$)与其邻近结点进行信息交互,超过有效通信范围(即 $d > d_0$)则停止交互。邻近结点集通常由预定阈值 d_0 确定。当前结点在完成估计运算后,需要向下一个结点传递估计结果,下一个路由结点也只能在其邻近结点集中选择,采用序贯最小均方差估计算法具体实现。

1. 邻近结点集定义

令 $V = \{s_1, s_2, \cdots, s_n\}$ 表示传感器网络中所有结点集合,$s_j \in V$ 为第 j 个周期正在进行运算的结点,s_{j+1} 为第 $j+1$ 个周期要选择的路由结点。传感器网络

中每个结点的邻近结点集可以根据环境浓度信息和通信协议给出,当前结点 s_j 的邻近结点集为以结点 s_j 的位置坐标为圆心、半径为 d_0 的圆形区域中的所有结点,给定结点 s_j 的邻近结点集合为 G_{s_j},且 $G_{s_j} \subseteq V(j=1,2,\cdots,n)$,即邻近结点集是整个网络结点集的子集。当前结点 s_j 选择下一路由结点 s_k 从集合 G_{s_j} 中产生。

2. 基于序贯最小均方差估计的路由结点选择算法

当前结点为 s_j 时,第 $j+1$ 个周期的路由结点 s_{j+1} 的选择基于式(5-37):

$$s_{j+1} = \underset{s_k \in C_j^{s_j}}{\operatorname{argmax}} R(s_j, s_k) \tag{5-37}$$

其中,表示为在第 j 周期,当前结点 s_j 的邻近结点集合 G_{s_j} 中没有参与运算的结点集合,其是邻近结点集 G_{s_j} 的一个子集。

该算法是当前结点与其邻近结点进行代价函数运算并通过寻优完成结点选择,其邻近集合中结点的数量影响信息处理的消耗。假设 $m = \underset{j \in \{1,2,\cdots,n\}}{\operatorname{argmax}} \{|G_{s_j}|\}$ 为第 j 周期结点 s_j 的候选结点集 G_{s_j} 中候选结点 s_k 数目最大值,则 $m \leq n-1$,结点 s_j 需要在 m 个候选结点中选择路由结点,这种情况下,传感器网络中的 n 个结点都要参与运算,算法的运算复杂度为 $O(mn)$。当 $m=n-1$ 时,算法的运算复杂度为 $O(n^2)$。

由前面可知减小邻近结点集选择半径 d_0 可以减少通信链路能耗,同时也减少了邻近结点集中的候选结点数量 m,随着 m 减少,当 $m \ll n-1$ 时算法的运算复杂度可以近似为 $O(n)$,由此可知其信息处理消耗将大大降低。为了降低结点间信息传递的能量消耗,基于估计量均方误差动态调整邻近结点集选择半径 d_0 以平衡通信链路能耗与算法估计精度之间的关系。表 5-1 描述的是基于 D-MMSE 的路由结点选择算法,其流程如图 5-1 所示。

表 5-1 基于序贯最小均方差估计的路由结点选择算法

第 j 周期结点 s_j 运行的路由结点选择算法:
while($j \geq 1$) do
  根据式(5-6)计算 $\hat{\theta}_j$
  根据式(5-7)计算 M_j
if(M_j 小于某个性能设定值或者 $C_j^{s_j} = \varnothing$)
  ① 结束估计运算
  ② 运算结点休眠
else
  ① 根据式(5-37)从候选结点集合 $C_j^{s_j}$ 中选择路由结点
  ② 向被选择结点传递当前的估计信息
  ③ 根据估计均方误差值调整邻近结点集选择半径,对候选结点集合 $C_j^{s_j}$ 进行更新,由于 s_j 已经参与了运算,故设定为休眠结点
end if
  end while

图 5-1　基于序贯最小均方差估计的路由结点选择算法流程

从表 5-1 中可以看出，结点 s_j 从集合 $C_j^{s_j}$ 中选择下一个路由结点需要 $|C_j^{s_j}|$ 次运算，并且需要实时更新邻近结点集合 $C_j^{s_j}$ 中没有参与运算的结点数量。当网络中的某个结点完成运算后，其估计量的性能指标如果达到设定值，则该运算结点即可结束迭代运算给出融合结果，同时向邻近结点广播信息，使集合中没有参与运算的结点进入休眠状态。当邻近结点集的选择半径趋于无穷大时（即 $r_c \to \infty$），该搜索算法就演变为一种全局搜索算法，因此全局算法为局部算法的一种特例。

结点 s_j 的邻近结点集合 G_{s_j} 通常不会包括传感器网络中的全部结点（除非邻近结点的选择半径无限大），因此非集合 G_{s_j} 内的传感器网络中结点不会与结点 s_j 进行信息交互。当候选结点集合为空集时 $C_j^{s_j} = \varnothing$，即当前结点 s_j 没有任何候选邻近结点时，无论算法的估计性能是否达到设定要求，算法都中断。

图 5-2 对该问题做了进一步的描述。假设迭代算法从结点 s_1 开始，对应第 j 个周期的运算结点为 s_j，网络中的结点和其选择邻近结点的范围分别用相同颜色的三角形和圆形标识。从图 5-2 中可以看出，结点 s_1 的邻近结点集合中的结点数 $G_{s_1} = 5$，假设结点 s_1 的 5 个邻近结点恰好是在接下来的 5 个周期里信

图 5-2 局部搜索算法结点路由示例（s_6 的邻近结点为空集）

息传递所要经过的 5 个结点，当 s_6 结点作为当前结点时，由于 s_6 结点和 s_1 结点具有相同的邻近结点，而这些邻近结点 $s_1 \sim s_5$ 恰好全部参与了运算已经转入休眠状态，则算法会在结点 s_6 处中断，因为对结点 s_6 而言其候选结点集合已经是空集 $C_j^{i_j} = \emptyset$，虽然此时网络中还存在其他结点没有参与运算，但那些结点不属于 s_6 结点的邻近结点集合，不能发生信息交互。

5.4 算法性能分析及仿真结果

5.4.1 仿真参数设置及性能指标

为了验证算法的可行性，本文基于 MATLAB 仿真平台对算法的估计性能和影响算法的各种参数之间的关系进行了验证分析。仿真所用的计算机的 CPU 主频为 2.4GHz，内存为 2GB。实验区域选择为 $100 \times 100 \text{m}^2$ 的一个二维空间。

假设气体泄漏源真实坐标为 (20,0)，单位是米 (m)。通过文献 [90] 中的气体物理扩散模型生成相应的浓度数据，其分布图由等高线给出，其中释放率 q 选择为 $80 \text{cm}^3/\text{min}$，湍流扩散系数 K 为 $6 \text{m}^2/\text{s}$。100 个传感器结点随机的部署在监测环境区域内，假设已知每个结点 s_k 的坐标位置信息 $x_k = (x_k, y_k), k = 1, 2, \cdots, n$，在仿真中各个结点均可以实时采集并具有时空一致性。考虑到通常所

第5章 基于序贯最小均方差估计算法的危化气体监测定位

用的金属氧化物半导体气体传感器的相对较长的响应和恢复时间,仿真中结点的浓度采样周期设为 5s。方形区域右侧的颜色条表示不同浓度,单位为百万分之一(PPM)。基于式(5-3)设定网络中第 k 个结点的观测噪声和第 k 个结点与第 $k-1$ 个结点之间的信道噪声为

$$\sigma_k^2 = \| \boldsymbol{x}_k - \boldsymbol{x}_s \|^{\alpha/2} \sigma_0^2 \tag{5-38}$$

$$\sigma_{c(k-1,k)}^2 = \| \boldsymbol{x}_k - \boldsymbol{x}_{k-1} \|^{\alpha/2} \sigma_c^2 \tag{5-39}$$

其中,α 为路径衰减指数,σ_0^2 和 σ_c^2 为设定常数。

5.4.2 仿真结果分析

对气体泄漏源定位算法中邻近结点集的选择半径 d_0 与算法估计性能(均方误差)以及算法的能量消耗之间的关系分别进行了分析,其中设定 $\alpha=2$,$\sigma_0^2=0.1\mathrm{m}^2$,$\sigma_c^2=0\mathrm{m}^2$。由前面的分析可知,当前结点的邻近结点集选择半径 d_0 通常决定了其在每个处理周期所选邻近结点的数量,半径越大,参与运算的结点数量越多,半径越小则参与运算的结点数量越少。图 5-3 给出了不同的邻近结点集选择半径 $d_0=5\mathrm{m}$、$d_0=10\mathrm{m}$、$d_0=15\mathrm{m}$、$d_0=20\mathrm{m}$ 且 $\beta=1$ 情况下,气体泄漏源预估定位的估计误差与运算结点数量之间的关系。

(a) $d_0=5\mathrm{m}$

图 5-3 不同邻近结点集选择半径下的预估定位误差

(b) $d_0=10$m

(c) $d_0=15$m

图 5-3 （续）

第5章 基于序贯最小均方差估计算法的危化气体监测定位

(d) $d_0=20\text{m}$

图 5-3 (续)

从图 5-3 中可以看出,在选择不同的半径情况下,当传感器运算结点达到一定数量后,气体泄漏源的预估定位精度将不再大范围波动,都将趋于收敛,但收敛速度不同,故认为当前结点在不同周期面对不同环境应存在一个最佳的选择半径 d_0。故应根据不同的结点环境选择适宜的 d_0 以达到经济高效的定位效果。

图 5-4 进一步给出了 β 取不同值时算法估计性能以及通信链路能耗与邻近结点集的选择半径 d_0 之间的关系,其中通信链路能耗基于式(5-36)计算,设定每次通信的信息量为 $L=512\text{b}$。

从图 5-4(a)中可以看出,当 $d_0 \leqslant 5\text{m}$ 且 $\beta \neq 0$ 时,选择半径的变化对算法估计性能影响较大;当 $d_0 > 5\text{m}$ 时,算法的估计性能(均方差)变化不再明显,而是基本趋于平稳。从图 5-4(b)可看出,算法结束时,其通信链路能耗与邻近结点集选择半径 d_0 并不成正比,这是因为当 $d_0 \leqslant 5\text{m}$ 时,虽然在每个周期当前结点所选邻近结点数量较少,但是其估计误差通常比较大,算法收敛速度慢,参与运算的结点数量会相应增加,整个算法执行过程中所消耗的能量也会相应增加。当 $d_0 > 5\text{m}$ 随着选择半径增加时,当前结点的邻近结点数量会增加,算法收敛速度会加快,但由于通信半径及结点数量的增加其通信链路能耗会双重增加。

因此为了降低能量消耗,需要动态调整邻近结点集选择半径以平衡参与运算的结点数量与算法估计性能之间的矛盾,设定邻近结点集选择半径 d_0 与估计性能(均方误差)之间的选择规则如下。

(a) 使用算法时的MMSE

(b) 不用算法的能耗

图 5-4　算法估计性能及其能量消耗与邻近结点集选择半径的关系

(1) 当 $MMSE \leqslant 0.03 m^2$ 时,$d_0 = 10 m$。

(2) 当 $0.03 m^2 < MMSE \leqslant 0.08 m^2$ 时,$d_0 = 15 m$。

(3) 当 $0.08 m^2 < MMSE$ 时,$d_0 = 20 m$。

分别对无信道噪声 $\sigma_c^2 = 0 m^2$ 和存在有信道噪声 $\sigma_c^2 = 0.001 m^2$ 两种情况下定位算法的估计性能进行了分析和比较,其中 $\alpha = 2, \sigma_0^2 = 0.1 m^2$。信息融合目标函数的平衡系数 β 在 $(0,1)$ 上间隔 0.1 递增取值。

图 5-5 分别给出了两种不同情况下定位算法估计性能与参与运算的结点数目之间的关系。其中图 5-5(a) 为无信道噪声的算法性能分析,图 5-5(b) 为存

在信道噪声的算法性能分析。从图 5-6(a)可以看出,当信道噪声 $\sigma_c^2 = 0m^2$ 且 β 取不同值时,算法估计性能会随着参与运算结点数量的增加逐渐趋于收敛,通常可以得到全局 MMSE 最小值。而图 5-5(b)则表明结点之间通信存在信道噪声 $\sigma_c^2 = 0.001m^2$ 时,算法的估计性能会随着参与运算结点数量的增加而减小,但超过一定结点以后估计性能反而趋于发散不再收敛。这种情况与 5.3.1 节的分析正好吻合。

(a) 无信道噪声情况下 (MMSE) 性能分析

(b) 存在信道噪声情况下 (MMSE) 性能分析

图 5-5 算法估计性能(MMSE)与运算结点的关系

气体泄漏源定位迭代过程结点路由示意图如图 5-6 所示,其中 $\alpha=2$,$\sigma_0^2 = 0.1m^2$,$\sigma_c^2 = 0.001m^2$,$\beta=0.8$,设定预估定位阈值为 2m。其中带圆环的中心圆点代表路由结点,其周围的实心圆点代表参与了数据融合运算的结点,以中心结点为圆心的圆圈表示结点测量的浓度值大小,圆圈半径越大,表示浓度越高。以矩形方块代表估计算法起始结点坐标为(90,−30),气体泄漏源估计位置星形坐标为(22,−3)。

图 5-6　估计算法迭代轨迹图

5.5　本章小结

　　本章基于运用分布式序贯最小均方差估计算法实现了危化气体泄漏物联网监测定位。此算法综合考虑了网络能耗及估计精度，其中估计精度以最小均方差作为指标。时均分布气体扩散模型上的仿真结果表明，序贯最小均方差估计算法可以实现对气体泄漏源预估定位。邻近结点集的大小影响收敛速度、估计精度和网络能耗：随着邻近结点集半径增大，估计算法的收敛速度加快；当半径增大到一定程度后，估计精度趋于平稳；过大和过小的半径均会导致能耗增大。目标函数中的平衡系数也会影响估计性能，当参与运算的结点数量不多时，平衡系数的取值对算法的估计性能影响更明显。为了节省能耗，通常希望使用尽可能少的传感器结点完成估计，因此选择合适的平衡系数非常重要。

第 6 章

能量均衡并行粒子滤波的危化气体监测定位

受物联网中传感器结点能耗限制,如何在能量约束下实现多监测结点协作信息处理成为物联网面临的挑战之一。本章对基于协作 MIMO 分簇网络的危化气体泄漏分布式参数估计问题进行了研究,提出了簇内并行粒子滤波算法用以实现单个周期内气体泄漏状态参数的分布式估计,然后根据估计量的方差以及方差的迹运用多结点协同调度策略实现了下一个簇及其簇内结点的选择,最后针对簇与簇之间数据传输与通信,提出了一种能量有效协作 MIMO 通信机制,其实质是在网络总功率一定的条件下通过设计最优编码矩阵使下一个簇接收的气体泄漏状态参数估计量方差的迹最小,该问题可表述为一个凸优化问题并通过奇异值分解方法对最优编码矩阵求封闭解来具体实现。计算机仿真表明通过协作 MIMO 传感器网络结点协作提高了危化气体泄漏状态参数分布式估计效率,降低了能耗,减少了信息失真。

6.1 引言

MIMO 无线通信技术具有大容量、低功耗、高可靠等特性,非常适用于 WSN 的结点之间的数据通信与传输需要。但是由于无线传感器结点的低发射功率通常无法满足单个结点配置多根天线来直接实现 MIMO 系统,因此,研究人员提出了一种协作 MIMO 网络系统,基本思想是通过 WSN 中的多个具备单天线的结点相互协作构成多天线阵列,从而虚拟地在物联网中实现 MIMO 系统[114]。基于协作 MIMO 的多跳分布式网络模型如图 6-1 所示。

图 6-1 基于协作 MIMO 的多跳分布式网络模型

网络中结点分为多个簇集,每个簇集有一个簇头结点设定为 CH,簇内参与协作传输的结点设定为 CN,其与簇头结点 CH 共同完成数据的协作 MIMO 传输,GN 为未参与协作传输的普通结点(General Node),通常处于休眠状态。网络中结点之间的数据通信与传输可以分为两类:一种为簇与簇之间的长传输,通常由簇头结点 CH 实现；另一种是簇内参与协作传输的结点 CN 与 CH 之间的短距离传输。在图 6-1 所示的协作 MIMO 传输过程中，M_R 为发送端（当前簇集 k）的传感器结点总数，M_R 为接收端（下一跳簇集 $k+1$）的传感器结点总数，通常将发送端簇头结点 CH 设为源结点，将接收端簇头结点 CH 设为目标结点，源结点与目标结点距离为 d，将两个不同簇内的这些结点分别视为虚拟多天线阵列，可建立虚拟 MIMO 通信系统[115]。

基于协作 MIMO 网络的危化气体泄漏监测定位问题，主要通过物联网中簇与簇之间以及簇内结点之间的相互协作来实现环境中气体浓度信息测量、处理和传输，并最终实现气体泄漏源定位。具体描述如下：当危化气体泄漏源发生气体释放时，首先网络中结点将会感知到气体浓度信息并完成采集，然后在其周围寻找合适的 CH 簇头结点，由簇头结点激活簇内结点并采用分布式估计算法并行实现气体泄漏源参数估计以完成信息融合。如果首先检测到气体浓度的结点剩余能量达到要求，则其可自设成为 CH。当融合完成以后，未达到设定阈值要求时，簇头结点 CH 在其簇内选取符合条件的结点作为 CN，并基于估计量方差与 CN 一起完成下一个簇的选择，然后运用 MIMO 方式完成当前簇与下一簇之间的数据传输与通信，未参与协作传输的结点会重新恢复到休眠状态以节省能量。簇头 CH 每完成一次信息处理和数据传递，定义为一个执行周期。

6.2 并行分簇传感器网络系统模型

6.2.1 系统状态模型

假设在第 k 个周期，当前簇集 $\{CH_k, s_k^1, s_k^2, \cdots, s_k^{c_k-1}\}$ 中有 c_k 个传感器结点，对簇集描述可采用簇头结点 CH_k 代替。假设传感器网络中的气体泄漏源的状态符合经典高斯-马尔可夫（Gauss-Markov）模型，其状态参数可用 p 维随机向量 $\boldsymbol{x} = [x_1 \quad x_2 \quad \cdots \quad x_p]^T \in \mathbb{R}^{p \times 1}$ 表示，则其符合以下关系：

$$\boldsymbol{x}_k = \boldsymbol{A}_k \boldsymbol{x}_{k-1} \tag{6-1}$$

其中，k 表示时间周期，$\boldsymbol{A}_k$ 为系统矩阵。

6.2.2 系统观测模型

簇集 CH_k 中第 i 个结点在第 k 个周期完成的 k_i 个气体浓度测量值 z_k^i 表示为

$$z_k^i = H_k^i x_k + w_k^i, \quad 1 \leq i \leq c_k \tag{6-2}$$

其中，$z_k^i \in \mathbb{R}^{k_i \times 1}$；$H_k^i$ 为观测矩阵，且 $H_k^i \in \mathbb{R}^{k_i \times p}$；$w_k^i$ 为观测噪声，$w_k^i \in \mathbb{R}^{k_i \times 1}$。

设 $z_k = [z_k^1 \quad z_k^2 \quad \cdots \quad z_k^{c_k}]^T$ 为簇集 CH_k 内包括簇头结点在内 c_k 个结点的所有观测向量集合，$K = \sum_{i=1}^{c_k} k_i$，则 $z_k \in \mathbb{R}^{K \times 1}$；$H_k = [(H_k^1)^T \quad (H_k^2)^T \quad \cdots \quad (H_k^{c_k})^T]^T$ 为观测矩阵，$H_k \in \mathbb{R}^{K \times p}$；$w_k = [w_k^1 \quad w_k^2 \quad \cdots \quad w_k^{c_k}]^T$ 为观测噪声，$w_k \in \mathbb{R}^{K \times 1}$；簇集 CH_k 中所有 c_k 个结点在第 k 个周期的观测值构成向量 z_k，可以描述为

$$z_k = H_k x_k + w_k \tag{6-3}$$

6.3 并行分簇粒子滤波算法

基于协作 MIMO 物联网实现危化气体泄漏源定位，需要簇内 CH 与簇内结点一起完成信息感知并运用分布式估计算法完成信息处理，然后簇内结点将估计结果传递给 CH，由其最终实现气体泄漏源参数信息融合。因此，簇内分布式估计算法是基础。本节提出一种并行粒子滤波算法实现簇内气体泄漏状态参数的分布式估计。

6.3.1 粒子滤波原理

假设 $x_{1:k} = \{x_1, x_2, \cdots, x_k\}$ 为从初始时刻开始一直到第 k 个周期的系统状态参数向量序列，根据 Bayesian 估计理论，所有关于状态参数的信息都可以通过观测向量 $z_{1:k} = \{z_1, z_2, \cdots, z_k\}$ 求解气体泄漏源参数后验概率密度 $p(x_k | z_{1:k})$ 而实现。粒子滤波是一种基于蒙特卡罗采样模拟实现递归贝叶斯滤波的方法，其基本思想是用一组带有相关权重系数的随机样本粒子来表示系统状态的后验概率分布[116-117]。

假设第 k 个周期，$\{\mathcal{X}_k^1, \mathcal{X}_k^2, \cdots, \mathcal{X}_k^{c_k}\}$ 为簇集 CH_k 中 c_k 个结点的一组随机样本粒子集合，其中第 i 个结点的 n_j 个样本粒子和对应权重系数为

$$\begin{cases} \mathcal{X}_k^i = \{\chi_{k,j}^i \mid 1 \leq j \leq n_j\} \\ \omega_k^i = \{\omega_{k,j}^i \mid 1 \leq j \leq n_j\} \end{cases} \tag{6-4}$$

其中，$\sum_{j=1}^{n_j} \omega_{k,j}^i = 1$ 表明 ω_k^i 是归一化的，则在 k 时刻由第 i 个结点的测量值 z_k^i 得到的系统状态参数后验概率密度分布可表示为

$$p(\boldsymbol{x}_k \mid \boldsymbol{z}_k^i) \approx \sum_{j=1}^{n_j} \omega_{k,j}^i \cdot \delta(\boldsymbol{x}_k - \boldsymbol{\chi}_k^i) \qquad (6\text{-}5)$$

如果 $\boldsymbol{\chi}_k^i = \{\chi_{k,1}^i, \chi_{k,2}^i, \cdots, \chi_{k,n_j}^i\}$ 基于给定的重要性密度函数 $q(\boldsymbol{x}_k \mid \boldsymbol{z}_k^i)$ 获得，则式(6-5)中权值 $\omega_{k,j}^i$ 为

$$\omega_{k,j}^i \propto \frac{p(\boldsymbol{x}_k^i \mid \boldsymbol{z}_k^i)}{q(\boldsymbol{x}_k^i \mid \boldsymbol{z}_k^i)} \qquad (6\text{-}6)$$

通常可将后验概率密度 $p(\boldsymbol{x}_k \mid \boldsymbol{z}_k^i)$ 进行分解以得到权值 $\omega_{k,j}^i$ 的递推方程，其分解描述为

$$p(\boldsymbol{x}_k \mid \boldsymbol{z}_k^i) = \frac{p(\boldsymbol{z}_k^i \mid \boldsymbol{x}_k, \boldsymbol{z}_{k-1}^i) \cdot p(\boldsymbol{x}_k \mid \boldsymbol{z}_{k-1}^i)}{p(\boldsymbol{z}_k^i \mid \boldsymbol{z}_{k-1}^i)}$$
$$\propto p(\boldsymbol{z}_k^i \mid \boldsymbol{x}_k) \cdot p(\boldsymbol{x}_k^i \mid \boldsymbol{x}_{k-1}) \cdot p(\boldsymbol{x}_{k-1} \mid \boldsymbol{z}_{k-1}^i) \qquad (6\text{-}7)$$

其中，重要密度函数 $q(\boldsymbol{x}_k \mid \boldsymbol{z}_k^i)$ 可以分解为

$$q(\boldsymbol{x}_k \mid \boldsymbol{z}_k^i) = q(\boldsymbol{x}_k \mid \boldsymbol{x}_{k-1}, \boldsymbol{z}_k^i) \cdot q(\boldsymbol{x}_{k-1} \mid \boldsymbol{z}_{k-1}^i) \qquad (6\text{-}8)$$

将式(6-7)和式(6-8)代入式(6-6)，得到权值更新公式

$$\omega_{k,j}^i \propto \omega_{k-1,j}^i \cdot \frac{p(\boldsymbol{z}_k^i \mid \chi_{k,j}^i) \cdot p(\chi_{k,j}^i \mid \chi_{k-1,j}^i)}{q(\chi_{k,j}^i \mid \chi_{k-1,j}^i, \boldsymbol{z}_k^i)} \qquad (6\text{-}9)$$

权值的归一化处理

$$\omega_{k,j}^i = \frac{\omega_{k,j}^i}{\sum_{j=1}^{n_j} \omega_{k,j}^i} \qquad (6\text{-}10)$$

6.3.2 并行粒子滤波算法

簇内结点采用并行粒子滤波算法实现气体泄漏源参数的分布式估计，在每个采样周期内，簇内簇头和被激活的协作结点都分配有各自的粒子集合，且各协作结点只与簇头进行信息交换，协作结点之间无信息交换。

1. 初始化

当 $k=1$ 时，激活监测区域中的一个初始结点并由其唤醒其邻近结点形成一个初始簇集 $(CH_1, s_1^1, s_1^2, \cdots, s_1^{c_1-1})$，$CH_1$ 为簇头，簇内结点总数为 c_1。$\boldsymbol{x}_1$ 为气体泄漏源状态参数向量，$\boldsymbol{z}_1 = \boldsymbol{H}_1 \boldsymbol{x}_1 + \boldsymbol{w}_1$ 表示簇集 CH_1 的观测值向量。簇头结点被激活协作结点 s_1^i 的粒子为 $\{x_{1,j}^i \mid 1 \leqslant j \leqslant n_j\}$ 个，其概率分布和相关权重系数如下：

$$\begin{cases} x_{1,j}^i \sim p(x_1) \\ \omega_{1,j}^i = \dfrac{1}{n_j} \end{cases}, \quad 1 \leqslant i \leqslant c_1; 1 \leqslant j \leqslant n_j \qquad (6\text{-}11)$$

2. 重要性采样

重要性分布函数的选择对粒子滤波算法的性能有着重要的影响，当 $k>1$ 时，重要性分布函数为

$$q(\boldsymbol{x}_k^i \mid \boldsymbol{x}_{k-1}^i, \boldsymbol{z}_k^i) = N(\boldsymbol{m}_k^i, \boldsymbol{P}_k^i) \tag{6-12}$$

其中，$\boldsymbol{m}_k^i$ 和 $\boldsymbol{P}_k^i$ 分别为均值向量和方差矩阵，从重要性分布函数中抽取样本粒子集 $\boldsymbol{x}_k^i = \{x_{k,j}^i\}_{j=1}^{n_j}$ 并进行权值 $\omega_{k,j}^i$ 更新：

$$\omega_{k,j}^i \propto \omega_{k-1,j}^i \frac{p(\boldsymbol{z}_k^i \mid \chi_{k,j}^i) \cdot p(\chi_{k,j}^i \mid \chi_{k-1,j}^i)}{q(\chi_{k,j}^i \mid \chi_{k-1,j}^i, \boldsymbol{z}_k^i)} \tag{6-13}$$

归一化权值：

$$\omega_{k,j}^i = \frac{\omega_{k,j}^i}{\sum_{j=1}^{n_j} \omega_{k,j}^i}$$

3. 判定是否粒子重采样

为了防止粒子退化，需要引入有效采样衡量指标：

$$\Sigma_k^i = \frac{1}{\sum_{j=1}^{n_j} (\omega_{k,j}^i)^2} \tag{6-14}$$

当 Σ_k^i 小于一个阈值 $\Sigma_{threshold}$ 时，则采取重采样的方法来处理退化现象。实验中，取 $\Sigma_{threshold} = \frac{1}{n_j}$，当 $\Sigma_k^i < \Sigma_{threshold}$ 时进行重采样，将新样本粒子集 $\{\chi_{k,j}^i \mid 1 \leq i \leq c_k\}$ 权值赋值为 $\omega_{k,j}^i = \frac{1}{n_j}$。

4. 输出

根据得到的新样本粒子集和样本粒子权值集合 $\{x_{k,j}^i, \omega_{k,j}^i\}_{j=1}^{n_j}$，分别计算第 i 个结点中的状态参量的均值 $\hat{x}_k^i$、协方差矩阵 $\boldsymbol{P}_k^i$ 和权重 $\boldsymbol{\omega}_k^i$。

$$\hat{x}_k^i = \sum_{j=1}^{n_j} \omega_{k,j}^i \chi_{k,j}^i \tag{6-15}$$

$$\boldsymbol{P}_k^i = \sum_{j=1}^{n_j} \omega_{k,j}^i (\boldsymbol{x}_k - \chi_k^i)(\boldsymbol{x}_k - \chi_k^i)^T \tag{6-16}$$

5. 簇头结点信息融合

簇内每个结点 s_1^i 在完成并行粒子滤波运算后将得到的状态参数信息 $\{\boldsymbol{\omega}_k^i, \boldsymbol{x}_k^i, \boldsymbol{P}_k^i\}$ 传送给簇头结点，由其完成最终的信息融合处理。

$$\boldsymbol{\omega}_k = \sum_{i=1}^{c_k} \boldsymbol{\omega}_k^i \qquad (6-17)$$

$$\boldsymbol{x}_k = \frac{1}{\boldsymbol{\omega}_k} \sum_{i=1}^{c_k} \boldsymbol{x}_k^i \qquad (6-18)$$

$$\boldsymbol{P}_k = \frac{1}{\boldsymbol{\omega}_k} \sum_{i=1}^{c_k} [\boldsymbol{P}_k^i - (\boldsymbol{x}_k - \boldsymbol{x}_k^i)(\boldsymbol{x}_k - \boldsymbol{x}_k^i)^{\mathrm{T}}] \qquad (6-19)$$

6.4 并行分簇传感器网络信息处理机制

6.4.1 传感器网络结点分簇及调度策略

初始时刻，当前簇内结点首先基于并行粒子滤波算法实现气体泄漏源参数估计，设 $\hat{\boldsymbol{x}}_1$ 为簇集 CH_1 对 $\boldsymbol{x}$ 的估计量，估计方差为 $\boldsymbol{P}_1$，如果估计方差的迹 $J_1 = \mathrm{trace}(\boldsymbol{P}_1)$ 达不到设定阈值 J_0，则基于估计量 $\hat{\boldsymbol{x}}_1$ 和估计方差 $\boldsymbol{P}_1$ 当前簇集会选择下一个簇集继续进行融合计算。

假设第 k 执行周期，被唤醒的簇集为 $\{\mathrm{CH}_k, s_k^1, s_k^2, \cdots, s_k^{c_k-1}\}$，包含簇头在内的 c_k 个传感器结点被调度来获得测量值 $\boldsymbol{z}_k$ 后，在结合前一个周期的簇集 CH_{k-1} 传递给当前簇集 CH_k 的估计结果 $\hat{\boldsymbol{x}}_{k-1}$ 和 $\boldsymbol{P}_{k-1}$ 的基础上，运用粒子滤波算法并行实现气体泄漏源状态参数估计，并通过相应路由算法将估计结果 $\{\boldsymbol{\omega}_k^i, \hat{\boldsymbol{x}}_k^i, \boldsymbol{P}_k^i\}$ 发送给簇头 CH_k，由其完成最终信息融合，给出第 k 个执行周期的状态参数估计结果 $\{\hat{\boldsymbol{x}}_k, \boldsymbol{P}_k\}$。

当估计方差 $\boldsymbol{P}_k$ 的迹 $J_k = \mathrm{trace}(\boldsymbol{P}_k)$ 达不到设定阈值 J_0 时，进行下一个簇集的调度，调度算法由多结点协同调度策略实现，直到新的簇集 CH_{k+1} 形成，最后两簇集实现 MIMO 数据通信与传输，当前簇集 CH_k 中的传感器结点需要将估计信息传递给新簇集 CH_{k+1}，并由其完成新的迭代运算。

6.4.2 能量均衡并行分簇多结点数据传输策略

第 k 个执行周期中，在完成新簇集 CH_{k+1} 调度选择后，簇集 CH_k 与新簇集 CH_{k+1} 需要完成信息通信与传输。假设簇集 CH_k 融合后得到的状态参数估计结果为向量 $\boldsymbol{\theta}_k = \{\hat{\boldsymbol{x}}_k, \boldsymbol{P}_k\}$，该向量先通过线性编码矩阵 $\boldsymbol{F}_k$ 编码，再经过信道转换矩阵 $\boldsymbol{\Phi}_k$ 变换后最终传递到新簇 CH_{k+1} 并被其簇内结点协作接收，其通信方式采用协作 MIMO 技术实现。两个簇之间的协作 MIMO 数据传输如图 6-2

图 6-2 两个簇之间的协作 MIMO 数据传输

所示。

新簇集 CH_{k+1} 所接收的信息 $\mathbf{y}_{k+1}$ 可以描述为

$$\mathbf{y}_{k+1} = \begin{bmatrix} \phi_k^{1,1} & \phi_k^{1,2} & \cdots & \phi_k^{1,c_k} \\ \phi_k^{2,1} & \phi_k^{2,2} & \cdots & \phi_k^{2,c_k} \\ \vdots & \vdots & \ddots & \vdots \\ \phi_k^{c_{k+1},1} & \phi_k^{c_{k+1},2} & \cdots & \phi_k^{c_{k+1},c_k} \end{bmatrix} \begin{bmatrix} \mathbf{F}_k^1 \\ \mathbf{F}_k^2 \\ \vdots \\ \mathbf{F}_k^{c_k} \end{bmatrix} (\boldsymbol{\theta}_k + \mathbf{n}_k) + \boldsymbol{\eta}_{k+1} \quad (6\text{-}20)$$

其中,$\mathbf{y}_{k+1}$ 表示新簇 CH_{k+1} 中 c_{k+1} 个结点所接收的信号向量,$\mathbf{y}_{k+1} \in \mathbb{R}^{c_{k+1} \times 1}$;$\boldsymbol{\theta}_k$ 表示簇 CH_k 中 c_k 个结点所发送信号向量,$\boldsymbol{\theta}_k \in \mathbb{R}^{2p \times 1}$;$\mathbf{F}_k$ 为信号编码矩阵,$\mathbf{F}_k \in \mathbb{R}^{c_k \times 2p}$;$\mathbf{n}_k = [n_k^1 \quad n_k^2 \quad \cdots \quad n_k^{2p}]^T$ 和 $\boldsymbol{\eta}_k = [\eta_k^1 \quad \eta_k^2 \quad \cdots \quad \eta_k^{c_{k+1}}]^T$ 为信息发送端叠加噪声向量和接收端叠加噪声向量;$\boldsymbol{\Phi}_k \in \mathbb{R}^{c_{k+1} \times c_k}$ 为信道转换矩阵,$\boldsymbol{\Phi}_k$ 的元素是通常为独立同分布的高斯随机变量。

由于信号衰减和信道叠加噪声等因素的影响,当前簇集 CH_k 与新簇 CH_{k+1} 之间的协作 MIMO 数据传输存在信号失真,同时鉴于网络中结点功率的有限性,还要考虑功率在结点间的平衡分配问题。针对以上问题,本节提出一种能量有效协作 MIMO 数据传输策略,其核心是在保证信号失真最小的情况下通过设计线性编码矩阵 $\mathbf{F}_k$ 实现传输过程中能耗最优化分配,该问题可以表述为一个凸优化问题,并可通过矩阵的奇异值分解求最优编码矩阵的封闭解来实现。

基于式(6-20),新簇集 CH_{k+1} 所接收到的信息 $\mathbf{y}_{k+1}$ 也可以描述为

$$\mathbf{y}_{k+1} = \boldsymbol{\Phi}_k \mathbf{F}_k (\boldsymbol{\theta}_k + \mathbf{n}_k) + \boldsymbol{\eta}_{k+1} \quad (6\text{-}21)$$

针对其中所涉及的各个向量参数,给定如下假设条件。

(1) 气体泄漏源状态参数估计量向量 $\boldsymbol{\theta}_k$ 的均值和方差为 $E(\boldsymbol{\theta}_k) = \mathbf{0}$ 且 $E(\boldsymbol{\theta}_k \boldsymbol{\theta}_k^T) = \sigma_\theta^2 \mathbf{I}_\theta$。

(2) 当前簇 CH_k 内结点的信息发送叠加噪声向量符合零均值分布且相互独立。

$$E(\boldsymbol{n}_k) = \boldsymbol{0}, \quad E(\boldsymbol{n}_k \boldsymbol{n}_k^{\text{T}}) = \sigma_n^2 \boldsymbol{I}_n \quad \text{且} \quad E[\boldsymbol{n}_k^i (\boldsymbol{n}_k^j)^{\text{T}}] = \boldsymbol{0}, \quad i \neq j$$

(3) 下一个簇 CH_{k+1} 内结点信息接收叠加噪声均值与方差分别为

$$E(\boldsymbol{\eta}_{k+1}) = \boldsymbol{0}, \quad E(\boldsymbol{\eta}_{k+1} \boldsymbol{\eta}_{k+1}^{\text{T}}) = \sigma_\eta^2 \boldsymbol{I}_\eta$$

(4) 气体泄漏源状态参数估计量向量 $\boldsymbol{\theta}_k$，信息发送叠加噪声向量以及信息接收端叠加噪声向量之间分别相互独立，即

$$E(\boldsymbol{\theta}_k \boldsymbol{n}_k^{\text{T}}) = \boldsymbol{0}, \quad E(\boldsymbol{\theta}_k \boldsymbol{\eta}_{k+1}^{\text{T}}) = \boldsymbol{0} \quad \text{且} \quad E(\boldsymbol{n}_k \boldsymbol{\eta}_{k+1}^{\text{T}}) = \boldsymbol{0}$$

(5) 信道转换矩阵 $\boldsymbol{H}_k$ 对融合中心而言为已知，通常假设其一个对角阵

$$\boldsymbol{\Phi}_k = \text{diag}(\phi_k^{1,1}, \phi_k^{2,2}, \cdots, \phi_k^{N,N}), \quad \phi_k^{i,i} \neq 0 \text{ 且 } N = \min(c_k, c_{k+1})$$

即簇 CH_k 与簇 CH_{k+1} 之间的发送结点和接收结点数相同且只能一对一通信，设 $\boldsymbol{\Phi}_k$ 为对角矩阵主要是为了方便后面采用奇异值分解方法进行凸优化运算。

6.4.3 能量均衡危化气体泄漏参数估计量目标函数

基于式(6-21)中簇集 CH_{k+1} 所接收到的信号向量 $\boldsymbol{y}_{k+1}$，簇集 CH_k 所传递危化气体泄漏源状态参数向量 $\boldsymbol{\theta}_k$ 的 LMMSE 估计量 $\hat{\boldsymbol{\theta}}_k$ 为

$$\begin{aligned}\hat{\boldsymbol{\theta}}_k &= E(\boldsymbol{\theta}_k \boldsymbol{y}_{k+1}^{\text{T}})[E(\boldsymbol{y}_{k+1} \boldsymbol{y}_{k+1}^{\text{T}})]^{-1} \boldsymbol{y}_{k+1} \\ &= \sigma_\theta^2 (\boldsymbol{\Phi}_k \boldsymbol{F}_k)^{\text{T}} [\boldsymbol{\Phi}_k \boldsymbol{F}_k \boldsymbol{R}_\theta (\boldsymbol{\Phi}_k \boldsymbol{F}_k)^{\text{T}} + \sigma_\eta^2 \boldsymbol{I}_\eta]^{-1} \boldsymbol{y}_{k+1}\end{aligned} \quad (6\text{-}22)$$

其中，

$$\begin{aligned}\boldsymbol{R}_\theta &= E[(\boldsymbol{\theta}_k + \boldsymbol{n}_k)(\boldsymbol{\theta}_k + \boldsymbol{n}_k)^{\text{T}}] \\ &= \sigma_\theta^2 \boldsymbol{I}_\theta + \sigma_n^2 \boldsymbol{I}_n\end{aligned} \quad (6\text{-}23)$$

则估计量的相关 MSE 方差的迹 J_{mse} 为

$$\begin{aligned}J_{\text{mse}} &= \text{tr}\{E[(\boldsymbol{\theta}_k - \hat{\boldsymbol{\theta}}_k)(\boldsymbol{\theta}_k - \hat{\boldsymbol{\theta}}_k)^{\text{T}}]\} \\ &= \text{tr}\{\sigma_\theta^2 \boldsymbol{I}_\theta - \sigma_\theta^4 (\boldsymbol{\Phi}_k \boldsymbol{F}_k)^{\text{T}} [\boldsymbol{\Phi}_k \boldsymbol{F}_k \boldsymbol{R}_\theta (\boldsymbol{\Phi}_k \boldsymbol{F}_k)^{\text{T}} + \sigma_\eta^2 \boldsymbol{I}_\eta]^{-1} \boldsymbol{\Phi}_k \boldsymbol{F}_k\}\end{aligned} \quad (6\text{-}24)$$

问题的核心即在网络能耗总功率一定的条件约束下，通过优化选择编码矩阵 $\boldsymbol{F}_k$，使得 MSE 方差目标函数 J_{mse} 的取值最小，保证信息传递的失真最小。

定义第 i 个传感器结点的信息传输所耗功率为

$$E[(\boldsymbol{\theta}_k^i + \boldsymbol{n}_k^i)^{\text{T}} (\boldsymbol{F}_k^i)^{\text{T}} \boldsymbol{F}_k^i (\boldsymbol{\theta}_k^i + \boldsymbol{n}_k^i)] = \text{tr}[\boldsymbol{F}_k^i \boldsymbol{R}_\theta^i (\boldsymbol{F}_k^i)^{\text{T}}] \quad (6\text{-}25)$$

其中，

$$\boldsymbol{R}_\theta^i = E[(\boldsymbol{\theta}_k^i + \boldsymbol{n}_k^i)(\boldsymbol{\theta}_k^i + \boldsymbol{n}_k^i)^{\text{T}}] = (\sigma_\theta^i)^2 \boldsymbol{I}_\theta^i + (\sigma_n^i)^2 \boldsymbol{I}_n^i \quad (6\text{-}26)$$

假设 N 个传感器结点的可用总功率为 P，则能耗约束条件可以表示为

$$\sum_{i=1}^{N} \text{tr}[\boldsymbol{F}_k^i \boldsymbol{R}_\theta^i (\boldsymbol{F}_k^i)^{\text{T}}] \leqslant P \qquad (6\text{-}27)$$

令

$$D = \text{tr}\{(\boldsymbol{\Phi}_k \boldsymbol{F}_k)^{\text{T}}[\boldsymbol{\Phi}_k \boldsymbol{F}_k \boldsymbol{R}_\theta (\boldsymbol{\Phi}_k \boldsymbol{F}_k)^{\text{T}} + \sigma_\eta^2 \boldsymbol{I}_\eta]^{-1} \boldsymbol{\Phi}_k \boldsymbol{F}_k\} \qquad (6\text{-}28)$$

则

$$J = 2p\sigma_\theta^2 - \sigma_\theta^4 D \qquad (6\text{-}29)$$

由于 $\boldsymbol{\theta}_k$ 的维数为 $2p$ 且 σ_θ 为固定值，基于式(6-27)的约束条件，求取目标函数 J_{mse} 的最小值问题可等效地转化为求取 D 最大值问题：

$$\max_{\boldsymbol{\Phi}_k^i \boldsymbol{F}_k^i, 1 \leqslant i \leqslant N} D$$

$$\text{subject to} \sum_{i=1}^{c} \text{tr}[\boldsymbol{F}_k^i \boldsymbol{R}_\theta^i (\boldsymbol{F}_k^i)^{\text{T}}] \leqslant P \qquad (6\text{-}30)$$

6.4.4 基于奇异值分解的估计量目标函数凸优化求解

本节把网络功率约束下的式(6-30)所讨论的问题归结为一个凸优化问题，首先分析式(6-30)的目标函数，得到最大值目标函数后，通过奇异值分解求取其最大值，得到一个封闭解。

由于 $\boldsymbol{R}_\theta = \sigma_\theta^2 \boldsymbol{I}_\theta + \sigma_n^2 \boldsymbol{I}_n$ 是正定的对角阵，所以 $\boldsymbol{R}_\theta$ 可以描述为

$$\boldsymbol{R}_\theta = \boldsymbol{R}_\theta^{1/2} (\boldsymbol{R}_\theta^{1/2})^{\text{T}} = \boldsymbol{R}_\theta^{1/2} \boldsymbol{R}_\theta^{1/2} \qquad (6\text{-}31)$$

其中，$\boldsymbol{R}_\theta^{1/2} = (\boldsymbol{R}_\theta^{1/2})^{\text{T}}$ 是 Hermitian 正定矩阵。同时设

$$\boldsymbol{R}_\theta^{-1} = \boldsymbol{R}_\theta^{-1/2} \boldsymbol{R}_\theta^{-1/2} = \boldsymbol{U}_C \boldsymbol{\Lambda}_C \boldsymbol{U}_C^{\text{T}} \qquad (6\text{-}32)$$

其中，$\boldsymbol{\Lambda}_C = \text{diag}(\lambda_1, \lambda_2, \cdots, \lambda_p)$，且 $\boldsymbol{U}_C$ 为正交矩阵。

$$D = \text{tr}\{(\boldsymbol{\Phi}_k \boldsymbol{F}_k)^{\text{T}}[\boldsymbol{\Phi}_k \boldsymbol{F}_k \boldsymbol{R}_\theta (\boldsymbol{\Phi}_k \boldsymbol{F}_k)^{\text{T}} + \sigma_\eta^2 \boldsymbol{I}_\eta]^{-1} \boldsymbol{\Phi}_k \boldsymbol{F}_k\}$$
$$= \text{tr}\{\boldsymbol{R}_\theta^{-1/2}(\boldsymbol{\Phi}_k \boldsymbol{F}_k \boldsymbol{R}_\theta^{1/2})^{\text{T}}[\boldsymbol{\Phi}_k \boldsymbol{F}_k \boldsymbol{R}_\theta^{1/2}(\boldsymbol{\Phi}_k \boldsymbol{F}_k \boldsymbol{R}_\theta^{1/2})^{\text{T}} + \sigma_\eta^2 \boldsymbol{I}_\eta]^{-1} \boldsymbol{\Phi}_k \boldsymbol{F}_k \boldsymbol{R}_\theta^{1/2} \boldsymbol{R}_\theta^{-1/2}\}$$
$$(6\text{-}33)$$

在式(6-33)左边乘以 $\boldsymbol{R}_\theta^{1/2}$，右边乘以 $\boldsymbol{R}_\theta^{-1/2}$，得

$$D = \text{tr}\{(\boldsymbol{\Phi}_k \boldsymbol{F}_k \boldsymbol{R}_\theta^{1/2})^{\text{T}}[(\boldsymbol{\Phi}_k \boldsymbol{F}_k \boldsymbol{R}_\theta^{1/2})(\boldsymbol{\Phi}_k \boldsymbol{F}_k \boldsymbol{R}_\theta^{1/2})^{\text{T}} + \sigma_\eta^2 \boldsymbol{I}_\eta]^{-1}(\boldsymbol{\Phi}_k \boldsymbol{F}_k \boldsymbol{R}_\theta^{1/2})\boldsymbol{R}_\theta^{-1}\}$$
$$(6\text{-}34)$$

令 $\boldsymbol{\Psi}_k = \boldsymbol{\Phi}_k \boldsymbol{F}_k \boldsymbol{R}_\theta^{1/2}$ 并基于式(6-32)，则式(6-30)所描述的目标函数 D 可以由式(6-35)表达：

$$D = \text{tr}[\boldsymbol{\Phi}_k^{\text{T}} (\boldsymbol{\Psi}_k \boldsymbol{\Psi}_k^{\text{T}} + \sigma_\eta^2 \boldsymbol{I}_\eta)^{-1} \boldsymbol{\Psi}_k \boldsymbol{R}_\theta^{-1}]$$
$$= \text{tr}[\boldsymbol{\Psi}_k^{\text{T}} (\boldsymbol{\Psi}_k \boldsymbol{\Psi}_k^{\text{T}} + \sigma_\eta^2 \boldsymbol{I}_\eta)^{-1} \boldsymbol{\Psi}_k \boldsymbol{U}_C \boldsymbol{\Lambda}_C \boldsymbol{U}_C^{\text{T}}] \qquad (6\text{-}35)$$

对 $\boldsymbol{\Psi}_k$ 进行奇异值分解如下：

$$\boldsymbol{\Psi}_k = \boldsymbol{U}_\Psi \boldsymbol{\Lambda}_\Psi \boldsymbol{V}_\Psi^{\mathrm{T}} \tag{6-36}$$

其中,$\boldsymbol{U}_\Psi$ 和 $\boldsymbol{V}_\Psi$ 为正交矩阵,$\boldsymbol{\Lambda}_\Psi = \mathrm{diag}(\sqrt{\psi_1}, \sqrt{\psi_2}, \cdots, \sqrt{\psi_N})$,$\psi_1 \geqslant \psi_2 \geqslant \cdots \geqslant \psi_N \geqslant 0$。

基于式(6-36),则式(6-35)目标函数 D 可以进一步简化为

$$\begin{aligned} D &= \mathrm{tr}\{(\boldsymbol{U}_\Psi \boldsymbol{\Lambda}_\Psi \boldsymbol{V}_\Psi^{\mathrm{T}})^{\mathrm{T}} [(\boldsymbol{U}_\Psi \boldsymbol{\Lambda}_\Psi \boldsymbol{V}_\Psi^{\mathrm{T}})(\boldsymbol{U}_\Psi \boldsymbol{\Lambda}_\Psi \boldsymbol{V}_\Psi^{\mathrm{T}})^{\mathrm{T}} + \sigma_\eta^2 \boldsymbol{I}_\eta]^{-1} (\boldsymbol{U}_\Psi \boldsymbol{\Lambda}_\Psi \boldsymbol{V}_\Psi^{\mathrm{T}}) \boldsymbol{U}_C \boldsymbol{\Lambda}_C \boldsymbol{U}_C^{\mathrm{T}}\} \\ &= \mathrm{tr}[\boldsymbol{\Lambda}_\Psi (\boldsymbol{\Lambda}_\Psi^2 + \sigma_\eta^2 \boldsymbol{I}_\eta)^{-1} \boldsymbol{\Lambda}_\Psi \boldsymbol{V}_\Psi^{\mathrm{T}} \boldsymbol{U}_C \boldsymbol{\Lambda}_C \boldsymbol{U}_C^{\mathrm{T}} \boldsymbol{V}_\Psi] \end{aligned} \tag{6-37}$$

定理 6.1　见文献[118],令 $\boldsymbol{x}, \boldsymbol{y} \in R^{N \times N}$ 为半正定矩阵,其特征值分别为 $\lambda_1 \geqslant \lambda_2 \geqslant \cdots \geqslant \lambda_N \geqslant 0$ 和 $\delta_1 \geqslant \delta_2 \geqslant \cdots \geqslant \delta_N \geqslant 0$,则

$$\mathrm{tr}(\boldsymbol{xy}) \leqslant \sum_{i=1}^n \lambda_i \delta_i$$

基于定理 6.1,设 $\boldsymbol{x} = \boldsymbol{\Lambda}_\Psi (\boldsymbol{\Lambda}_\Psi^2 + \sigma_\eta^2 \boldsymbol{I}_\eta)^{-1} \boldsymbol{\Lambda}_\Psi$ 和 $\boldsymbol{y} = \boldsymbol{V}_\Psi^{\mathrm{T}} \boldsymbol{U}_C \boldsymbol{\Lambda}_C \boldsymbol{U}_C^{\mathrm{T}} \boldsymbol{V}_\Psi$,则式(6-37)可以重新描述为

$$D = \mathrm{tr}[\boldsymbol{\Lambda}_\Psi (\boldsymbol{\Lambda}_\Psi^2 + \sigma_\eta^2 \boldsymbol{I}_\eta)^{-1} \boldsymbol{\Lambda}_\Psi \cdot \boldsymbol{V}_\Psi^{\mathrm{T}} \boldsymbol{U}_C \boldsymbol{\Lambda}_C \boldsymbol{U}_C^{\mathrm{T}} \boldsymbol{V}_\Psi] \leqslant \sum_{i=1}^{2p} \frac{\lambda_i \psi_i}{\sigma_\eta^2 + \psi_i} \tag{6-38}$$

由于矩阵 $\boldsymbol{x}$ 为对角阵,选择一个合适的矩阵 $\boldsymbol{V}_\Psi$ 使 $\boldsymbol{V}_\Psi^{\mathrm{T}} \boldsymbol{U}_C = [\boldsymbol{I}_N \quad 0]$,其中 $N \geqslant 2p$,则式(6-38)中的等式可以成立。因此式(6-38)上界可以通过选择 $\boldsymbol{V}_\Psi = \boldsymbol{U}_C(:, 1:N)$ 来实现:

$$\boldsymbol{V}_\Psi = \boldsymbol{U}_C(:, 1:N) \tag{6-39}$$

其中,$\boldsymbol{U}_C(:, 1:N)$ 表示矩阵 $\boldsymbol{U}_C$ 的前 N 列元素。由于 $N > 2p$ 时其所有上界相同,因此选择 $N = 2p$,这样可以使每个簇内调度的传感器结点数目最小。

当 $\boldsymbol{V}_\Psi = \boldsymbol{U}_C(:, 1:2p)$ 时,可以得到

$$D = \sum_{i=1}^{2p} \frac{\lambda_i \psi_i}{\sigma_\eta^2 + \psi_i} \tag{6-40}$$

其中,$\lambda_i > 0$ 且 σ_η^2 为固定值,D 取极大值的问题可以转化为式(6-36)中选择奇异值 $\sqrt{\psi_i}$ 构造矩阵 $\boldsymbol{\Psi}_k$ 的问题,这是因为 $\boldsymbol{U}_\Psi$ 的选择是不相关的且 $\boldsymbol{\Phi}_k \boldsymbol{F}_k = \boldsymbol{\Psi}_k \boldsymbol{R}_\theta^{-1/2}$。从式(6-40)可以看出 D 取极大值,则 $\psi_i > 0$ 也必须取其所能够取得的极大值。然而由于能量消耗约束限制,ψ_i 不可能取极大值。考虑式(6-30)的能耗约束条件,令 $\boldsymbol{U}_\Psi = \boldsymbol{I}_N$ 来简化计算,可以得到 $\boldsymbol{\Phi}_k \boldsymbol{F}_k = \boldsymbol{\Lambda}_\Psi \boldsymbol{V}_\Psi^H \boldsymbol{R}_\theta^{-1/2}$ 或者等价为

$$\boldsymbol{\Phi}_k^i \boldsymbol{F}_k^i = \boldsymbol{\Lambda}_\Psi \hat{\boldsymbol{U}}_C^i, \quad 1 \leqslant i \leqslant N \tag{6-41}$$

其中,$\hat{\boldsymbol{U}}_C^i$ 为矩阵 $\boldsymbol{V}_\Psi^H \boldsymbol{R}_\theta^{1/2} = (\hat{\boldsymbol{U}}_C^1, \hat{\boldsymbol{U}}_C^2, \cdots, \hat{\boldsymbol{U}}_C^N)$ 的第 i 个分块矩阵,其中 $\boldsymbol{V}_\Psi = \boldsymbol{U}_C(:, 1:2p)$。

将式(6-41)代入式(6-30)中,且基于6.4.2节中的假设(5)可知$\boldsymbol{\Phi}_k^i$为对角阵,则能耗约束条件可以进一步简化为

$$\operatorname{tr}(\bar{\boldsymbol{R}}\boldsymbol{\Lambda}_\Psi^2) = \sum_{i=1}^p r_i\psi_i \leqslant P \tag{6-42}$$

其中,$\bar{\boldsymbol{R}} = \sum_{i=1}^c (\boldsymbol{\Phi}_k^i)^{-1}\hat{\boldsymbol{U}}_C^i \boldsymbol{R}_\theta^i (\hat{\boldsymbol{U}}_C^i)^{\mathrm{T}} [(\boldsymbol{\Phi}_k^i)^{-1}]^{\mathrm{T}}$ 为对角阵,对角元素为 r_i,$1 \leqslant i \leqslant 2p$。

由式(6-40)和式(6-42)可知,式(6-30)所阐述的能耗约束条件下的求极值问题,在$\boldsymbol{V}_\Psi = \boldsymbol{U}_C(:,1:2p)$和$\boldsymbol{U}_\Psi = \boldsymbol{I}_N$的条件下可以转化为

$$\min_{1\leqslant i\leqslant 2p} -\sum_{i=1}^p \frac{\lambda_i\psi_i}{\sigma_\eta^2+\psi_i} \quad \psi_i \geqslant 0 \text{ 且 } i=1,2,\cdots,2p \tag{6-43}$$
$$\text{subject to } \sum_{i=1}^{2p} r_i\psi_i \leqslant P$$

这就将以上极值优化问题转化为一个凸优化问题,其成本函数为线性约束条件下的凸函数。为了方便式(6-43)的求解,可将其转化为拉格朗日函数形式:

$$L(\psi_i,\mu_0,\mu_i) = -\sum_{i=1}^{2p} \frac{\lambda_i\psi_i}{\sigma_\eta^2+\psi_i} + \mu_0\left(\sum_{i=1}^{2p} r_i\psi_i - P\right) - \sum_{i=1}^{2p}\mu_i\psi_i \tag{6-44}$$

其中,$\mu_0 \geqslant 0$ 和 $\mu_i \geqslant 0$ 且相关KKT条件[119]为

$$-\frac{\lambda_i\sigma_\eta^2}{(\sigma_\eta^2+\psi_i)^2} + \mu_0 r_i - \mu_i = 0 \tag{6-45}$$

$$\mu_0\left(\sum_{i=1}^p r_i\psi_i - P\right) = 0 \tag{6-46}$$

$$\mu_i\psi_i = 0 \tag{6-47}$$

由式(6-45)可知

$$\psi_i = \sigma_\eta^2\left[\sqrt{\frac{\lambda_i}{\sigma_\eta^2(\mu_0 r_i - \mu_i)}} - 1\right] \tag{6-48}$$

由式(6-47)可知,如果$\psi_i > 0$,则$\mu_i = 0$,而且式(6-48)可转化为

$$\psi_i = \sigma_\eta^2\left(\sqrt{\frac{\lambda_i}{\sigma_\eta^2\mu_0 r_i}} - 1\right) > 0 \tag{6-49}$$

同时,当$\psi_i > 0$且$\mu_i = 0$时,基于式(6-45)可得到$\mu_0 > 0$;否则,如果$\mu_0 < 0$与假设矛盾。因此,基于式(6-46)可知

$$\sum_{i=1}^{2p} r_i\psi_i = P \tag{6-50}$$

选择 $\boldsymbol{\Lambda}_\Psi = \mathrm{diag}\left(\sqrt{\psi_1}, \sqrt{\psi_2}, \cdots, \sqrt{\psi_{2p}}\right), \psi_1 \geqslant \psi_2 \geqslant \cdots \geqslant \psi_{2p} \geqslant 0$，同时又基于式(6-41)，编码矩阵 $\boldsymbol{F}_k^i$ 可以描述为

$$\boldsymbol{F}_k^i = (\boldsymbol{\Phi}_k^i)^{-1} \boldsymbol{\Lambda}_\Psi \hat{\boldsymbol{U}}_C^i, \quad 1 \leqslant i \leqslant N \tag{6-51}$$

基于式(6-24)和式(6-40)可进一步得到估计向量的 MSE 方差 J_{mse} 为

$$J_{\mathrm{mse}} = 2p\sigma_\theta^2 - \sigma_\theta^4 \sum_{i=1}^{2p} \frac{\lambda_i \psi_i}{\sigma_\eta^2 + \psi_i} \tag{6-52}$$

当 $P \to \infty$ 时，基于式(6-42)可以得到 $\psi_i \to \infty$，则 MSE 方差可以取得下限值为

$$J_{\mathrm{mse}}^{\mathrm{low}} = 2p\sigma_\theta^2 - \sigma_\theta^4 \sum_{i=1}^{2p} \lambda_i \tag{6-53}$$

当 $\lambda_i \leqslant \dfrac{1}{\sigma_\theta^2}$ 时，可以得到 $J_{\mathrm{mse}}^{\mathrm{low}} \geqslant 0$。

因此，到目前为止，已经提出了一种奇异值分解求封闭解的方法来实现最佳编码矩阵的设计。为清楚起见，给出所提出方法的具体步骤如下。

(1) 分别对 $\sigma_\theta^2 \boldsymbol{I}_\theta$、$\sigma_n^2 \boldsymbol{I}_n$、$\sigma_\eta^2 \boldsymbol{I}_\eta$ 和信道增益矩阵 $\boldsymbol{\Phi}_k^i$ 进行初始化。

(2) 计算 $\boldsymbol{R}_\theta = \sigma_\theta^2 \boldsymbol{I}_\theta + \sigma_n^2 \boldsymbol{I}_n$ 和 $\boldsymbol{R}_k^i$ 的值。

(3) 奇异值分解 $\boldsymbol{R}_\theta^{-1/2} \boldsymbol{R}_\theta^{-1/2} = \boldsymbol{U}_C \boldsymbol{\Lambda}_C \boldsymbol{U}_C^H$，其中 $\boldsymbol{\Lambda}_C = \mathrm{diag}(\lambda_1, \lambda_2, \cdots, \lambda_{2p}, 0, 0, \cdots, 0)$ 且令 $\boldsymbol{V}_\Psi = \boldsymbol{U}_C(:, 1:2p)$。

(4) 给出 $\boldsymbol{V}_\Psi^H \boldsymbol{R}_\theta^{-1/2} = [\hat{\boldsymbol{U}}_C^1, \hat{\boldsymbol{U}}_C^2, \cdots, \hat{\boldsymbol{U}}_C^N]$，然后计算对角阵 $\bar{\boldsymbol{R}}$ 得到对角元素为 $r_i, 1 \leqslant i \leqslant p$，其中 $\bar{\boldsymbol{R}} = \sum_{i=1}^{c} (\boldsymbol{\Phi}_k^i)^{-1} \hat{\boldsymbol{U}}_C^i \boldsymbol{R}_k^i (\hat{\boldsymbol{U}}_C^i)^{\mathrm{T}} [(\boldsymbol{\Phi}_k^i)^{-1}]^{\mathrm{T}}$。

(5) 基于步骤(3)和(4)所得到的 $\boldsymbol{\Lambda}_C$ 和 $\bar{\boldsymbol{R}}$ 求解式(6-43)所描述的优化问题，得到式(6-50)中的 $\psi_i, 1 \leqslant i \leqslant 2p$，则最优化编码矩阵可以由式(6-51)求得。

6.5 算法性能分析及仿真结果

6.5.1 仿真参数设置及性能指标

为了验证算法的可行性，本文在 MATLAB 7.0 平台上进行了仿真。仿真所用的计算机 CPU 主频为 2.4GHz，内存为 2GB。仿真区域为 $100 \times 100 \mathrm{m}^2$ 的一个二维空间，在仿真过程中设定气体泄漏源的状态参数为 $p=2$ 的二维向量，即 $\boldsymbol{x} = [x_1 \ x_2]^{\mathrm{T}}$ 表示气体泄漏源的位置；同时假设真实气体泄漏源位置为坐标原点；监控区域中部署的传感器结点数目为 50 个；算法的执行周期设为 5s，网

络中的簇与簇之间数据通信与传输的向量 $\boldsymbol{\theta}_k = \{\hat{\boldsymbol{x}}_k, \boldsymbol{P}_k\}$，$\boldsymbol{\theta}_k \in \mathbb{R}^{2p \times 1}$，其中 $p=2$；发射叠加噪声 $\boldsymbol{n}_k$ 和接收叠加噪声 $\boldsymbol{\eta}_{k+1}$ 分别符合均值为 0，方差 $\delta_n^2 = \delta_\eta^2 = 1$ 的高斯分布。同时设定信道转换矩阵 $\boldsymbol{\Phi}_k$ 中的元素 $\phi_k^{i,j}$ 也符合零均值的高斯分布。

6.5.2 仿真结果分析

本节中，主要对影响协作 MIMO 分簇传感器网络气体泄漏源参数分布式估计的各方面因素通过仿真进行了分析。主要完成了如下仿真实验。

1. 协作 MIMO 与 SISO 工作方式对比

协作 MIMO 并行分布式估计算法，在每个执行周期调度的簇内结点数固定为 1 时，其就演变成了 SISO 序贯分布式估计算法。SISO 序贯气体泄漏源分布式估计可参照第 5 章提出的序贯卡尔曼滤波理论框架运用粒子滤波算法实现。对两种方法在没有能耗约束即在 $P \to \infty$ 的条件下实现气体泄漏源状态参数估计的性能进行了比较分析。从图 6-3 可以看出，在比较短的时间内 MIMO 的估计精度和算法的收敛速度显然优于 SISO，但随着时间和参与运算的结点数量的增加两者的估计性能最终将趋于一致，但 MIMO 算法所耗能量要高于 SISO 算法，这是因为在 MIMO 算法实现过程中调度的结点总数要多于 SISO

图 6-3 无能耗约束条件下协作 MIMO 与 SISO 估计性能比较

算法,有结点可能会被调度到多次。

2. MIMO 方法在不同能耗约束条件下估计性能分析

针对 MIMO 方法,在设定网络能耗约束固定的条件下(P 为 5、8、10)进行了估计性能的比较分析。从图 6-4 可以看出,MIMO 方法的估计性能随着能耗的增加逐渐增加,尤其是在初始阶段,给定的能量越多其估计误差降低越快,经过一段时间以后逐渐平稳,但是其最终的估计性能仍然与所给定的能耗成正比,所以能耗是决定估计性能的重要因素。

图 6-4 不同能耗约束条件下使用 MIMO 方法的估计误差

3. 簇内调度结点数量对 MIMO 估计性能的影响

基于协作 MIMO 方法的分布式估计,通常基于网络分簇实现,在算法执行过程中,需要对结点进行动态协同调度。不同的周期内簇集内调度的结点数量是动态变化的,从前文分析可知,在簇内完成并行粒子滤波状态参数估计后,当前簇集需要根据参数估计结果调度结点形成下一个簇集,此时所调度结点数量通常不能预先确定,而是由估计量方差是否达到设定阈值来决定。在簇与簇之间进行协作 MIMO 数据传输与通信时,为了简化算法降低运算复杂度设定两个簇之间的参与数据传输的协作结点数量相同,即当前簇集内结点数 c_k,下一个簇集结点数 c_{k+1},以及 MIMO 数据传输时两个簇集内的协作结点数 N 之间存在如下关系：$N = \min(c_k, c_{k+1})$。簇内结点数量的选择对估计性能具有重要的影响。首先图 6-5 给出了簇内结点数量固定的情况下，当 N 分别取 2、3、4 时（为方便计算簇内调度数量最大值设定为 4 个，后面有分析论证）的估计性能与能耗关系图，可以看出多个传感器结点被同时调度，可降低估计误差提高估计精度；但同时结点能耗也增加，为了节约能量消耗，应尽量在保证估计精度的前提下调度较少的传感器结点，平衡估计精度和能量消耗之间的关系。

图 6-5　簇内结点固定的情况下（$N = 2、3、4$）能量消耗与估计性能的关系

接下来针对簇内结点可以自主动态变化的情况，对能耗约束（$P = 10$）条件下的估计性能进行了分析。图 6-6(a) 给出了每个执行周期所调动的簇内结点数量分布图，图 6-6(b) 对应给出了网络中每个结点的剩余能耗情况，假设每个结点初始阶段能耗相等。

(a) 每个时钟周期内结点的数量分布

图 6-6　簇内结点动态变化情况下结点调度情况与结点剩余能耗情况

(b) 每个结点剩余能量分布

图 6-6 （续）

4. MIMO 数据通信过程中 θ_k 的估计方差与参数 N 之间关系分析

在实施协作 MIMO 数据通信传输时，由前面分析可知，两簇内激活结点数被设定为相同值，均为 N，向量 θ_k 的估计方差 J_{mse} 与参数 N 之间存在重要关系。如图 6-7 所示，设定能量消耗约束条件中的总能量 P 分别为 5dB、10dB 和 20dB，图中实线表示式(6-52)中的 J_{mse} 均方误差值。可以看出，J_{mse} 随着 N 的增大逐渐减少，当 $N>2p=4$ 时，估计性能将维持在一个恒定值。这说明在功

图 6-7 不同能耗约束下 MIMO 通信参量估计方差与簇内结点数量 N 的关系

率已定的情况下,单个周期内簇内所调动的结点数 N 超过危化气体泄漏源估计量 $\boldsymbol{\theta}_k$ 参数个数的时候,将不会再提高数据传输质量,降低信息失真,即尽量不要产生冗余信息以免增加额外能量消耗。该结果与式(6-39)的理论一致,即当 $N>p$ 时,在相同的能耗约束条件下,J_{mse} 的最小值趋于一致。从图 6-7 中还可以看出,J_{mse} 随着总能量的增加而降低,即能量足够的情况下会获得更好的估计性能,因此 $2\leqslant N\leqslant 4$,即至少要有一个协作结点,但也不要超过 $2p$ 个。

5. 不同能量消耗分配方法与算法估计性能关系分析

由于传感器网络中的能量更多的是消耗在数据通信与传输环节,从前面所得结论可知,协作 MIMO 分布式估计算法在数据传输过程中采用的凸优化算法对传输过程中的能量消耗和信息失真进行了平衡。为了验证算法性能,将其与没有进行优化的能耗均匀分配方法的性能进行了分析比较,性能指标采用 J_{mse} 实现。所谓能耗均匀分配方法是指在分布式估计过程中,每个结点所耗能量在总能量一定的条件下均匀分配,即选择编码矩阵为

$$\boldsymbol{F}_k = \alpha_l \cdot [\boldsymbol{I}_4 \quad \boldsymbol{0}]$$

其中,

$$\alpha_l = \sqrt{P/N \cdot \text{tr}[\boldsymbol{R}_\theta(1:4,1:4)]}$$

则

$$\text{tr}[\boldsymbol{F}_k^i \boldsymbol{R}_\theta^i (\boldsymbol{F}_k^i)^{\text{T}}] = \frac{P}{N}$$

其中,$\boldsymbol{R}_\theta(1:4,1:4)$ 代表矩阵 $\boldsymbol{R}_\theta$ 的前 4 行和前 4 列元素。

图 6-8 给出了两个不同方法的性能比较,由图 6-8 可知,使用能耗优化配置方法要明显好于使用等价均匀分配方法,随着总能量的增加,采用能耗优化配置的 MIMO 方法会进一步降低 J_{mse} 方差,从而提高估计性能,而等价均匀分配法中当能量达到一定值时其估计性能将不再增加。这是本书所提算法通过基于编码矩阵设计对系统参数估计精度和能耗进行了均衡,而均匀分配方法中没有考虑两者之间的关系,因此系统的性能只与总能耗约束有关。

同时针对每一个传感器结点,图 6-9 给出了两种不同方法的能量消耗比较。相比较而言,采用剩余能量优化配置方案整个网络能量消耗是平衡的。而等价均匀分配法则存在部分结点过度消耗问题,这是因为其没有考虑估计精度与能量消耗平衡问题,因此整个网络的能量分布不均匀。

图 6-8 基于不同能耗分配方法的 MIMO 估计性能比较

(a) 使用能耗均匀分配法时被调度结点的剩余能量

(b) 使用剩余能量优化配置法时被调度结点的剩余能量

图 6-9 基于不同能耗分配法的结点剩余能耗比较

6.6 本章小结

本章主要研究了基于协作 MIMO 分簇物联网络的分布式估计并应用于危化气体泄漏监测定位问题。首先实现了簇内并行粒子滤波算法,然后基于多结点协同调度策略实现了下一个簇的结点选择,最后基于 MIMO 方式实现了簇与簇之间的数据通信,并将其转化为凸优化问题采用奇异值分解方法实现了通信过程中能量消耗与信息失真的平衡问题。通过计算机仿真验证所提 MIMO 方法的估计精度和算法的收敛速度在不考虑能量消耗的前提下初始阶段要明显优于 SISO 算法,但随着时间和参与运算的结点数量的增加两者的估计性能将趋于一致。针对 MIMO 算法自身而言,能耗是决定其估计性能的重要因素,为了节约能量消耗,应在保证估计精度的前提下调度较少的传感器结点,平衡估计精度和能量消耗之间的关系。

第 7 章

高斯混合模型非线性滤波的危化气体监测定位

危化气体泄漏扩散传播路径在实际环境中会受到湍流风和环境布局等因素的影响,气体扩散分布通常具有高度的随机性和非线性,很难用单一的气体扩散模型来描述,在这种高度非线性环境中将无法直接应用基于模型的概率估计方法完成气体泄漏位置等参数的有效估计,也就不能实现危化气体源的监测定位。本章给出一种基于混合高斯模型的非线性滤波危化气体泄漏监测定位方法,针对动态随机变化环境中模型的不可确定性,采用混合高斯模型予以近似替代,并采用 EM 算法结合粒子滤波算法予以实现。

7.1 引言

在前面章节中,假设危化气体在环境中的扩散分布是相对稳定的,监测信息的噪声分布也通常符合高斯分布,因此基于其相对稳定的约束条件可以近似用一个高斯或类高斯扩散模型来进行描述[120-121]。而实际环境中,危化气体泄漏扩散传播路径受到湍流风和环境布局等因素的影响,其测得的环境信息噪声不符合高斯分布,特别是环境中湍流尺度变大时,风速和风向变化的随机性非常大,这就使得监测区域内气体浓度扩散分布具有很高的非线性和随机性[122],因此很难用一个单一的高斯或类似高斯气体物理扩散模型进行描述。近年来,非线性滤波方法在目标源定位与追踪领域有了广泛的应用。非线性滤波的主要思想是基于系统的离散状态空间模型,通过采用贝叶斯估计理论迭代计算系统状态的后验概率密度函数,得到非线性系统状态参量估计的近似最优解或次优解[123]。这是因为对非线性系统而言,通常无法直接获得系统的状态空间模型,在无法求得解析解的情况下,通常需要采用近似的方法获得次优非线性滤波器。在第 4 章所采用的 EKF 和 UKF 非线性滤波方法是局部近似滤波算法,采用一阶和二阶矩来表述状态估值的条件概率密度,实际上是扩大了观测噪声方差,用一个具有更大方差的高斯分布来涵盖实际的非高斯分布,这样的处理计算比较简单,也能确保滤波满足一致性的要求,但所求得的滤波状态估值的协方差比较保守,降低了环境适用性。而对于监测噪声服从非高斯分布的信息处理通常可以采用两种方法实现:全局法和局部法[124]。全局类方法是直接逼近非高斯概率密度函数,一般无须对系统状态分布的后验概率密度函数进行明确的说明或者假设,如基于序贯蒙特卡罗方法的粒子滤波[125],粒子滤波是一种典型的非线性全局滤波方法,其主要采用随机采样方法得到有限数量的加权状态粒子群来近似描述任意状态的后验概率密度函数,不再采用求解析解的方法。粒子滤波最早被广泛应用到目标跟踪领域[126],用来处理非高斯噪声环境下的目标跟踪问题,可提供渐近无偏的非线性系统状态估计,在危化气体泄漏源定位中也进行了应用[127-128]。粒子滤波在处理复杂的多模非高斯噪声方面要优于大多数的非高斯滤波方法,但是粒子滤波实现气体泄漏源定位的最大问题在于粒子滤波要采用大量的加权粒子来逼近概率密度函数,计算效率及粒子枯竭成为影响其性能的重要因素,要想获得比较高的估计性能,通常需要大量粒子参与运算,从而使系统的运算负载急剧增加,在实时危化气体泄漏定位中应用具有局限性,也部分限制了其在实时动态数据处理中的应用[129]。其主要通过加入随机重要性采样的方法,用粒子的分布来近似计算系统状态的后验概率分布。

另外一类局部法方法不同于全局非线性近似滤波方法的地方在于其需要对非线性系统的状态后验概率密度函数进行明确的说明或约束。高斯混合概率密度函数也称高斯混合模型是一种很好的解决方案,并具有良好的计算精度和运行效率[130]。其是采用高斯混合概率分布来近似描述非高斯噪声分布,这是因为任意的一个概率密度函数均可以用有限个高斯概率分布的加权和来近似描述。这和采用加权粒子群逼近的方法不同,这种方法较以前的方法具有更少的限制条件且更合理,同时也比 SMC 方法的计算负担小,据此有学者提出了高斯混合近似滤波方法。高斯混合近似滤波在目标源定位[131-132]、声音源定位[133]、气体扩散建模[134]等领域被广泛应用,高斯滤波器的核心任务是完成高斯加权积分计算,其可为非线性系统提供线性最小方差状态估计。

本章主要将高斯混合模型应用到危化气体泄漏监测定位中,用一个有限个数的高斯分布的和来近似危化气体监测结点实际的观测噪声分布,使之更加合理准确,从而在保证完整性的同时,提高系统的可用性。此外,本章环境信息的采集由动态传感器网络实现,由于动态监测结点之间也存在距离和拓扑约束,监测结点往往只能得到其有限范围内的环境信息,当环境的监测范围足够小时,通过对多个不同位置动态监测结点所测量环境信息的加权处理往往可以得到所监测的局部范围内的气体泄漏源监测噪声的高斯混合概率分布。通过基于混合高斯滤波理论构造效用函数实现动态监测结点的运动控制和拓扑结构变化,也可以进一步降低对危化气体泄漏目标参数估计的不确定性。

7.2 高斯混合模型

7.2.1 高斯混合模型定义

在处理聚类、回归以及密度函数估计等问题时,人们广泛采用多个有限加权高斯混合模型来逼近任意的非高斯概率密度函数,即高斯混合模型(Gauss Mixture Model,GMM)。任意概率密度函数 $P(x)$ 都可以采用高斯混合模型进行近似描述:

$$\widetilde{P}(z) = \sum_{i=1}^{n} \omega_i P(z \mid \theta_i) \quad (7\text{-}1)$$

其中,n 为分量的数量,称为每个高斯分布权值,满足以下条件:

$$\sum_{i=1}^{n} \omega_i = 1, \quad \omega_i \geqslant 0 \quad (7\text{-}2)$$

而且近似误差 $\int_{R^n} |P(z) - \widetilde{P}(z)| \, dz$ 可以趋于无穷小。

假定上述有限混合分量的概率密度相同,且都服从高斯分布,则第 1 个混合分量的概率密度函数为

$$P(z \mid \theta_i) = \frac{1}{(2\pi)^{R/2} \left| \sum_i \right|^{1/2}} e^{-1/2(x-\mu_i)^T \sum_i^{-1}(x-\mu_i)} \quad (7\text{-}3)$$

其中,$\theta_i = \{\mu_i, \sum_i\}$ 为第 i 个高斯正态分布分量均值和方差。$\Theta = \{(\omega_1, \theta_1), (\omega_2, \theta_2), \cdots, (\omega_n, \theta_n)\}$ 为所有 n 个高斯分布分量的参数。

7.2.2 基于 EM 算法的高斯混合模型参数估计方法

建立高斯混合模型的关键就在于确定模型参数集 Θ,传统的极大似然估计具有诸如强相合性、相合一致渐近正态性及最优渐近正态性等大样本特征,常用来进行混合模型中各概率分布参数估计。但如观测数据集不完整,有些具体问题不能构造似然函数解析式,或者有些似然函数解析式过于复杂,在这些情况下,直接使用传统的极大似然估计法无法解决问题,必须借助其他方法,其中之一就是 EM 算法(Expectation Maximization Algorithm,最大期望值算法)[134-135]。EM 算法之所以得其名,是因为它是一种迭代算法,每次迭代都包括一个期望步(Expectation Step,E-step)和一个最大化步(Maximization Step,M-step)。

它的基本思想可以描述如下:首先,给出缺失参数的初值,根据此初值估计模型参数初值;然后,根据估计的模型参数值去估计缺失参数值,再根据由此得到的缺失参数值去更新模型参数值,如此迭代,直到算法收敛,停止迭代。

一般来说,高斯混合模型中的分量数量 n 是未知的,现给出高斯混合模型参数集 Θ 估计的 EM 算法。

由式(7-1)和式(7-3)可知,其对数似然函数

$$L(Z|\boldsymbol{\theta}) = \lg P(Z|\boldsymbol{\theta}_i)$$
$$= \sum_{j=1}^{m} \lg \sum_{i=1}^{n} \frac{1}{(2\pi)^{R/2} \left|\sum_i\right|^{1/2}} e^{-1/2(z-\mu_i)^{\mathrm{T}} \sum_i^{-1}(z-\mu_i)} \quad (7\text{-}4)$$

其中,$Z=\{z_1, z_2, \cdots, z_m\}$ 为观测数据集。

高斯混合模型参数集 $\boldsymbol{\Theta}$ 为模型的待估参数,令 $\boldsymbol{\Theta}_t (t=0,1,\cdots,k)$ 表示 EM 算法第 t 次迭代产生的模型参数 $\boldsymbol{\Theta}$ 的估计。首先给定待估参数 $\boldsymbol{\Theta}$ 的初值 $\boldsymbol{\Theta}_0$。

(1) E-step。引入隐含变量 $\alpha_i(z_j)$,表示 z_j 由第 i 个高斯分量产生的概率,计算每个观测数据属于每个分布的概率:

$$\alpha_i^t(z_j) = \frac{\omega_i P(z_j|\boldsymbol{\theta}_i)}{\sum_{i=1}^{n} \omega_i P(z_j|\boldsymbol{\theta}_i)} \quad (7\text{-}5)$$

(2) M-step。由期望步求出 $\alpha_i^t(\boldsymbol{x}_j)$,可以得到参数的估计 $\boldsymbol{\Theta}_t$:

$$\omega_i^t = \frac{1}{n} \sum_{i=1}^{n} \alpha_i^t(z_j) \quad (7\text{-}6)$$

$$\mu_i^t = \frac{\sum_{i=1}^{n} \alpha_i^t(z_j) z_j}{\sum_{i=1}^{n} \alpha_i^t(z_j)} \quad (7\text{-}7)$$

$$\sum_i^t = \frac{\sum_{i=1}^{n} \alpha_i^t(z_j)(z_j - \mu_i^t)(z_j - \mu_i^t)^{\mathrm{T}}}{\sum_{i=1}^{n} \alpha_i^t(z_j)} \quad (7\text{-}8)$$

不断迭代以上期望步和最大化步,直到似然函数收敛,满足

$$\|L(Z|\boldsymbol{\theta}_t) - L(Z|\boldsymbol{\theta}_{t-1})\| \leqslant \varepsilon \quad (7\text{-}9)$$

其中,ε 是收敛值,其取值通常为很小的常量。

7.3 基于动态传感器网络的危化气体监测定位

7.3.1 问题描述

首先假设危化气体源的状态描述可以用下式实现:

$$\boldsymbol{\theta} = \{\boldsymbol{\theta}_t, t=0,1,\cdots,k\} \in \mathbb{R}^n \quad (7\text{-}10)$$

其中,$\boldsymbol{\theta}$ 是随机过程,代表不同时刻危化气体源的待定状态参数集合,且 $\boldsymbol{\theta}_t \in$

$\mathbb{R}^n$, $\mathbb{R}^n$ 为代表监测区域整个空间,对于静止目标 $\boldsymbol{\theta}=\boldsymbol{\theta}_0$。

本章采用动态监测结点实现环境信息采集,假设第 i 个监测结点在 t 时刻的状态可以采用 $\boldsymbol{x}_t^i \in \mathbb{R}^n$ 进行描述,则动态监测结点的状态模型可以表示为

$$\boldsymbol{x}_{t+1}^i = f_t^i(\boldsymbol{x}_t^i, \boldsymbol{\varphi}_t^i) \tag{7-11}$$

t 时刻的状态可以表示为

$$\boldsymbol{x}_t = \{\boldsymbol{x}_t^1, \boldsymbol{x}_t^2, \cdots, \boldsymbol{x}_t^n\} \tag{7-12}$$

其中,$\boldsymbol{\varphi}_t^i \in \mathbb{R}^n$ 为控制向量,$i=1,2,\cdots,n$,其中 n 为监测结点的数量。

动态监测结点所监测的危化气体泄漏状态观测量可表示为

$$\boldsymbol{z}_t = \{\boldsymbol{z}_t^1, \boldsymbol{z}_t^2, \cdots, \boldsymbol{z}_t^n\} \tag{7-13}$$

其中,z_t^i 表示动态监测结点 i 在 t 时刻的观测值(主要是危化泄漏气体的浓度信息),故 $z_t \in \mathbb{R}^n$,$\boldsymbol{Z}$ 表示整个观测空间,故有 $z_t \in \boldsymbol{Z} \subset \mathbb{R}^n$。

在本章所要描述的危化气体泄漏源监测定位问题中,为了求取测量值和危化气体泄漏源状态之间的函数关系,需要额外的监测信息为 $w_t = \{w_t^i, w_{t-1}^i, \cdots, w_{t-k}^i\}$。在已知实际的 n 个测量值的条件下,未知的危化气体扩散分布状态可以用 $p(\boldsymbol{\theta}_t | \boldsymbol{z}_t)$ 后验概率函数来描述。

7.3.2 扩散分布状态模型及观测模型

气体泄漏所释放的污染物质在环境中的扩散分布状态一般可用一个时空连续函数偏微分方程来描述如下:

$$\boldsymbol{\rho}\left[c(\boldsymbol{r},t), s(\boldsymbol{r},t), \frac{\partial c}{\partial t}, \cdots, \frac{\partial^i c}{\partial t^i}, \nabla c, \cdots, \nabla^j c\right] = \frac{\partial c(\boldsymbol{r},t)}{\partial t} - \alpha \frac{\partial^2 c(\boldsymbol{r},t)}{\partial t^2} - s(\boldsymbol{r},t) = 0 \tag{7-14}$$

其中,$\boldsymbol{\rho}(\cdot)$ 为线性算子,$\boldsymbol{r} \in \mathbb{R}^2$ 是气体释放源在二维环境空间中的位置,t 为气体物质释放的第 t 时钟周期,$s(\boldsymbol{r},t)$ 为气体泄漏源的相关参数项,算子 $\nabla^j \rho$ 定义为 $\nabla^j p := \frac{\partial p^j}{\partial z_x^j} + \frac{\partial p^j}{\partial z_y^j}$。

而在实际应用中,由于气体扩散模型通常未知因此上述式(7-14)的偏微分方程通常无法得到封闭解 $c(\boldsymbol{r},t)$,通常需要转换为离散状态近似求解。其基本的思想是采用有限元分析的方法,将 $c(\boldsymbol{r},t)$ 用一系列的加权级数来近似描述:

$$c(\boldsymbol{r},t) \approx \sum_{n=1}^{N} \phi_n(\boldsymbol{\theta}) \cdot \underline{x}_n(t) = \hat{c}(\boldsymbol{r},t) \tag{7-15}$$

其中,$\phi_n(\boldsymbol{\theta})$ 为包含系统未知参数的状态转换函数,$\underline{x}_n(t)$ 为区域内不同位置点的气体扩散分布状态,N 为空间维度用于描述系统扩散分布不同位置点的数

量,整个区域在第 t 时钟周期的气体扩散分布状态即可描述为 $\underline{x}(t) = [\underline{x}_n(t), n = 1, 2, \cdots, N]$。

系统的状态方程为

$$\underline{x}(t+1) = \boldsymbol{A}(t) \cdot \underline{x}(t) + \boldsymbol{B}(t) \cdot \boldsymbol{u}(t) \quad (7\text{-}16)$$

其中,$\boldsymbol{A}(t)$ 为系统矩阵,$\boldsymbol{B}(t)$ 为输入矩阵,$\boldsymbol{u}(t)$ 环境相关参数项。

如果进一步假设气体泄漏源的状态可以随时间变化,则不仅其位置未知且其运动轨迹也通常未知待定。因此,整个监测区域系统的状态通常需要采用以下向量来进行描述:

$$\boldsymbol{x}(t) = [\underline{x}(t)^{\mathrm{T}}, \boldsymbol{s}(t)^{\mathrm{T}}]^{\mathrm{T}} \quad (7\text{-}17)$$

其中,$\boldsymbol{x}(t)$ 为整个区域增广了的气体泄漏源扩散分布状态向量,$\boldsymbol{s}(t)$ 为包含代表泄漏源位置未知参数的随机过程向量。气体泄漏源的运动方程可用一个随机运动数学模型来进行描述:

$$\boldsymbol{s}(t+1) = \boldsymbol{s}(t) + \boldsymbol{w}(t) \quad (7\text{-}18)$$

其中,$\boldsymbol{w}(t)$ 为系统的输入噪声向量其符合零均值,方差为 $\boldsymbol{C}^w$ 的高斯分布。

基于式(7-16)~式(7-18)可知,广义的气体泄漏扩散分布的系统状态方程描述如下:

$$\boldsymbol{x}(t+1) = \begin{bmatrix} \boldsymbol{A}(t) & 0 \\ 0 & \boldsymbol{I} \end{bmatrix} \cdot \boldsymbol{x}(t) + \begin{bmatrix} \boldsymbol{B}(t) & 0 \\ 0 & \boldsymbol{I} \end{bmatrix} \begin{pmatrix} \boldsymbol{u}(t) \\ \boldsymbol{w}(t) \end{pmatrix} \quad (7\text{-}19)$$

其中,$\boldsymbol{I}$ 表示单位矩阵。

另一方面,在第 t 周期,坐标位置为 r_n 的传感器结点所观测向量定义为 $\boldsymbol{z}_n(t)$,其观测方程描述为

$$\boldsymbol{z}_n(t) = \boldsymbol{\Phi}_n(\boldsymbol{\theta}) \cdot \boldsymbol{x}_n(t) + \boldsymbol{v}_n(t) \quad (7\text{-}20)$$

其中,$\boldsymbol{v}_n(t)$ 为观测噪声,服从零均值,方差 $\boldsymbol{C}^{v,n}$ 的高斯白噪声分布。$\boldsymbol{\Phi}_n(\boldsymbol{\theta}) = [\phi_n^1(\boldsymbol{\theta}), \phi_n^2(\boldsymbol{\theta}), \cdots, \phi_n^M(\boldsymbol{\theta})]^{\mathrm{T}}$ 为观测矩阵,$\phi_n^m(\boldsymbol{\theta}), m = 1, 2, \cdots, M$ 为状态转换函数,其中 M 为时间维度观测序列采样点数量。

由于实际环境中气体泄漏源定位过程中,气体泄漏源的位置运动方向和速度等相关参数通常未知且存在某种程度的不确定性,所以假设经过状态转换以后的系统状态方程,即式(7-16)中的系统矩阵 $\boldsymbol{A}(t)$ 已知,则系统中的未知参数统一转移到系统转换矩阵或观测矩阵 $\boldsymbol{\Phi}_n(\boldsymbol{\theta})$ 中。

7.3.3 基于 GMF 的气体泄漏源参数估计算法

在进行气体泄漏源参数估计定位时,必须同时完成泄漏源的位置等相关参数的估计和气体扩散分布状态重构,可将其归结为一种参数未知的模型不确定

性系统状态估计问题。模型参数未知的气体泄漏源参数估计及追踪问题,由于其高度的非线性特征和系统模型未知不确定性,一般无法直接采用传统的近似线性化方法(如扩展卡尔曼滤波)予以解决。采用粒子滤波方法解决该类问题时,通常需要假设系统状态的后验概率密度函数可用一种有限加权级数的形式进行近似化描述,即针对非线性系统未知模型,选择一些采样点,采用概率统计的方法近似描述其后验概率分布,最终完成系统扩散概率分布方差和均值计算,实现系统状态估计,但其算法性能通常不高。针对这种模型不确定性的系统状态和参数估计问题,可采用 EM 算法理论框架予以解决。

1. 基于 EM 气体泄漏源扩散分布及参数估计框架

EM 算法主要采用 E-step 和 M-step 两个迭代步骤解决模型不确定性的情况下的系统状态和参数估计问题,文献[141]给出了一种线性联合估计问题的一般理论框架,在 E-step 中,假设模型完全已知,使用标准估计方法来完成状态估计。然后,在 M-step 中,基于估计的状态,采用相应的测量值来完成模型参数识别。本节主要在 E-step 采用高斯混合概率密度函数近似描述非线性系统模型实现气体泄漏扩散分布系统状态估计,然后在 M-step 中基于状态估计结果和传感器网络所观测的环境信息,实现高斯混合模型中的参数估计和更新。

针对气体泄漏源状态及参数估计问题,基于 EM 算法理论定义位置 r_n 处传感器结点观测向量的对数似然函数为

$$L(\boldsymbol{\theta}) = \lg p(\boldsymbol{z}_n \mid \boldsymbol{\theta}) = \lg \int_{\Omega_n} p(\boldsymbol{x}_n, \boldsymbol{z}_n \mid \boldsymbol{\theta}) \mathrm{d}\boldsymbol{x}_n \tag{7-21}$$

其中,Ω_n 是状态变量 $\boldsymbol{x}_n$ 的取值变化空间,$\boldsymbol{z}_n = [(\boldsymbol{z}_n^1)^\mathrm{T} \quad (\boldsymbol{z}_n^2)^\mathrm{T} \quad \cdots \quad (\boldsymbol{z}_n^M)^\mathrm{T}]$ 是位置 r_n 处的整个观测序列,$\boldsymbol{x}_n = [(\boldsymbol{x}_n^1)^\mathrm{T} \quad (\boldsymbol{x}_n^2)^\mathrm{T} \quad \cdots \quad (\boldsymbol{x}_n^M)^\mathrm{T}]$ 是状态参量,$\boldsymbol{\theta}$ 是融入到高斯混合模型中的未知参数向量。

在非线性非高斯条件下,最大似然函数求解通常无法实现,一般基于 Jensen 不等式进行变通求解,具体描述如下:

$$\begin{aligned}
L(\boldsymbol{\theta}) &= \lg \int_{\Omega_i} p(\boldsymbol{x}_n, \boldsymbol{z}_n \mid \boldsymbol{\theta}) \mathrm{d}\boldsymbol{x}_n = \lg \int_{\Omega_n} U(\boldsymbol{x}_n) \cdot \frac{p(\boldsymbol{x}_n, \boldsymbol{z}_n \mid \boldsymbol{\theta})}{U(\boldsymbol{x}_n)} \mathrm{d}\boldsymbol{x}_n \\
&\geqslant \int_{\Omega_n} U(\boldsymbol{x}_n) \cdot \lg \frac{p(\boldsymbol{x}_n, \boldsymbol{z}_n \mid \boldsymbol{\theta})}{U(\boldsymbol{x}_n)} \mathrm{d}\boldsymbol{x}_n \\
&= \int_{\Omega_n} U(\boldsymbol{x}_n) \cdot \lg p(\boldsymbol{x}_n, \boldsymbol{z}_n \mid \boldsymbol{\theta}) \mathrm{d}\boldsymbol{x}_n - \int_{\Omega_n} U(\boldsymbol{x}_n) \cdot \lg U(\boldsymbol{x}_n) \mathrm{d}\boldsymbol{x}_n \\
&= \int_{\Omega_n} U(\boldsymbol{x}_n) \cdot \lg p(\boldsymbol{x}_n, \boldsymbol{z}_n \mid \boldsymbol{\theta}) \mathrm{d}\boldsymbol{x}_n + H[U(\boldsymbol{x}_n)] \\
&= F(U, \boldsymbol{\theta})
\end{aligned} \tag{7-22}$$

其中，$H[U(\boldsymbol{x}_n)]$ 为 $U(\boldsymbol{x}_n)$ 概率分布的信息熵，基于文献[141]，其 $U(\boldsymbol{x}_n)$ 的最优分布可以认定为满足 $U^*(\boldsymbol{x}_n) = p(\boldsymbol{x}_n | \boldsymbol{z}_n, \boldsymbol{\theta})$。EM 算法即是在分别给定 $U(\boldsymbol{x}_n)$ 分布和参数 $\boldsymbol{\theta}$ 的条件下求解 $F(U, \boldsymbol{\theta})$ 的最大值。

E-step：
$$U_k(\boldsymbol{x}_n) = \underset{U}{\arg\max} F(U_k, \boldsymbol{\theta}_k) \qquad (7-23)$$

M-step：
$$\boldsymbol{\theta}_{k+1} = \underset{\boldsymbol{\theta}}{\arg\max} F(U_{k+1}, \boldsymbol{\theta}_k) \qquad (7-24)$$

其中，k 是 EM 算法的迭代次数，其中 E-step 的主要目的是对系统状态进行估计，其主要通过确定最佳分布 $U^*(\boldsymbol{x}_n) = p(\boldsymbol{x}_n | \boldsymbol{z}_n, \boldsymbol{\theta})$ 来获取对数似然函数的最大期望值，然后可以从该分布中很容易地获得状态的条件均值估计。而 M-step 则主要在先前 E-step 所估计的状态基础上，依据相对应的测量值来完成包含系统未知参数 $\boldsymbol{\theta}$ 的估计。在每个 E-step 结束时，最大化似然函数 $F(U, \boldsymbol{\theta})$ 将会得到其对应的最优分布 $U^*(\boldsymbol{x}_n) = p(\boldsymbol{x}_n | \boldsymbol{z}_n, \boldsymbol{\theta})$，使得 $F(U^*, \boldsymbol{\theta}_k) = L(\boldsymbol{\theta}_k)$。在 M-step 中，基于最优分布 $U^*(\boldsymbol{x}_i)$ 完成参数更新。

2. 基于粒子滤波的气体泄漏源扩散分布状态估计

EM 算法的 E-step 主要用于完成系统的状态估计，其主要工作即假设系统参数 $\boldsymbol{\theta}_k$ 已知条件下，求解系统的后验概率分布 $p(\boldsymbol{x}_{n,k}(t) | \boldsymbol{z}_{n,k}(t), \boldsymbol{\theta}_k)$。但是在气体泄漏扩散分布这种高度非线性系统且非高斯观测噪声条件下，一般很难求解，只能用近似概率分布

$$U^*(\boldsymbol{x}_{n,k}(t)) \approx \hat{p}(\boldsymbol{x}_{n,k}(t) | \boldsymbol{z}_{n,k}(t), \boldsymbol{\theta}_k)$$

来进行代替。

此处采用改进粒子滤波算法来实现 EM 算法 E-step 中的气体扩散分布状态后验概率分布迭代近似求解，然后在所获得概率分布条件下完成系统状态的第 k 次估计 $\boldsymbol{x}_{n,k}$。

根据粒子滤波理论，可知

$$\hat{p}[\boldsymbol{x}_{n,k}(t) | \boldsymbol{z}_{n,k}(t), \boldsymbol{\theta}_k] = \sum_{i=1}^{N_f} \omega_k^i(t) \cdot \delta[\boldsymbol{x}_{n,k}(t) - \boldsymbol{x}_{n,k}^i(t)] \qquad (7-25)$$

其中，近似后验概率分布 $\hat{p}(\boldsymbol{x}_{n,k}(t) | \boldsymbol{z}_{n,k}(t), \boldsymbol{\theta}_k)$ 由粒子集

$$\{x_{n,k}^i(t), \omega_k^i(t)\}, \quad i = 1, 2, \cdots, N_f$$

来进行描述，$x_{n,k}^i(t)$ 为描述状态的粒子，$\omega_k^i(t)$ 为规格化重要性采样加权系数，N_f 为粒子数量，$\delta(\cdot)$ 为狄拉克函数。

规格化的重要性采样系数 $\omega_k^i(t)$ 一般由原始重要性采样系数 $\tilde{\omega}_k^i(t)$ 进行归

一化处理后得到,其描述如下:

$$\omega_k^i(t) = \frac{\tilde{\omega}_k^i(t)}{\sum_{i=1}^{N_f} \tilde{\omega}_k^i(t)} \tag{7-26}$$

原始重要性采样系数 $\tilde{\omega}_k^i(t)$ 描述如下:

$$\tilde{\omega}_k^i(t) = \omega_k^i(t-1) \frac{p[z_{n,k}(t) \mid x_{n,k}^i(t), \boldsymbol{\theta}_k] \cdot p[x_{n,k}^i(t) \mid, x_{n,k}^i(t-1)]}{\gamma[x_{n,k}^i(t) \mid, x_{n,k}^i(t-1)], z_{n,k}(t)}$$
$$\tag{7-27}$$

其中,$p[z_{n,k}(t) \mid x_{n,k}^i(t), \boldsymbol{\theta}_k]$ 为由式(7-20)中的噪声分布 $\boldsymbol{v}_n(t)$ 所决定的系统似然分布函数; $p[x_{n,k}^i(t) \mid, x_{n,k}^i(t-1)]$ 为由式(7-19)中的输入项和噪声项 $\begin{bmatrix} \boldsymbol{u}(t) \\ \boldsymbol{w}(t) \end{bmatrix}$ 决定的系统状态预测概率分布; $\gamma[x_{n,k}^i(t) \mid, x_{n,k}^i(t-1)]$ 为粒子采样所基于的已知概率分布函数,此处假设 $\gamma[x_{n,k}^i(t) \mid, x_{n,k}^i(t-1)]$ 符合如下分布:

$$\gamma[x_{n,k}^i(t) \mid x_{n,k}^i(t-1)] \sim N[x_{n,k}(t-1), \sigma_\gamma^2] \tag{7-28}$$

粒子滤波方法即通过对上述式不断迭代求解,获得 $p[\boldsymbol{x}_{n,k}(t) \mid \boldsymbol{z}_{n,k}(t), \boldsymbol{\theta}_k]$ 后验概率分布的近似描述 $U^*(\boldsymbol{x}_{n,k}(t)) \approx \hat{p}(\boldsymbol{x}_{n,k}(t) \mid \boldsymbol{z}_{n,k}(t), \boldsymbol{\theta}_k)$,并完成系统状态近似估计:

$$\hat{\boldsymbol{x}}_{n,k}(t) = \int_{\Omega_n} \boldsymbol{x}_{n,k}(t) \cdot p[\boldsymbol{x}_{n,k}(t) \mid \boldsymbol{z}_{n,k}(t), \boldsymbol{\theta}_k] \mathrm{d}\boldsymbol{x}_{n,k}(t)$$
$$\approx \int_{\Omega_n} \boldsymbol{x}_{n,k}(t) \cdot \hat{p}[\boldsymbol{x}_{n,k}(t) \mid \boldsymbol{z}_{n,k}(t), \boldsymbol{\theta}_k] \mathrm{d}\boldsymbol{x}_{n,k}(t)$$
$$= \sum_{i=1}^{N_f} \omega_k^i(t) \cdot x_{n,k}^i(t) \tag{7-29}$$

粒子滤波在应用中主要需要解决粒子的退化问题,一般需要改进重采样方法予以解决。即经过有限次数的迭代以后,容易导致局部最优,除极少的粒子之外,大部分权重容易趋于0。此外EM算法的性能对初始化条件选择较敏感,结合EM-PF算法,即需要对粒子滤波的初始化粒子的选择方法进行改进以降低EM算法的敏感度,不能采用随机性初始化粒子方法来选择系统的后验概率分布,因此,本文首先主要结合气体源泄漏参数估计定位应用,并采用MH-MCMC(Metropolis-Hastings Monte Carlo Markov Chain,MH-蒙特卡罗·马尔可夫链)理论来实现粒子滤波初始化粒子选择。

(1) 首先给定一个不同于 $\gamma[x_{n,k}^i(t) \mid, x_{n,k}^i(t-1)]$ 的概率分布 $q[\boldsymbol{x}_{n,k}(t) \mid \cdot]$,并基于 $q[\boldsymbol{x}_{n,k}(t) \mid \boldsymbol{x}_{n,k}^{i-1}(t)]$ 分布进行粒子初始化,假设其符合如下已知概率

分布：

$$q[\boldsymbol{x}_{n,k}(t) \mid \boldsymbol{x}_{n,k}^{i-1}(t)] \sim N[\boldsymbol{x}_{n,k}^{i-1}(t), \sigma_q^2] \tag{7-30}$$

(2) 然后在式(7-30)已知概率分布的基础上完成粒子选择系数计算：

$$\alpha[\boldsymbol{x}_{n,k}^{i-1}(t), \boldsymbol{x}_{n,k}^*(t)] = \min\left\{1, \frac{\Pi[\boldsymbol{x}_{n,k}^*(t)] \cdot q[\boldsymbol{x}_{n,k}^{i-1}(t) \mid \boldsymbol{x}_{n,k}^*(t)]}{\Pi[\boldsymbol{x}_{n,k}^{i-1}(t)] \cdot q[\boldsymbol{x}_{n,k}^*(t) \mid \boldsymbol{x}_{n,k}^{i-1}(t)]}\right\}$$

$$\tag{7-31}$$

其中，概率分布

$$\Pi(\bullet) = \frac{p[\boldsymbol{z}_{n,k}(1) \mid \boldsymbol{x}_{n,k}(1), \theta_k] p[\boldsymbol{x}_{n,k}(1) \mid \theta_k]}{p(\boldsymbol{z}_{n,k}(1) \mid \theta_k)}$$

其中，$p[\boldsymbol{z}_{n,k}(1) \mid \boldsymbol{x}_{n,k}(1), \theta_k]$ 为基于式(7-19)所获得的似然函数，$p([\boldsymbol{x}_{n,k}(1) | \theta_k] = p[\boldsymbol{x}_{n,k}(1)]$ 假设为已知常量，$p[\boldsymbol{z}_{n,k}(1) | \theta_k]$ 与系统状态无关。

(3) 最后根据计算所得到的粒子选择系数 $\alpha[\boldsymbol{x}_{n,k}^{i-1}(1), \boldsymbol{x}_{n,k}^*(1)]$，最终确定 EM 算法中粒子滤波的初始化粒子最优选择 $\boldsymbol{x}_{n,k}^i(1) = \boldsymbol{x}_{n,k}^*(1)$。

3. 基于高斯混合模型的系统未知参数估计

综上可知，气体泄漏源参数估计定位采用粒子滤波的方法进行系统状态分布的后验概率密度函数近似求解，往往需要大量的粒子对后验概率分布进行近似，这将加重传感器结点的计算负担，此外，针对气体扩散模型参数未知的系统进行监测通常也无法直接使用单一的高斯分布模型对粒子后验概率分布函数进行描述，而是采用多个高斯分布的线性加权组合来进行描述。

因此本文采用高斯混合模型的方法对包含系统未知参数的观测模型进行描述，并结合粒子近似后验概率密度函数描述方法，将后验概率分布函数参数替代粒子的重要性权值进行迭代传递，从而简化计算，最后，在此基础上实现系统观测模型中未知参数迭代估计。

基于高斯混合模型对含有系统未知参数 $\boldsymbol{\theta}_k$ 的观测模型进行近似化概率分布描述：

$$\boldsymbol{\Phi}_n(\boldsymbol{\theta}) \cdot \boldsymbol{x}_n(t) \approx \sum_{g=1}^{G} \lambda_g \cdot N[\boldsymbol{x}_n(t) - \hat{\boldsymbol{x}}_{ng}(t), \boldsymbol{C}_g^x] \tag{7-32}$$

其中，G 为独立高斯概率密度函数分量的数量，λ_g 为每个独立高斯函数的权值，其满足以下条件：

$$\sum_{g=1}^{G} \lambda_g = 1, \quad \lambda_g \geqslant 0 \tag{7-33}$$

假定上述有限高斯混合分量的概率密度函数相同,第 g 个混合分量的概率密度服从

$$N[x_n(t)-\hat{x}_{ng}(t)] \propto \frac{1}{(2\pi)|C_g^x|^{1/2}} e^{-1/2[x_n(t)-\hat{x}_{ng}(t)]^T (C_g^x)^{-1}[x_n(t)-\hat{x}_{ng}(t)]}$$

(7-34)

其中,$[\hat{x}_{ng}(t), C_g^x]$ 为第 i 个独立正态高斯分量,其中 $\hat{x}_{ng}(t)$ 为均值,C_g^x 为方差。

令 $\theta_k = (\lambda_1, \lambda_2, \cdots, \lambda_G)$ 为系统未知参数向量,$\Phi_n(t) = \{N[x_{n,k}(t)-\hat{x}_{ng,k}(t), C_g^x]\}_{g \times 1}$,则

$$\Phi_{n,k}(\theta_k) \cdot x_{n,k}(t) \approx \sum_{g=1}^{G} \lambda_g \cdot N[x_{n,k}(t)-\hat{x}_{ng,k}(t), C_g^x] = \theta_k \cdot \Phi_{n,k}(t)$$

(7-35)

系统中气体泄漏源的未知参数的估计可在基于 E 步骤所得的 $U_{k+1}^*[x_{n,k}(t)] = p[x_{n,k}(t)|z_{n,k}(t), \theta_k]$ 和相应的观测值基础上,基于式(7-36)完成:

$$\theta_{k+1} = \underset{\theta}{\operatorname{argmax}} \int_{\Omega_n} p[x_{n,k}(t)|z_{n,k}(t), \theta_k] \cdot \lg p[x_{n,k}(t), z_{n,k}(t)|\theta_k] \mathrm{d}x_{n,k}$$

(7-36)

其中,可以通过下式求解:

$$p[x_{n,k}(t), z_{n,k}(t)|\theta_k] = p[z_{n,k}(t)|x_{n,k}(t), \theta_k] p[x_{n,k}(t)|\theta_k] \propto p[z_{n,k}(t)|x_{n,k}(t), \theta_k]$$

(7-37)

作为系统的似然函数,其可以基于式(7-19)完成对数似然函数 $\lg p[z_{n,k}(t)|x_{n,k}(t), \theta_k]$ 求解,描述为

$$\lg p[z_{n,k}(t)|x_{n,k}(t), \theta_k] = -[z_{n,k}(t) - \theta_k \cdot \Phi_{n,k}(t)]^T Q_k^{-1} [z_{n,k}(t) - \theta_k \cdot \Phi_{n,k}(t)] - \ln|Q_k| + \text{constant}$$

(7-38)

其中,Q_k 为基于式(7-19)的噪声方差在第 k 步骤的方差向量。

将式(7-38)代入式(7-36)中可得到其等价描述:

$$\min_{\theta_k, Q_k} \int_{\Omega_n} p[x_{n,k}(t)|z_{n,k}(t), \theta_k] \cdot [z_{n,k}(t) - \theta_k \cdot \Phi_{n,k}(t)]^T \cdot Q_k^{-1} \cdot$$
$$[z_{n,k}(t) - \theta_k \cdot \Phi_{n,k}(t)] \mathrm{d}x_{n,k}(t) +$$
$$\ln|Q_k|$$

(7-39)

对式(7-39)分别针对 θ_k 和 Q_k 求偏微分,令

$$\frac{\partial}{\partial \theta_k} \int_{\Omega_n} p[x_{n,k}(t)|z_{n,k}(t), \theta_k] \cdot [z_{n,k}(t) - \theta_k \cdot \Phi_{n,k}(t)]^T \cdot Q_k^{-1} \cdot$$

$$[z_{n,k}(t) - \boldsymbol{\theta}_k \cdot \boldsymbol{\Phi}_{n,k}(t)]\mathrm{d}x_{n,k}(t) + \ln|\boldsymbol{Q}_k| = 0 \quad (7\text{-}40)$$

$$\frac{\partial}{\partial \boldsymbol{Q}_k}\int_{\Omega_n} p[x_{n,k}(t) \mid z_{n,k}(t), \boldsymbol{\theta}_k] \cdot [z_{n,k}(t) - \boldsymbol{\theta}_k \cdot \boldsymbol{\Phi}_{n,k}(t)]^{\mathrm{T}} \cdot \boldsymbol{Q}_k^{-1} \cdot$$

$$[z_{n,k}(t) - \boldsymbol{\theta}_k \cdot \boldsymbol{\Phi}_{n,k}(t)]\mathrm{d}x_{n,k}(t) + \ln|\boldsymbol{Q}_k| = 0 \quad (7\text{-}41)$$

则基于文献[136]求解式(7-40)和式(7-41)，可分别得到系统的参数估计向量和估计方差向量：

$$\hat{\boldsymbol{\theta}}_k = \boldsymbol{\theta}_{k+1} = [z_{n,k}(t) \cdot \boldsymbol{\Phi}_{n,k}^{\mathrm{T}}(t)][\boldsymbol{\Phi}_{n,k}(t) \cdot \boldsymbol{\Phi}_{n,k}^{\mathrm{T}}(t)]^{-1} \quad (7\text{-}42)$$

$$\hat{\boldsymbol{Q}}_k = \boldsymbol{Q}_{k+1} = [z_{n,k}(t) \cdot z_{n,k}^{\mathrm{T}}(t)] - [\hat{\boldsymbol{\theta}}_k \boldsymbol{\Phi}_{n,k}(t) \cdot z_{n,k}^{\mathrm{T}}(t)] \quad (7\text{-}43)$$

7.4 源参数估计定位的传感器管理策略

传感器网络结点观测值的有效性决定了系统状态参数估计准确性和追踪的有效性，其需要采用结点优化管理策略实现。传感器网络中传感器结点的管理策略通常采用最优控制方法来实现，其主要思想是在有限的资源限制条件下使传感器所测量的信息增益最大化。结点管理策略相应可以划分为静态结点调度策略和动态结点路由规划策略两大类，静态传感器结点管理策略可描述为一个从网络有限传感器结点所构成集合中选择能够使结点所观测环境信息的信息增益最大化结点组合的过程。而动态传感器结点调度管理策略则主要是通过控制移动传感器结点的运动方向，使之在下一时钟周期运动到能够进一步提供更多有效环境信息和增大观测量信息增益的位置的过程，并要同时给出其位置的环境信息。一方面，通过对传感器网络中的静态和动态结点的有效调度与合理路径规划，可进一步提高传感器结点观测过程中所获得观测信息的信息增益；另一方面，可在传感器网络资源能耗约束条件下，通过有效的控制传感器网络中的结点激活数量和合理的运动方向延长其使用寿命并提高其性能。本章主要基于条件信息熵理论，构造结点选择效用函数实现结点的实时调度和路径规划，进一步提高观测信息的信息增益，降低对气体泄漏目标参数估计定位的不确定性。

7.4.1 基于条件信息熵的结点选择效用函数

通过上述分析可知，对于参数未知的气体泄漏源状态估计而言，要想得到系统的确定的实时状态，也就是要降低系统状态的后验概率分布函数

$p(\bm{x}_{n,k}(t)|\bm{z}_{n,k}(t),\bm{\theta}_k)$ 的不确定性。衡量系统状态和测量值之间的后验概率分布的不确定性，一般可以采用条件信息熵来描述，为描述方便，定义如下：

$$p[\bm{x}_{n,k}(t),\bm{z}_{n,k}(t)\mid\bm{\theta}_k] = p_{\theta_k}[\bm{x}_{n,k}(t),\bm{z}_{n,k}(t)]$$
$$= p_{\theta_k}[\bm{x}_{n,k}(t)]p_{\theta_k}[\bm{z}_{n,k}(t)\mid\bm{x}_{n,k}(t)]$$
$$= p_{\theta_k}[\bm{z}_{n,k}(t)]p_{\theta_k}[\bm{x}_{n,k}(t)\mid\bm{z}_{n,k}(t)] \quad (7\text{-}44)$$

$$H_{\theta_k}[\bm{x}_{n,k}(t)\mid\bm{z}_{n,k}(t)] = H_{\theta_k}[\bm{x}_{n,k}(t)] - I_{\theta_k}[\bm{z}_{n,k}(t);\bm{x}_{n,k}(t)] \quad (7\text{-}45)$$

其中，$H_{\theta_k}[\bm{x}_{n,k}(t)]$ 是指目标状态分布的熵，可表示为

$$H_{\theta_k}[\bm{x}_{n,k}(t)] = -\int_{x\in\Omega} p_{\theta_k}[\bm{x}_{n,k}(t)]\lg p_{\theta_k}[\bm{x}_{n,k}(t)]\mathrm{d}\bm{x} \quad (7\text{-}46)$$

$H_{\theta_k}[\bm{x}_{n,k}(t)|\bm{z}_{n,k}(t)]$ 是指在当前观测值向量条件下，系统状态分布的期望信息熵，可表示为

$$H_{\theta_k}[\bm{x}_{n,k}(t)\mid\bm{z}_{n,k}(t)] = -\int_{n,k\in\Omega}\int_{n,k\in Z} p_{\theta_k}[\bm{x}_{n,k}(t),\bm{z}_{n,k}(t)] \cdot$$
$$\lg p_{\theta_k}[\bm{x}_{n,k}(t)\mid\bm{z}_{n,k}(t)]\mathrm{d}\bm{x}_{n,k}\mathrm{d}\bm{z}_{n,k} \quad (7\text{-}47)$$

$I_{\theta_k}[\bm{z}_{n,k}(t);\bm{x}_{n,k}(t)]$ 是指系统状态分布与传感器结点观测值向量之间的互信息，可描述为

$$I_{\theta_k}[\bm{z}_{n,k}(t);\bm{x}_{n,k}(t)] = \int_{n,k\in\Omega}\int_{n,k\in Z} p_{\theta_k}[\bm{x}_{n,k}(t),\bm{z}_{n,k}(t)] \cdot$$
$$\lg\frac{p_{\theta_k}[\bm{x}_{n,k}(t),\bm{z}_{n,k}(t)]}{p_{\theta_k}[\bm{x}_{n,k}(t)]p_{\theta_k}[\bm{z}_{n,k}(t)]}\mathrm{d}\bm{x}_{n,k}\mathrm{d}\bm{z}_{n,k} \quad (7\text{-}48)$$

为了减小系统的后验概率分布的不确定性，进一步确定目标状态，在完成当前估计运算以后，需要调度新的传感器网络结点以获取更多的测量信息，上面所分析的条件信息熵 $H_{\theta_k}[\bm{x}_{n,k}(t)|\bm{z}_{n,k}(t)]$ 可以用于描述在当前观测信息的条件下系统后验概率不确定性程度。传感器网络中观测值的好坏通常与观测点的位置直接相关，因此在对下一个结点调度或下一个观测点位置进行选择时，应该保证所获取的信息能够进一步减少系统状态的不确定性。因此本节选择 $H_{\theta_k}[\bm{x}_{n,k}(t)|\bm{z}_{n,k}(t)]$ 为衡量系统状态不确定性的效用函数，用于实现结点的调度管理。

7.4.2 条件信息熵梯度传感器网络结点优化调度策略

在实际应用中，通常对式(7-47)针对参数 $\bm{\theta}_k$ 进行求导以获取条件信息熵对系统参数的梯度，完成结点的调度管理。首先将式(7-47)改写为

$$H_{\theta_k}[\bm{x}_{n,k}(t) \mid \bm{z}_{n,k}(t)] = -\int_{\bm{x}_{n,k} \in \bm{\Omega}} \int_{\bm{z}_{n,k} \in \bm{Z}} p_{\theta_k}[\bm{x}_{n,k}(t), \bm{z}_{n,k}(t)] \cdot$$
$$\lg \frac{p_{\theta_k}[\bm{x}_{n,k}(t), \bm{z}_{n,k}(t)]}{p_{\theta_k}[\bm{z}_{n,k}(t)]} \mathrm{d}\bm{x}_{n,k} \mathrm{d}\bm{z}_{n,k} \qquad (7\text{-}49)$$

定理 7.1 （条件信息熵梯度）：定义随机变量 $\bm{x}_{n,k}(t)$ 和 $\bm{z}_{n,k}(t)$ 的联合概率为 $p_{\theta_k}[\bm{x}_{n,k}(t), \bm{z}_{n,k}(t)]$，且在整个搜索环境中，$p_{\theta_k}[\bm{x}_{n,k}(t), \bm{z}_{n,k}(t)]$ 对 $\bm{\theta}_k$ 可微分。另外，需要说明的是，$\bm{x}_{n,k}(t)$ 和 $\bm{z}_{n,k}(t)$ 的联合域不依赖于 $\bm{\theta}_k$，则有

$$\frac{\partial H_{\theta_k}[\bm{x}_{n,k}(t) \mid \bm{z}_{n,k}(t)]}{\partial \bm{\theta}_k} = -\int_{\bm{x}_{n,k} \in \bm{\Omega}} \int_{\bm{z}_{n,k} \in \bm{Z}} \frac{\partial p_{\theta_k}[\bm{x}_{n,k}(t), \bm{z}_{n,k}(t)]}{\partial \bm{\theta}} \cdot$$
$$\lg \frac{p_{\theta_k}[\bm{x}_{n,k}(t), \bm{z}_{n,k}(t)]}{p_{\theta_k}[\bm{z}_{n,k}(t)]} \mathrm{d}\bm{x}_{n,k} \mathrm{d}\bm{z}_{n,k} \qquad (7\text{-}50)$$

证明：

令 $p_{\theta_k}[\bm{z}_{n,k}(t)] := \int_{\bm{x}_{n,k} \in \bm{\Omega}} p_{\theta_k}[\bm{x}_{n,k}(t), \bm{z}_{n,k}(t)] \mathrm{d}\bm{x}_{n,k}(t)$，$p_{\theta_k}[\bm{x}_{n,k}(t)] := \int_{\bm{z} \in \bm{Z}} p_{\theta_k}[\bm{x}_{n,k}(t), \bm{z}_{n,k}(t)] \mathrm{d}\bm{z}_{n,k}$，即此处 $p_{\theta_k}[\bm{x}_{n,k}(t), \bm{z}_{n,k}(t)]$，$p_{\theta_k}[\bm{z}_{n,k}(t)]$ 和 $p_{\theta_k}[\bm{x}_{n,k}(t)]$ 都与 $\bm{\theta}_k$ 相关，根据求导规则，可得

$$\frac{\partial H_{\theta_k}[\bm{x}_{n,k}(t) \mid \bm{z}_{n,k}(t)]}{\partial \bm{\theta}_k} = -\bigg(\int_{\bm{x} \in \bm{\Omega}} \int_{\bm{z} \in \bm{Z}} \frac{\partial p_{\theta_k}[\bm{x}_{n,k}(t), \bm{z}_{n,k}(t)]}{\partial \bm{\theta}} \cdot$$
$$\lg \frac{p_{\theta_k}[\bm{x}_{n,k}(t), \bm{z}_{n,k}(t)]}{p_{\theta_k}(\bm{z}_{n,k})} \mathrm{d}\bm{x} \mathrm{d}\bm{z} +$$
$$\int_{\bm{x} \in \bm{\Omega}} \int_{\bm{z} \in \bm{Z}} p_{\theta_k}[\bm{x}_{n,k}(t), \bm{z}_{n,k}(t)] \cdot$$
$$\frac{p_{\theta_k}[\bm{z}_{n,k}(t)]}{p_{\theta_k}[\bm{x}_{n,k}(t), \bm{z}_{n,k}(t)]} \cdot$$
$$\bigg\{\frac{\partial p_{\theta_k}[\bm{x}_{n,k}(t), \bm{z}_{n,k}(t)]}{\partial \bm{\theta}} \cdot$$
$$\frac{1}{p_{\theta_k}[\bm{z}_{n,k}(t)]} - \frac{\partial p_{\theta_k}[\bm{z}_{n,k}(t)]}{\partial \bm{\theta}} \cdot$$
$$\frac{p_{\theta_k}[\bm{x}_{n,k}(t), \bm{z}_{n,k}(t)]}{p_{\theta_k}[\bm{z}_{n,k}(t)]^2}\bigg\} \mathrm{d}\bm{x} \mathrm{d}\bm{z} \qquad (7\text{-}51)$$

其中，式(7-51)第二项化简可得

$$\int_{\pmb{x}_{n,k}\in\Omega}\int_{\pmb{z}_{n,k}\in Z}p_{\theta_k}[\pmb{x}_{n,k}(t),\pmb{z}_{n,k}]\cdot\frac{p_{\theta_k}[\pmb{z}_{n,k}(t)]}{p_{\theta_k}[\pmb{x}_{n,k},\pmb{z}_{n,k}(t)]}\cdot\Big\{\frac{\partial p_{\theta_k}[\pmb{x}_{n,k}(t),\pmb{z}_{n,k}(t)]}{\partial\pmb{\theta}}\cdot$$

$$\frac{1}{p_{\theta_k}[\pmb{z}_{n,k}(t)]}-\frac{\partial p_{\theta_k}[\pmb{z}_{n,k}(t)]}{\partial\pmb{\theta}}\cdot$$

$$\frac{p_{\theta_k}[\pmb{x}_{n,k}(t),\pmb{z}_{n,k}(t)]}{p_{\theta_k}[\pmb{z}_{n,k}(t)]^2}\Big\}\mathrm{d}\pmb{x}_{n,k}\mathrm{d}\pmb{z}_{n,k}$$

$$=\int_{\pmb{x}_{n,k}\in\Omega}\int_{\pmb{z}_{n,k}\in Z}\Big\{\frac{\partial p_{\theta_k}[\pmb{x}_{n,k}(t),\pmb{z}_{n,k}(t)]}{\partial\pmb{\theta}}-\frac{\partial p_{\theta_k}[\pmb{z}_{n,k}(t)]}{\partial\pmb{\theta}}\cdot$$

$$\frac{p_{\theta_k}[\pmb{x}_{n,k}(t),\pmb{z}_{n,k}(t)]}{p_{\theta_k}[\pmb{z}_{n,k}(t)]}\Big\}\mathrm{d}\pmb{x}_{n,k}\mathrm{d}\pmb{z}_{n,k}$$

$$=\int_{\pmb{x}_{n,k}\in\Omega}\int_{\pmb{z}_{n,k}\in Z}\frac{\partial p_{\theta_k}[\pmb{x}_{n,k}(t),\pmb{z}_{n,k}(t)]}{\partial\pmb{\theta}}\mathrm{d}\pmb{x}_{n,k}\mathrm{d}\pmb{z}_{n,k}-$$

$$\int_{\pmb{x}_{n,k}\in\Omega}\int_{\pmb{z}_{n,k}\in Z}\frac{\partial p_{\theta_k}[\pmb{z}_{n,k}(t)]}{\partial\pmb{\theta}}\cdot p_{\theta_k}[\pmb{x}_{n,k}(t)\mid\pmb{z}_{n,k}(t)]\mathrm{d}\pmb{x}_{n,k}\mathrm{d}\pmb{z}_{n,k}$$

$$=\frac{\partial}{\partial\pmb{\theta}}\int_{\pmb{x}_{n,k}\in\Omega}\int_{\pmb{z}_{n,k}\in Z}p_{\theta_k}[\pmb{x}_{n,k}(t),\pmb{z}_{n,k}(t)]\mathrm{d}\pmb{x}_{n,k}\mathrm{d}\pmb{z}_{n,k}-\frac{\partial}{\partial\pmb{\theta}}\int_{\pmb{z}_{n,k}\in Z}p_{\theta_k}[\pmb{z}_{n,k}(t)]\mathrm{d}\pmb{z}_{n,k}$$

$$=0 \tag{7-52}$$

式(7-50)得证。

在实际应用中,传感器结点的位置与系统状态的先验概率分布无关,故式(7-50)可化简为

$$\frac{\partial H_{\theta_k}[\pmb{x}_{n,k}(t)\mid\pmb{z}_{n,k}(t)]}{\partial\pmb{\theta}_k}$$

$$=-\int_{\pmb{x}_{n,k}\in\Omega}\int_{\pmb{z}_{n,k}\in Z}\frac{\partial p_{\theta_k}[\pmb{z}_{n,k}(t)\mid\pmb{x}_{n,k}(t)]}{\partial\pmb{\theta}}p_{\theta_k}[\pmb{x}_{n,k}(t)]\cdot$$

$$\lg p_{\theta_k}[\pmb{x}_{n,k}(t)\mid\pmb{z}_{n,k}(t)]\mathrm{d}\pmb{x}_{n,k}\mathrm{d}\pmb{z}_{n,k} \tag{7-53}$$

根据式(7-51),可以看出条件信息熵的计算,需要分别求解当前系统状态分布的概率分布估计值 $p_{\theta_k}[\pmb{x}_{n,k}(t)]$;当前系统状态分布条件下的测量向量的概率分布 $p_{\theta_k}[\pmb{z}_{n,k}(t)\mid\pmb{x}_{n,k}(t)]$,以及基于当前的观测向量所估计的系统状态的概率分布 $p_{\theta_k}[\pmb{x}_{n,k}(t)\mid\pmb{z}_{n,k}(t)]$,根据前面分析可知整个系统是符合马尔可夫过程的概率分布,即当 $t=0$, $p_{\theta_k}[\pmb{x}_{n,k}(0)]=\xi$(其中 ξ 是一个很小的正数) $t\geqslant 1$ 时,

$$p_{\theta_k}[\pmb{x}_{n,k}(t)]=p_{\theta_k}[\pmb{x}_{n,k}(t-1)\mid\pmb{z}_{n,k}(t-1)]$$

则式(7-51)可表示为

$$\frac{\partial H_{\theta_k}[\bm{x}_{n,k}(t) \mid \bm{z}_{n,k}(t)]}{\partial \bm{\theta}_k} = -\int_{\bm{x}_{n,k}\in\bm{\Omega}}\int_{\bm{z}_{n,k}\in\bm{Z}} \frac{\partial p_{\theta_k}[\bm{z}_{n,k}(t) \mid \hat{\bm{x}}_{n,k}(t-1)]}{\partial \bm{\theta}_k} \cdot$$
$$p_{\theta_k}[\hat{\bm{x}}_{n,k}(t-1)] \cdot$$
$$\lg p_{\theta_k}[\bm{x}_{n,k}(t) \mid \bm{z}_{n,k}(t)]\mathrm{d}\bm{x}_{n,k}\mathrm{d}\bm{z}_{n,k} \qquad (7\text{-}54)$$

其中，$\hat{\bm{x}}_{n,k}(t-1)$ 为 $t-1$ 时刻对系统状态的估计值，可通过式(7-29)进行求得：

$$p_{\theta_k}[\hat{\bm{x}}_{n,k}(t-1)] = p_x[\bm{x}_{n,k}(t-1) \mid \bm{z}_{n,k}(t-1)]$$

因此，要想求解式(7-53)所描述的条件信息熵也就转化为求解系统概率分布：

$$p_{\theta_k}[\bm{x}_{n,k}(t) \mid \bm{z}_{n,k}(t)]$$

在前面分析之初可知，$p_{\theta_k}[\bm{x}_{n,k}(t)\mid \bm{z}_{n,k}(t)]$ 为所设定的系统后验概率分布：

$$p_{\theta_k}[\bm{x}_{n,k}(t) \mid \bm{z}_{n,k}(t)] = p[\bm{x}_{n,k}(t) \mid \bm{z}_{n,k}(t), \bm{\theta}_k]$$

由前面的分析可知，在采用 GMF(Gauss Mixture Filtering，高斯混合滤波)算法进行系统状态估计和参数估计的过程中，可知由于系统的非线性非高斯特征，在实际气体泄漏源参数估计和追踪过程中，通常无法根据实际测量值向量来直接求解系统后验概率分布函数，而是采用粒子滤波的方法进行实现。针对第 t 周期中位置 r_n 传感器结点而言，后验概率密度为

$$U^*[\bm{x}_{n,k}(t)] \approx \hat{p}[\bm{x}_{n,k}(t) \mid \bm{z}_{n,k}(t), \bm{\theta}_k]$$

传感器网络中的结点在基于所提出的 GMF 算法实现系统的状态和参数估计后，需要完成条件信息熵的计算并求解其梯度，然后根据计算结果选择所要调度的结点或下一个运动的位置。一般情况下，条件信息熵的梯度方向是其变化最快的方向，因此此处基于条件信息熵的梯度来构建结点调度控制函数实现传感器网络中下一周期的结点调度或移动结点的路径规划，进一步实现系统状态和参数估计。

整个高斯混合滤波状态参数估计和传感器管理策略的泄漏源定位算法如图 7-1 所示。

具体描述如下。

(1) 初始化系统变量的条件下，获取环境观测信息。

(2) 根据调度结点所采集的环境信息，基于 GMF 高斯混合估计方法，采用两个步骤完成非线性系统状态向量参数估计。

(3) 判定估计量方差是否满足阈值要求，不满足则基于条件信息熵的最优控制理论完成传感器结点的调度管理，满足则结束。

图 7-1　GMF 高斯混合估计气体泄漏源状态参数估计算法的流程

7.5　算法性能分析及仿真结果

7.5.1　仿真参数设置及性能指标

本章的仿真环境是二维区域,仿真区域对应 $20\times20m^2$ 的室外环境。基于任务的要求,此处使用 CFD 软件对单个的气体源连续释放时的动态扩散情况进行模拟,气流的边界条件是通过在室外的对应区域的边界放置风速仪测得,其中位于坐标(10,10)的一个风速仪测得的风向和风速变化的幅度如图 7-2 所示。

图 7-2 位于坐标点(10,10)的风速仪测得的风速和风向数据

为了方便对移动结点的定位算法进行实验,CFD 模拟软件产生的数据使用固定命令周期输出到二进制格式文件。移动结点在使用测量值时,需要用到的信息包括移动结点所在位置的风信息和浓度信息。故而,CFD 模拟结果输出的内容包括:网格的位置信息(栅格中心位置的坐标),网格位置 x 轴方向的风速大小和 y 轴方向的风速大小,以及对应位置网格的浓度信息。在利用边界条件进行测量的过程中,风速仪的输出周期设置为 0.5s,则 CFD 软件的数据输出周期设置为 0.5s。为了方便算法的实现和分析,此处使用 MATLAB 软件连续读取上述的二进制文件,然后根据读得的数据进行计算和绘图,实现气体源定位的动态环境。另外需要说明的是,在此处仿真的过程中,没有考虑障碍物对移动结点本身运动的影响。移动结点在运动过程中,始终受到拓扑连接的约束,即,当移动结点不能测到浓度信息时,受拓扑连接的约束,移动结点须向靠近其邻近结点的位置运动,直到其测量到浓度值为止。

7.5.2 仿真结果分析

首先给出基于高斯混合模型的 GMF 算法的气体泄漏源位置估计,间接完

成泄漏源定位的单次过程描述,如图 7-3 所示。

(a) t=20 时结点的运动轨迹

(b) t=40 时结点的运动轨迹

(c) t=60 时结点的运动轨迹

图 7-3 GMF 高斯混合估计气体泄漏源定位轨迹描述

第7章 高斯混合模型非线性滤波的危化气体监测定位

搜寻运动轨迹

(d) $t=80$ 时结点的运动轨迹

图 7-3 （续）

图 7-3 分别给出了 t 为 20s、40s、60s、80s 时的定位结果展示，其中实线描述为移动传感器网络结点搜寻气味源的实际运动轨迹，环境中的泄漏气体扩散分布采用后验概率分布函数进行描述，如图 7-3 中的多个不同的高斯三维图形，实心方块为泄漏源的位置。从图中可以看出，所提 GMF 方法在初始阶段可以给定合理数量的高斯和函数从而有效地覆盖搜索区域，随着搜索的进行，逐渐缩小搜索区域，调整高斯和函数的权重，最终实现气体泄漏源的有效定位。

图 7-4 则针对所提高斯混合滤波算法，在 100 个时钟周期范围内，针对每个

图 7-4 高斯混合滤波与 EKF 和 PF 定位性能比较

时钟周期传感器结点所实现的定位误差,分别与 EKF 和 PF 算法进行了对比分析,从图 7-4 中可以看出,所提算法对比 EKF 和 PF 算法具有更好的估计性能和更低的定位误差,但随着时钟周期的增加,在超过 80 个时钟周期以后,其定位性能有发散趋势。

为了进一步比较 3 种不同算法的性能,通过选择不同的传感器观测噪声的标准方差,分别进行了比较分析。如图 7-5 所示,当传感器结点的观测噪声的标准方差从 1 变化到 7 时,其估计量的均方根误差(RMSE)会不断增大。但同种约束条件下,所提高斯混合滤波算法的估计性能要优于其他两种算法。与 EKF 和 PF 算法相比,GMF 算法的估计精度分别提高了 18.69% 和 10.78%。

图 7-5 不同观测噪声条件下高斯混合滤波与 EKF 和 PF 的估计性能比较

针对实时性气味源定位需求,给出时钟窗口数量选择动态调整方法,图 7-6 给出 3 种不同算法在参与运算的时钟窗口数量增加的条件下实现的泄漏源参数估计性能比较图,可以看出 3 种算法性能均有提高,但高斯混合滤波算法比 EKF 和 PF 算法具有更好的估计性能,从而也具有更好的实时定位效果。随着时钟窗口数量的增加,当参与运算时钟窗口数量为 4 时,EKF 和 PF 的估计性能基本相同,而高斯混合滤波算法所获取的估计精度与 EKF 和 PF 相比提高约 15.47%。

图 7-6 时钟数量变化时 3 种算法的性能比较

7.6 本章小结

本章提出了一种基于高斯混合模型的非线性滤波危化气体源监测定位方法,该方法根据观测数据使用分布式 EM 算法对危化气体泄漏分布的先验概率进行估计,使得粒子滤波中的重要性采样函数更符合实际的情况。该方法融合了传感器结点优化管理策略,平衡了算法估计性能和网络能耗之间的矛盾。通过实验分析可以看出该方法可有效实现气体扩散分布状态重构,对比传统 EKF 和 PF 方法,该方法在一定约束条件下可获得更高的状态参数估计性能。通过实时调整时钟窗口数量,该方法可在保证估计精度基础上进一步提高处理速度,以满足实时性环境需求。后续将对时钟窗口数量动态选择优化问题继续深入研究。

第 8 章

基于压缩感知的危化气体声源监测定位

第8章 基于压缩感知的危化气体声源监测定位

危化气体监测常会涉及压缩气体的泄漏监测问题,由于压缩气体的泄漏通常伴有声学特性,可借鉴声源监测定位方法予以解决。现行的理论方法主要集中在气体泄漏的检测方式上,对气体泄漏声波信号处理的算法研究较少。在压缩气体泄漏的声波信号处理中,当前多采用经典目标方位估计(DOA)方法予以实现,但是该方法存在分辨率低、抗噪性能差、不适用于低快拍泄漏源监测定位等问题。本章给出一种基于压缩感知的物联网危化气体声源监测定位方法,可根据泄漏气体伴有的声源特性,基于压缩感知理论构建气体泄漏声源 DOA 估计的数学模型,然后采用稀疏贝叶斯重构算法求解系统稀疏矩阵并实现泄漏声源参数估计,实现压缩气体泄漏声源定位研究。

8.1 引言

在前面章节中分析的气体泄漏源定位问题基本只考虑了气体浓度信息,但在日常工业生产和运输过程中,危化气体通常以压缩形式存储,一旦发生泄漏,都会伴有强烈的声音,因此,人们结合声源定位技术获取气体泄漏的方位[179]。传统声源定位方法主要有超声波检测法[180]和麦克风[①]阵列气体泄漏声源估计方法[181]等,前者主要利用气体泄漏时产生的超声波进行泄漏源位置检测与定位,后者主要基于声源波达方向(Direction of Arrival,DOA)估计方法实现。

声传感器网络(Acoustic Sensor Network,ASN)[182]是将传感器网络与麦克风阵列结合的一种新型声音信号获取与处理技术。其缺点是资源受限,结点的计算能力有限,无法满足传统声源波达方向(Direction of Arrival,DOA)估计的海量运算需求,如何在保证网络覆盖率的前提下,进一步降低结点冗余、减少均衡能量消耗、延长网络周期,是声传感器网络在危化气体泄漏监测应用中的技术热点和难点。

与传统 Nyquist 采样定理不同,压缩感知(Compressive Sensing,CS)理论是利用信号的稀疏性,通过远低于 Nyquist 采样率的方式对数据进行采集并精确重构,从而极大地减轻信号的采样速率,减少数据的存储量和运算量。环境中的气体泄漏声源通常具有一定的空间稀疏性,这使得压缩感知 DOA 估计理论在传感器网络的气体泄漏声音定位研究中具备可行性。国内外学者已对压缩感知技术应用于 DOA 估计问题进行了初步研究并取得了相应的成果。Malioutov 等[183]最早将稀疏性的思想应用于阵列信号 DOA 估计研究,Tao

---

① 麦克风的名词术语为传声器。

等[184]利用随机部署的平面麦克风阵列进行二维压缩气体泄漏的方位估计,通过稀疏表示方法能够准确得到泄漏声源的方位估计。赵小燕等[185]基于 CS 的声源定位算法,通过将麦克风接收的信号转换至频域,将声源可能存在的空间位置所对应的房间频域响应定为特征字典,再利用正交匹配追踪(OMP)算法重构出信号,从而获得更为稳健的声源位置估计。章宇栋等[186]在传统的 CS 算法的基础上,以阵列时延关系构造房间冲激响应 CS 矩阵,实现多声源的波达方向(Direction of arrival,DOA)稀疏恢复,该算法相对于传统 CS 算法具有更好的多声源定位性能。黄惠祥等[187]在对采用麦克风阵列基于压缩感知在多声源应用场景对声源方位估计进行研究。提出了一种分布式压缩感知理论,用以改善多声源稀疏恢复估计的性能。仿真和实验结果表明,相比于传统定位算法和压缩感知-正交匹配追踪算法,分布式压缩感知-同步正交匹配追踪算法在不同信噪比和不同声源强度的环境中,对多声源的方位估计都具有更好的定位性能和定位稳健性。李剑汶等[188]针对压缩感知麦克风阵列声源定位实际应用中声源方向向量往往呈现块稀疏度结构,在压缩感知声源定位算法中采用块稀疏似零范数稀疏恢复进行声源方向向量的重构,获取声源的方位。实验结果表明,相较于传统声源定位算法和基于 OMP 的压缩感知声源定位算法,所提算法具有更高定位精度。

本章主要将压缩感知理论应用于危化气体泄漏声源监测定位中,主要结合声源 DOA 估计定位技术,将压缩气体泄漏监测定位问题归结为一种气体泄漏声源的 DOA 估计定位予以实现。本章首先根据压缩气体泄漏的声源特性,基于压缩感知矩阵构建压缩气体泄漏声源 DOA 估计的数学模型;然后采用稀疏贝叶斯重构算法求解 DOA 估计结果;最后对所提方法进行了仿真分析。仿真结果表明,与传统 OMP 重构算法相比,该方法能够通过少量的采样数据,实现一个或多个压缩气体泄漏声源的准确 DOA 估计。

8.2 声传感器网络中麦克风阵列信号模型

声传感器网络中麦克风阵列信号模型的建立是传感器网络阵列信号处理的基础,通过分析麦克风阵列信号特点,建立阵列信号模型,分析统计特性。在此过程中,假设条件、数学模型及其统计特性构成了 DOA 估计技术的理论基础。

8.2.1 假设条件

在声源监测定位系统中,传播环境极其复杂,为了便于分析问题,将麦克风阵列信号的数学模型进行简化十分必要。针对该模型的建立,提出如下假设。

(1) 信号源产生的信号满足窄带条件,即满足

$$\frac{D\sin\theta}{\lambda f} << \frac{1}{B} \tag{8-1}$$

其中,D 为阵列孔径,θ 为信号入射角,λ 为载波波长,f 为载波频率,B 为信号带宽。

(2) 信号源为远场信号。
(3) 加性高斯白噪声为 $n(t)$,均值为 0,方差为 σ^2。
(4) 空间信号与噪声独立分布,且噪声之间互不相关。
(5) 传播介质是均匀的,各阵元无互耦效应。
(6) 入射信号数目小于阵元数。

8.2.2 通用信号模型

设阵元数为 M 的麦克风阵列接收 N 个声音入射信号,因为是窄带信号,所以第 i 个信号可用式(8-2)来表示:

$$\begin{cases} s_i(t) = u_i(t)e^{j(\omega_0 t + \varphi(t))} \\ s_i(t-\tau) = u_i(t-\tau)e^{j(\omega_0(t-\tau)+\varphi(t-\tau))} \end{cases} \tag{8-2}$$

其中,$u_i(t)$ 为 $s_i(t)$ 的幅值;ω_0 为 $s_i(t)$ 的中心频率,$\omega_0 = 2\pi f_0 = 2\pi c/\lambda$;$\varphi(t)$ 为 $s_i(t)$ 的相位。

同时对于远场信号,则式(8-3)成立:

$$\begin{cases} u_i(t-\tau) \approx u_i(t) \\ \varphi(t-\tau) \approx \varphi(t) \end{cases} \tag{8-3}$$

显然

$$s_i(t-\tau) \approx s_i(t)e^{-j\omega_0 \tau} \quad i=1,2,\cdots,N \tag{8-4}$$

那么第 k 个阵元信号可以表示为

$$x_k(t) = \sum_{i=1}^{N} g_{ki} s_i(t-\tau_{ki}) + n_k(t) \quad k=1,2,\cdots,M \tag{8-5}$$

其中,g_{ki} 为麦克风信号增益,τ_{ki} 为信号延时,$n_k(t)$ 为噪声。

M 个麦克风阵列信号组成的列向量为

$$\begin{bmatrix} x_1(t) \\ x_2(t) \\ \vdots \\ x_M(t) \end{bmatrix} = \begin{bmatrix} g_{11}e^{-j\omega_0\tau_{11}} & g_{12}e^{-j\omega_0\tau_{12}} & \cdots & g_{1N}e^{-j\omega_0\tau_{1N}} \\ g_{21}e^{-j\omega_0\tau_{21}} & g_{22}e^{-j\omega_0\tau_{22}} & \cdots & g_{2N}e^{-j\omega_0\tau_{2N}} \\ \vdots & \vdots & \ddots & \vdots \\ g_{M1}e^{-j\omega_0\tau_{M1}} & g_{M2}e^{-j\omega_0\tau_{M2}} & \cdots & g_{MN}e^{-j\omega_0\tau_{MN}} \end{bmatrix} \begin{bmatrix} s_1(t) \\ s_2(t) \\ \vdots \\ s_N(t) \end{bmatrix} + \begin{bmatrix} n_1(t) \\ n_2(t) \\ \vdots \\ n_M(t) \end{bmatrix}$$

$$\tag{8-6}$$

因为各个阵元是各向同性的，无互耦效应，所以可以认为增益 g_{ki} 均相等且归一化为 1，而接收信号向量可简化为

$$\begin{bmatrix} x_1(t) \\ x_2(t) \\ \vdots \\ x_M(t) \end{bmatrix} = \begin{bmatrix} e^{-jw_0\tau_{11}} & e^{-jw_0\tau_{12}} & \cdots & e^{-jw_0\tau_{1N}} \\ e^{-jw_0\tau_{21}} & e^{-jw_0\tau_{22}} & \cdots & e^{-jw_0\tau_{2N}} \\ \vdots & \vdots & \ddots & \vdots \\ e^{-jw_0\tau_{M1}} & e^{-jw_0\tau_{M2}} & \cdots & e^{-jw_0\tau_{MN}} \end{bmatrix} \begin{bmatrix} s_1(t) \\ s_2(t) \\ \vdots \\ s_N(t) \end{bmatrix} + \begin{bmatrix} n_1(t) \\ n_2(t) \\ \vdots \\ n_M(t) \end{bmatrix} \quad (8-7)$$

可用向量形式表示为

$$X(t) = A \cdot S(t) + N(t) \quad (8-8)$$

其中，$X(t)$ 是 $M \times 1$ 维的麦克风阵列数据，$S(t)$ 是 $N \times 1$ 维的空间信号，$N(t)$ 是 $M \times 1$ 维的噪声，A 是 $M \times N$ 维的麦克风阵列流型矩阵，该矩阵又称为导向向量矩阵[6]。

麦克风阵列流型矩阵

$$A = [a_1(\omega_0), a_2(\omega_0), \cdots, a_N(\omega_0)] \quad (8-9)$$

中的导向向量为

$$a_i(\omega_0) = \begin{bmatrix} e^{-jw_0\tau_{1i}} \\ e^{-jw_0\tau_{2i}} \\ \vdots \\ e^{-jw_0\tau_{Mi}} \end{bmatrix} \quad i = 1, 2, \cdots, N \quad (8-10)$$

显然，只要延时 τ 已知，就可以得到 A。

两阵元的空间位置分布如图 8-1 所示，其中一个为参考阵元，另一个位于 (x, y, z) 处。

两个阵元信号延迟为[3]

$$\tau = \frac{x\cos\theta\cos\varphi + y\sin\theta\cos\varphi + z\sin\varphi}{c} \quad (8-11)$$

其中，若上式 τ 已知，则可得到 A，式(8-8)为一般情况下的阵列信号模型。

8.2.3 均匀麦克风阵列信号模型

如图 8-2 所示，均匀麦克风阵列中，最左边的参考阵元处于坐标原点，第 k 个阵元的坐标为 x_k，$k = 1, 2, \cdots, M$，信号入射角为 θ_i，$i = 1, 2, \cdots, N$，相邻阵元间距为 d，则到达第 k 个阵元时信号 i 的延迟和相位差表达式为

$$\tau_{ki} = \frac{x_k \sin\theta_i}{c} = \frac{(k-1)d\sin\theta_i}{c} \quad (8-12)$$

图 8-1 空间阵元的几何关系

$$\varphi_{ki} = \omega\tau_{ki} = \omega\frac{(k-1)d\sin\theta_i}{c} = 2\pi\frac{(k-1)d\sin\theta_i}{\lambda f_0}f \qquad (8\text{-}13)$$

对于窄带信号，有 $f \approx f_0$，则

$$\varphi_{ki} = 2\pi\frac{(k-1)d\sin\theta_i}{\lambda} \qquad (8\text{-}14)$$

图 8-2 均匀直线阵列

由此可见，只要时延或相位差已知，就可以确定 θ_i，即完成 DOA 估计。

令麦克风阵列中第 i 个信号的导向向量

$$\boldsymbol{a}_k(\theta_i) = e^{-\mathrm{j}\varphi_{ki}} = e^{-\mathrm{j}2\pi\frac{(k-1)d\sin\theta_i}{\lambda}} \qquad (8\text{-}15)$$

即

$$\boldsymbol{a}(\theta_i) = \left[1 \quad e^{-\mathrm{j}2\pi\frac{d\sin\theta_i}{\lambda}} \quad \cdots \quad e^{-\mathrm{j}2\pi\frac{(M-1)d\sin\theta_i}{\lambda}}\right]^{\mathrm{T}} \qquad (8\text{-}16)$$

则麦克风阵列的流型矩阵为

$$A = [a(\theta_1), a(\theta_2), \cdots, a(\theta_N)]$$

$$= \begin{bmatrix} 1 & 1 & \cdots & 1 \\ e^{-j2\pi\frac{d\sin\theta_1}{\lambda}} & e^{-j2\pi\frac{d\sin\theta_2}{\lambda}} & \cdots & e^{-j2\pi\frac{d\sin\theta_N}{\lambda}} \\ \vdots & \vdots & \ddots & \vdots \\ e^{-j2\pi\frac{(M-1)d\sin\theta_1}{\lambda}} & e^{-j2\pi\frac{(M-1)d\sin\theta_2}{\lambda}} & \cdots & e^{-j2\pi\frac{(M-1)d\sin\theta_N}{\lambda}} \end{bmatrix} \quad (8\text{-}17)$$

则麦克风阵列的信号模型表示为

$$X(t) = AS(t) + N(t) \quad (8\text{-}18)$$

即

$$\begin{bmatrix} x_1(t) \\ x_2(t) \\ \vdots \\ x_M(t) \end{bmatrix} = [a(\theta_1), a(\theta_2), \cdots, a(\theta_N)] \begin{bmatrix} s_1(t) \\ s_2(t) \\ \vdots \\ s_N(t) \end{bmatrix} + \begin{bmatrix} n_1(t) \\ n_2(t) \\ \vdots \\ n_M(t) \end{bmatrix}$$

$$= \begin{bmatrix} 1 & 1 & \cdots & 1 \\ e^{-j2\pi\frac{d\sin\theta_1}{\lambda}} & e^{-j2\pi\frac{d\sin\theta_2}{\lambda}} & \cdots & e^{-j2\pi\frac{d\sin\theta_N}{\lambda}} \\ \vdots & \vdots & \ddots & \vdots \\ e^{-j2\pi\frac{(M-1)d\sin\theta_1}{\lambda}} & e^{-j2\pi\frac{(M-1)d\sin\theta_2}{\lambda}} & \cdots & e^{-j2\pi\frac{(M-1)d\sin\theta_N}{\lambda}} \end{bmatrix} \begin{bmatrix} s_1(t) \\ s_2(t) \\ \vdots \\ s_N(t) \end{bmatrix} + \begin{bmatrix} n_1(t) \\ n_2(t) \\ \vdots \\ n_M(t) \end{bmatrix}$$

$$(8\text{-}19)$$

8.2.4 阵列模型的统计特性

已知麦克风阵列信号模型为 $X(t) = AS(t) + N(t)$,根据假设(4)得 X 的协方差矩阵为

$$R_{XX} = E[XX^H] = AE[SS^H]A^H + E[NN^H] = AR_{SS}A^H + R_{NN} \quad (8\text{-}20)$$

式(8-20)中,R_{SS}、R_{NN} 分别为信号、噪声的协方差矩阵。假设中高斯白噪声 N 的方差为 σ^2,所以

$$R_{XX} = AR_{SS}A^H + \sigma^2 I \quad (8\text{-}21)$$

R_{XX} 特征值可分解为

$$R_{XX} = U\Sigma\Sigma^H \quad (8\text{-}22)$$

其中,矩阵 Σ 是 $[\lambda_1 \ \lambda_2 \ \cdots \ \lambda_M]$ 的对角阵,U 是特征向量矩阵。

同时,由线性代数基础理论,得

$$|R_{XX} - \lambda_i I| = 0 \quad (8\text{-}23)$$

将式(8-21)代入式(8-23),得

$$|\mathbf{R}_{XX} - \lambda_i \mathbf{I}| = |\mathbf{A}\mathbf{R}_{SS}\mathbf{A}^H + \sigma^2 \mathbf{I} - \lambda_i \mathbf{I}| = |\mathbf{A}\mathbf{R}_{SS}\mathbf{A}^H - (\lambda_i - \sigma^2)\mathbf{I}| = 0 \tag{8-24}$$

显然,矩阵 $\mathbf{A}\mathbf{R}_{SS}\mathbf{A}^H$ 的特征值是 $(\lambda_i - \sigma^2)$。

不相关信号中的 $\mathbf{A}$ 列为满秩,且 $\mathbf{R}_{SS}$ 非奇异,因为 $N < M$,矩阵 $\mathbf{A}\mathbf{R}_{SS}\mathbf{A}^H \geqslant 0$,则该矩阵半正定且秩为 N,那么 $\mathbf{A}\mathbf{R}_{SS}\mathbf{A}^H$ 的特征值 $(\lambda_i - \sigma^2)$ 中有 $(M-N)$ 个为 0,即 $\mathbf{R}_{XX}$ 的特征值中有 $(M-N)$ 个小特征值,且等于 σ^2,则 $\mathbf{R}_{XX}$ 的特征值排列为

$$\lambda_1 \geqslant \lambda_2 \geqslant \cdots \geqslant \lambda_N > \lambda_{N+1} = \cdots = \lambda_M = \sigma^2 \tag{8-25}$$

将对角阵 $\mathbf{\Sigma}$ 分解:

$$\mathbf{\Sigma} = \begin{pmatrix} \mathbf{\Sigma}_S & 0 \\ 0 & \mathbf{\Sigma}_N \end{pmatrix} \tag{8-26}$$

其中, $\mathbf{\Sigma}_S$、$\mathbf{\Sigma}_N$ 分别是由式(8-25)中的 $[\lambda_1 \ \lambda_2 \ \cdots \ \lambda_N]$ 和 $[\lambda_{N+1} \ \lambda_{N+2} \ \cdots \ \lambda_M]$ 组成的对角阵。

同理,$\mathbf{U}$ 也相应地分解为由 $[\lambda_1 \ \lambda_2 \ \cdots \ \lambda_N]$ 对应的信号子空间 $\mathbf{U}_S$ 和由 $[\lambda_{N+1} \ \lambda_{N+2} \ \cdots \ \lambda_M]$ 对应的噪声子空间 $\mathbf{U}_N$。

即 $\mathbf{R}_{XX}$ 可以分解为

$$\mathbf{R}_{XX} = \mathbf{U}\mathbf{\Sigma}\mathbf{U}^H = \mathbf{U}_S \mathbf{\Sigma}_S \mathbf{U}_S^H + \mathbf{U}_N \mathbf{\Sigma}_N \mathbf{U}_N^H \tag{8-27}$$

由上式可以看出,$\mathbf{U}_S$ 与 $\mathbf{U}_N$ 正交。

设 λ_i 对应的向量为 e_i,则

$$(\mathbf{R}_{XX} - \lambda_i \mathbf{I})e_i = 0 \tag{8-28}$$

将 $\mathbf{R}_{XX}$ 的 $(M-N)$ 个小特征值 $\lambda_i = \sigma^2 (i = N+1, N+2, \cdots, M)$ 代入式(8-28),可得

$$\mathbf{A}\mathbf{R}_{SS}\mathbf{A}^H e_i = 0 \tag{8-29}$$

因 $\mathbf{A}$ 列满秩而且 $\mathbf{R}_{SS}$ 非奇异,式(8-30)成立:

$$\mathbf{A}^H e_i = 0 \quad i = N+1, N+2, \cdots, M \tag{8-30}$$

综上所述,如下性质成立。

(1) $\mathbf{U}_S$ 与 $\mathbf{A}$ 张成的空间一致,即

$$\text{span}\{e_1 \ e_2 \ \cdots \ e_N\} = \text{span}\{a_1 \ a_2 \ \cdots \ a_N\} \tag{8-31}$$

(2) $\mathbf{U}_S$ 和 $\mathbf{U}_N$ 相互正交,即

$$\mathbf{a}^H(\theta)\mathbf{U}_N = 0 \tag{8-32}$$

实际上只能得到采样数据的协方差矩阵 $\hat{\mathbf{R}}_{XX}$,当采样数为 L 时,$\hat{\mathbf{R}}_{XX}$ 为

$$\hat{\mathbf{R}}_{XX} = \frac{1}{L} \sum_{i=1}^{L} \mathbf{X}\mathbf{X}^H \quad i = 1, 2, \cdots, L \tag{8-33}$$

同样，由 $\hat{R}_{xx}$ 可以得到 $\hat{\Sigma}$、$\hat{U}_S$ 和 $\hat{U}_N$。

8.3 压缩感知理论

压缩感知是利用信号的可压缩性或稀疏性，用远少于 Nyquist 理论所要求的采样数据就可以精确地重构出原始信号，该理论可以用图 8-3 表示，压缩感知的任务即利用观测数据 y 重建信号 x。

x → 稀疏变换 $x=\psi a$ → 测量矩阵线性测量 $y=\Theta a$ → y → 重构 → a → ψ → x

图 8-3 压缩感知的理论框架

对于 R^N 空间中的离散时间信号 $x = [x_1 \ x_2 \cdots x_N]^T$，若信号 x 在时空域内本身不是稀疏的，而在变换域 Ψ 下是 K-稀疏的，即可压缩的，那么 x 可以被表示为

$$x = \sum_{i=0}^{N} \Psi_i a_i = \Psi a \tag{8-34}$$

其中

$$\Psi = [\Psi_1 \ \Psi_2 \ \cdots \ \Psi_N] \tag{8-35}$$

$$a = [a_1 \ a_2 \ \cdots \ a_N]^T \tag{8-36}$$

矩阵 Ψ 是由 N 个 N 维的基向量 $\{\Psi_i\}_{i=0}^{N}$ 构成的 $N \times N$ 维的稀疏表示基矩阵，向量 a 中仅含有 $K(K \ll N)$ 个非零值，为信号 x 在变换域 Ψ 下的 K-稀疏表示系数。

给定一个投影测量矩阵 $\Phi \in R^{M \times N}(M \ll N)$，进行信号 x 的"感知"过程得到信号 x 的观测信号 y 为

$$y = \Phi x = \Phi \Psi a = \Theta a \tag{8-37}$$

其中，感知矩阵 $\Theta \in R^{M \times N}$ 为观测矩阵 Φ 和稀疏表示基矩阵 Ψ 构成的字典，它必须满足有限等距（Restricted Isometry Property，RIP）性质，即所选择的观测矩阵 Φ 和稀疏表示基矩阵 Ψ 保证是不相关的[189-190]。

CS 理论表明通过某种重构算法就可以从少量的观测数据 y 中重构信号 x。

1. 信号的稀疏表示

如果在标准正交基 Ψ 下

$$a = \Psi^T x \tag{8-38}$$

$a = [a_1 \ a_2 \cdots a_N]^T$ 中仅含有限个非 0 值，a 的 l_p 范数满足

$$\|a\|_p = \left(\sum_{i=1}^{N} |a_i|^p\right)^{1/p} \leqslant K \tag{8-39}$$

当 $K>0$ 且 $0 \leqslant p<2$ 同时成立时,则信号 x 在 Ψ 下是稀疏的,而且 $p=0$ 时信号 x 在变换域 Ψ 下是 K-稀疏的[191]。

作为压缩感知的前提,信号的稀疏表示中变换基矩阵 Ψ 的选择必须能够保证信号的稀疏程度,通常变换基可以选取快速傅里叶变换基、DCT 变换基、离散小波变换基等[192]。

目前信号的稀疏表示还可以在冗余字典下进行,该理论采用超完备的冗余函数来代替基函数,其核心是冗余字典的构造和稀疏分解算法的设计。最基本的稀疏分解算法有基追踪(Basis Pursuit,BP)算法和匹配追踪(Matching Pursuit,MP)算法,其中 BP 算法相比于 MP 算法精度高,因为它采取的是全局优化原则,但是计算复杂度相对较高[15]。

2. 观测矩阵的设计

由图 8-1 可知,信号稀疏表示后,需要设计一个和稀疏基矩阵 Ψ 不相关的 $M \times N$ 维观测矩阵 Φ,信号 x 的观测信号 y 为

$$y = \Phi x \tag{8-40}$$

即 x 与 Φ 的内积,也可以表示为

$$y_j = \langle x, \varphi_j \rangle \quad j = 1, 2, \cdots, M \tag{8-41}$$

其中,φ_j 为 $N \times 1$ 维列向量,则观测矩阵 Φ 是由 M 个 φ_j 的转置组成的。

因为 $M \ll N$,所以 $y = \Phi x$ 是一个欠定方程组,解 x 无法直接求得,但 CS 理论指出,如果 x 是可压缩的,且 $\Theta = \Phi\Psi$ 满足 RIP 性质时,通过求解最优化问题就可以实现重构。

观测矩阵的设计是 CS 理论的关键,常用的观测矩阵有高斯随机矩阵、二值随机矩阵、局部傅里叶矩阵等[193]。

3. 信号的重构

作为 CS 理论的核心,信号重构是从 M 个观测数据 y 中重构出长度为 N 的信号 x,它可以将欠定方程组 $y = \Theta a$ 转化为求解下述最小 l_0 范数问题:

$$\min \|a\|_0 \quad \text{s.t.} \quad \Theta a = y \tag{8-42}$$

式(8-42)的求解需要列出稀疏表示系数 a 中非零位置的所有组合,共 C_N^K 种,是一个 NP 困难问题(NP-hard Problem,非确定性多项式时的复杂性类困难问题)。但从数学意义上讲,信号重构和稀疏分解是相似的,所以信号重构可以采用稀疏分解算法,比如基于贪婪迭代的 MP 类算法,该贪婪算法信号重建

速度快，实现简单，但重构精度较低。

式(8-42)这一 NP 困难问题的另一种解决方法是将其转化成最小 l_1 范数问题：

$$\min \|a\|_1 \quad \text{s.t.} \quad \|\Theta a - y\|_2 \leqslant \sigma \qquad (8\text{-}43)$$

其中，σ 代表噪声的标准差。对于 l_1 范数问题可以采用凸优化方法求解，凸优化算法最具代表的是 BP 算法，该算法虽然重构精度较高，但是计算量非常大。

除了上述的贪婪算法和凸优化算法，信号重构还有迭代阈值法，计算量适中，但较敏感于迭代初值和阈值的选取，且不能保证求得的解是稀疏的。

8.4 基于压缩感知的气体声源 DOA 估计模型

在基于声传感器网络的压缩感知气体泄漏源定位应用中，假设目标监测区域二维空间中有 K 个位置连续且随机的气体泄漏声源，声传感器网络结点（每个结点配置麦克风阵列）通常随机分布在目标监测区域，以实现对目标监测区域的覆盖。为了体现气体泄漏源位置信息的稀疏性，通常将目标监测区域等角度或等方格均匀地划分为 N 份，每份空间角度或方格可对应一个潜在目标源，则多个气体泄漏声源目标的可能位置信息可用一个 N 维的稀疏向量表示

$$\theta = [\theta_1, \theta_2, \cdots, \theta_i, \cdots, \theta_N]^T \qquad (8\text{-}44)$$

其中，$\theta \in \Re^{N \times 1}$ 为泄漏声源目标位置向量，其元素 $\theta_i \in \{0,1\}$。当空间角度 θ_i 中确实存在目标时，θ_i 取非零值。由于 $K \times N$，满足压缩感知中的稀疏性条件，$\theta \in \Re^{N \times 1}$ 为稀疏度为 K 的向量。

8.4.1 麦克风阵列信号模型

声传感器网络中的每个结点均配置有麦克风阵列，在本文气体泄漏声源 DOA 估计中，假设其麦克风阵列为均匀线性阵列，阵元数量为 L，阵元间距为 d，如图 8-2 所示。针对整个监测区域范围所存在泄漏声源，其信号入射角为 $\theta = [\theta_1, \theta_2, \cdots, \theta_i, \cdots, \theta_N]^T$，则 N 个信号中将包含所有可能方向的信号源。对于单个声源传感器结点上的线性麦克风阵列，第 l 个麦克风接收到的信号模型可以描述为

$$y_l(t) = \delta_l(r_s, t) \otimes s(t) + w_l(t) \qquad (8\text{-}45)$$

其中，$\otimes$ 表示卷积运算，$s(t)$ 为声源信号，$w_l(t)$ 为第 l 个麦克风接收到的高斯白噪声，$\delta_l(r_s, t)$ 为声源位置 r_s 到第 l 个麦克风的冲激响应。

8.4.2 压缩感知观测模型

假定 $N \times 1$ 维向量 $\boldsymbol{A} = [A_1 \ A_2 \ \cdots \ A_N]^T$ 可以用基矩阵 $\boldsymbol{\psi} = [\boldsymbol{\psi}_1 \ \boldsymbol{\psi}_2 \ \cdots \ \boldsymbol{\psi}_N]^T$ 线性表示为

$$\boldsymbol{A} = \boldsymbol{\psi} \cdot \boldsymbol{B} = \sum_{i=1}^{N} b_i \cdot \boldsymbol{\psi}_i \tag{8-46}$$

其中，$\boldsymbol{B} = [b_1 \ b_2 \ \cdots \ b_N]^T$ 表示 $N \times 1$ 维的系数向量。

如果向量 $\boldsymbol{B} = [b_1 \ b_2 \ \cdots \ b_N]^T$ 中的非零个数 $\|B\|_0$ 满足 $\|B\|_0 = K \ll N$，则称信号 $\boldsymbol{A} = [A_1 \ A_2 \ \cdots \ A_N]^T$ 为基矩阵 $\boldsymbol{\psi} = [\boldsymbol{\psi}_1 \ \boldsymbol{\psi}_2 \ \cdots \ \boldsymbol{\psi}_N]^T$ 上的稀疏信号。其中 $\|B\|_0$ 为 l_0 范数，K 为稀疏度，$\boldsymbol{\psi}$ 为稀疏基。

在压缩感知理论中，若 $\boldsymbol{A} = [A_1 \ A_2 \ \cdots \ A_N]^T$ 在某已知基矩阵 $\boldsymbol{\psi}$ 上的系数是稀疏的，则稀疏的信号 $\boldsymbol{A}$ 可以线性投影到低维空间上，利用低维的压缩采样信号可高概率地无损重构出高维的原始信号。通常用一个 $L \times N$ 维观测矩阵 $\boldsymbol{\Phi}$ 对信号 $\boldsymbol{A}$ 进行线性变换，得到 $L \times 1$ 维的观测向量：

$$\boldsymbol{Y} = \boldsymbol{\Phi} \cdot \boldsymbol{A} = \boldsymbol{\Phi} \cdot \boldsymbol{\psi} \cdot \boldsymbol{B} = \boldsymbol{\Theta} \cdot \boldsymbol{B} \tag{8-47}$$

其中，$\boldsymbol{Y} = [Y_1 \ Y_2 \ \cdots \ Y_N]^T (L \ll N)$ 为观测向量，$\boldsymbol{\Theta} = \boldsymbol{\Phi} \cdot \boldsymbol{\psi}$ 为压缩感知矩阵。

在实际情况中，观测噪声往往无法避免，因此需对欠定方程(8-47)引入加性噪声项，则传感器阵列接收信号的数学模型可描述为

$$\boldsymbol{Y} = \boldsymbol{\Theta} \cdot \boldsymbol{B} + \boldsymbol{W} \tag{8-48}$$

其中，$\boldsymbol{W}$ 为有界噪声。

针对声源传感器网络结点，压缩感知观测矩阵 $\boldsymbol{\Theta}$ 为麦克风阵列流型矩阵 $\boldsymbol{\Theta} \in \mathfrak{R}^{L \times N}(L \ll N)$，可以定义为

$$\boldsymbol{\Theta} = [\boldsymbol{J}(\theta_1), \boldsymbol{J}(\theta_2), \cdots, \boldsymbol{J}(\theta_N)]
= \begin{bmatrix} 1 & 1 & \cdots & 1 \\ e^{j2\pi \frac{d\sin\theta_1}{\gamma}} & e^{-j2\pi \frac{d\sin\theta_2}{\gamma}} & \cdots & e^{-j2\pi \frac{d\sin\theta_N}{\gamma}} \\ \vdots & \vdots & \ddots & \vdots \\ e^{-j2\pi \frac{(L-1)d\sin\theta_1}{\gamma}} & e^{-j2\pi \frac{(L-1)d\sin\theta_2}{\gamma}} & \cdots & e^{-j2\pi \frac{(L-1)d\sin\theta_N}{\gamma}} \end{bmatrix} \tag{8-49}$$

式中，d 为阵元间距，γ 为光波长，L 为观测信号数。

通常接收信号 N 的数量要远远大于真实存在的目标信号个数，假设 $\boldsymbol{B}$ 中只有 K 个非零值，$\boldsymbol{B}$ 是 K-稀疏的，$\boldsymbol{\Theta}$ 是根据给定的空间稀疏化方式 $\boldsymbol{\theta} = [\theta_1 \ \theta_2 \ \cdots \ \theta_i \ \cdots \ \theta_N]^T$ 确定的，即 $\boldsymbol{\Theta}$ 不再依赖于 K 真实目标信号方向。基于压缩感知的 DOA 估计即由 $\boldsymbol{Y}$ 通过 $\boldsymbol{\Theta}$ 来重构信号 $\boldsymbol{B} = [b_1 \ b_2 \ \cdots \ b_i \ \cdots \ b_N]^T$，

其中 B 中 K 非零信号就是实际存在的目标信号,根据 θ_i 与 b_i 的一一对应关系即可得到目标信号的 DOA 估计。

8.4.3 稀疏重构约束条件判定

压缩感知理论从本质上讲,在给定观测矩阵 $\Theta \in \mathfrak{R}^{L \times N}(L \ll N)$ 和观测值 $Y \in \mathfrak{R}^L$ 的条件下,求解线性模型 $Y = \Theta \cdot B$ 的最稀疏的一个解,这是一个欠定问题。其中,$B \in \mathfrak{R}^N$ 是需要重构的未知稀疏信号,在 $A = [A_1 \ A_2 \ \cdots \ A_N]^T$ 为稀疏信号的前提条件下,式(8-48)可以通过 l_0 范数最小化方式求解,即

$$\hat{B} = \mathrm{argmin} \ \|B\|_0$$
$$\mathrm{s.t.} \quad \|Y - \Theta A\|_2 \leqslant \varepsilon \tag{8-50}$$

其中,ε 是与噪声相关的常量,$\|B\|_0$ 表示信号向量 B 中具有非零值元素的个数。这是一个非凸优化问题,若 $\|B\|_0 \leqslant K$ 则称为向量 B 为 K-稀疏信号,求解这样一个 l_0 范数问题是一个 NP 困难问题。一般可以转化为 l_1 凸优问题求解:

$$\hat{B} = \mathrm{argmin} \ \|B\|_1$$
$$\mathrm{s.t.} \quad \|Y - \Theta A\|_2 \leqslant \varepsilon \tag{8-51}$$

式(8-51)可以实现的前提条件是 Θ 满足限制等容性质(Restricted Isometry Property,RIP)。

一般情况下,当随机观测矩阵 Φ 满足 $L \geqslant \lambda K \log(N/K)$ 时(λ 是一个与恢复精度有关的常数),压缩感知观测矩阵 Θ 能够以较大概率满足 RIP 条件。

8.5 基于压缩感知的气体声源稀疏贝叶斯重构算法

假如声传感器网络结点的麦克风阵元接收到的信号 $y_L(t)$ 加窗后,经离散傅里叶变换得到频域信号 $Y(k)$,将其用向量描述为

$$Y(k) = H(r_s, k)B(k) + W(k) \tag{8-52}$$

其中,$B(k)$ 为声源信号的频域向量;$Y(k)$ 为麦克风接收信号的频域向量,$Y(k) = [Y_1(k) \ Y_2(k) \ \cdots \ Y_L(k)]^T$;$H(r_s, k)$ 为声源 r_s 处的频域响应向量,$H(r_s, k) = [H_1(r_s, k) \ H_2(r_s, k) \ \cdots \ H_L(r_s, k)]^T$;$W(k)$ 为噪声的频域向量,$W(k) = [W_1(k) \ W_2(k) \ \cdots \ W_L(k)]$。

声源可能存在的空间位置集为 $\{r_1, r_2, \cdots, r_i, \cdots, r_L\}$,则 r_i 对应的观测频域响应向量为 $H(r_i, k)$,假定空域离散位置的个数即稀疏度 I,当其远大于目标声源的个数时,则冗余的房间频域响应矩阵为

$$D(k) = [H(r_1,k)\ H(r_2,k)\ \cdots\ H(r_{\tilde{I}},k)]^T \quad (8\text{-}53)$$

将式(8-53)中冗余房间频域响应矩阵 $D(k)$ 称为字典,在此条件下,可将式(8-52)改写为

$$Y(k) = D(k)\overline{B}(k) + W(k) \quad (8\text{-}54)$$

其中,$\overline{B}(k) = [\overline{B}_1(k)\ \overline{B}_2(k)\ \cdots\ \overline{B}_{\tilde{I}}(k)]^T$ 表示字典 $D(k)$ 下扩展的频域声源信号向量。由于空域离散位置的个数 $\tilde{I}$ 远大于目标声源的个数 I,因此,$\overline{B}(k)$ 在空域下具有稀疏性,且 $\overline{B}(k)$ 中非零项与可能存在的声源位置 r_i 一一对应。基于 $\overline{B}(k)$ 在空域下的稀疏性,可将式(8-51)问题转化为一种松弛优化问题完成 $\overline{B}(k)$ 估计:

$$\hat{\overline{B}} = \underset{\overline{B}}{\operatorname{argmin}}\{\|Y - D\overline{B}\|_F^2 + \rho \|\overline{B}\|_1\} \quad (8\text{-}55)$$

其中,$\|\cdot\|_F^2$ 为 Frobenius 范数,ρ 为优化参数。

压缩感知理论的核心问题是信号的重构,目前已有的重构算法有正交匹配追踪 OMP 算法、基追踪(BP)算法等,在 OMP 重构算法中,首先根据信号压缩采样与压缩感知矩阵列向量的相关性,确定稀疏表示中非零系数的位置,再通过求解最小二乘问题,获得 $\overline{B}(k)$ 稀疏表示中的非零系数。本章给出一种稀疏贝叶斯重构(Sparse Bayesian Reconstruction,SBR)算法予以求解实现。

首先可将式(8-55)所描述的松弛优化问题转化为一种最大后验概率估计问题:

$$\hat{\overline{B}} = \underset{\overline{B}}{\operatorname{argmax}} p(Y|\overline{B}) p(\overline{B}) = \underset{\overline{B}}{\operatorname{argmax}} p(\overline{B}|Y) \quad (8\text{-}56)$$

为了求解该问题,将 Y 和 $\overline{B}$ 视为随机变量,并为其分配先验概率以实现 $\overline{B}_i(k)$ 的稀疏性。假设 $W_i(k)$ 为加性高斯白噪声,则似然函数为

$$p(Y_i|\overline{B}_i,\sigma) = (2\pi\sigma^2)^{-\frac{N}{2}} \cdot \exp\left(-\frac{1}{2\sigma^2}\|Y_i - D\overline{B}_i\|_2^2\right) \quad (8\text{-}57)$$

其中,σ^2 为噪声方差。

为了使 $\overline{B}_i$ 满足稀疏性,假设 $\overline{B}$ 的行向量 $\overline{B}_i$ 服从高斯分布

$$p(\overline{B}_i;\xi_n) = N(0,\xi_n I) \quad (8\text{-}58)$$

其中,Σ_n 为公共方差,通过选择 $(\xi_1,\xi_2,\cdots,\xi_N)$ 可以使 $\overline{B}(k) = [\overline{B}_1(k)\ \overline{B}_2(k)\ \cdots\ \overline{B}_{\tilde{I}}(k)]^T$ 满足联合稀疏性。基于式(8-58),$\overline{B}$ 的先验分布可以表示为

$$p(\overline{B};\xi) = \sum_{i=1}^{N} p(\overline{B}_i;\xi_i) \quad (8\text{-}59)$$

其中,$\xi = [\xi_1,\xi_2,\cdots,\xi_N]^T$ 为方差向量。

基于似然函数和上述先验分布，$\bar{B}_i$ 的后验概率分布可以描述为

$$p(\bar{B}_i|Y_i;\xi_i) = \frac{p(\bar{B}_i,Y_i;\xi_i)}{\int p(\bar{B}_i,Y_i;\xi_i)\mathrm{d}\bar{B}_i} = N(\mu_i,\Sigma) \qquad (8\text{-}60)$$

其中，Σ 为协方差向量，其计算公式为

$$\Sigma = \mathrm{Cov}[\bar{B}_i|Y_i;\xi_i] = \mathrm{diag}(\xi) - \mathrm{diag}(\xi)D^{\mathrm{T}}\Gamma^{-1}D\,\mathrm{diag}(\xi) \qquad (8\text{-}61)$$

其中，$\Gamma = \sigma^2 I + D\,\mathrm{diag}(\xi)D^{\mathrm{T}}$，假设 μ 为 $\bar{B}$ 均值向量，则

$$\mu = [\mu_1,\mu_2,\cdots,\mu_I] = E(\bar{B}|Y;\xi) = \mathrm{diag}(\xi)D^{\mathrm{T}}\Gamma^{-1}Y \qquad (8\text{-}62)$$

通过最大化 ξ 的边缘似然函数可以求解 ξ 的最优值，其代价函数为

$$\Pi(\xi) = -2\log\int p(Y,\bar{B};\xi)p(\bar{B};\xi)\mathrm{d}\bar{B} = -2\log p(Y;\xi)$$

$$= N\cdot\log|\Gamma| + \sum_{i=1}^{N}(Y_i)^{\mathrm{T}}\Gamma^{-1}Y_i \qquad (8\text{-}63)$$

根据迭代方法实现目标函数 $\Pi(\xi)$ 求优，其中 ξ_i 和 σ^2 迭代更新表达式为

$$(\xi_i)_* = \frac{1}{N}\|\Gamma_i\|_2^2 + \Sigma_i \qquad i=1,2,\cdots,N \qquad (8\text{-}64)$$

$$(\sigma^2)_* = \left(\frac{1}{N}\|Y_i - D\Gamma_i\|_2^2\right)/L - N + \sum_{i=1}^{N}(\Sigma_i/\xi_i) \qquad (8\text{-}65)$$

基于稀疏贝叶斯重构（SBR）算法的 DOA 估计过程如下。

步骤 1：已知 Y、D、B 的稀疏度，初始化残差 $\Delta_0 = Y$、索引集 $\Lambda_0 = \varnothing$、迭代次数 $i=0$。

步骤 2：寻找矩阵 D 中与残差最相关的列，即 $\Gamma_i = \mathrm{argmax}_{j=1,\cdots,N}|\langle a_j,\Delta^{n-1}\rangle|$。

步骤 3：更新索引集 $\Lambda_i = \Lambda_{i-1} \cup \{\Gamma_i\}$ 以及原子集合 $D_i = D_{i-1} \cup \{a_{\Gamma_i}\}$。

步骤 4：逼近信号 $\bar{B}_i = (D_i^{\mathrm{T}}D_i)^{-1}D_i^{\mathrm{T}}Y$。

步骤 5：更新残差 $\Delta_i = Y - D_i\bar{B}_i$。

步骤 6：判断迭代停止条件是否满足，不满足则转至步骤 2，若满足则停止迭代。

步骤 7：近似重构出信号 $\bar{B}(k) = [\bar{B}_1(k)\ \bar{B}_2(k)\ \cdots\ \bar{B}_I(k)]^{\mathrm{T}}$。

步骤 8：根据 θ_i 与 $\bar{B}_i$ 的一一对应关系即可得到 DOA 估计。

8.6 算法性能分析及仿真结果

8.6.1 仿真参数设置及性能指标

本文假设声传感器网络结点采用线性麦克风阵列完成气体泄漏声源信号

检测,阵元数目设置为 $L=8$,采用等角度划分时,划分角度为 1°,泄漏气体采用空气压缩机产生,并通过孔径为 1mm 的泄漏孔释放,传感器结点麦克风阵列声音采样频率为 200kHz。实验仿真均在 Dell 笔记本计算机(CPU 主频 3.6Gb/s,内存 8GB)用 MATLAB 7.3 仿真平台实现。

8.6.2 仿真结果分析

本节所有仿真首先对基于 OMP 算法和所提 SBR 算法在无噪声条件下进行了声源信号 DOA 估计仿真,假设采用等角度划分空间方法,划分角度为 1°,分别并给出了两种算法的仿真结果比较分析。

1. 基于 OMP 算法的 DOA 估计仿真实验

首先在假设信号以 $-50°$、$-30°$、$10°$、$20°$ 和 $40°$ 入射到麦克风阵列上,单次采样下进行基于 OMP 算法的 DOA 估计仿真实验,图 8-4 为重构结果,图 8-5 为 DOA 估计结果。

如图 8-4 所示,可以看出重构信号对比原信号差异较大,这是因为等角度划分空间网格时采用 OMP 算法观测矩阵通常不能很好地满足 RIP 性质,所以,此方式下的重构误差较大。如图 8-5 所示,根据重构信号与其入射角的一一对应关系所估计的 DOA 分别为 $-67.7°$、$-55.4°$、$-50°$、$-27.7°$ 和 $40°$,仅在 $40°$ 的方向上实现了准确的估计,显然结果偏差较大。所以,此实验说明在等角度方式下利用 OMP 算法不能完全准确地进行 DOA 估计。

图 8-4 基于 OMP 方法的信号重构

图 8-5 基于 OMP 方法的 DOA 估计结果

2. 基于 SBR 算法的 DOA 估计仿真实验

实验条件与 OMP 算法划分空间网格时相同,图 8-5 为 DOA 估计结果,图 8-6 为重构结果。由图 8-5 可知,重构信号与原信号基本重合,所以基于 SBR 重构效果优于基于 OMP 算法。实验结果充分说明了采用 SBR 方法所构造的压缩感知矩阵具有更显著的 RIP 性质,在 DOA 估计问题中更适合于稀疏信号

图 8-6 基于 SBR 方法的信号重构

的重构。由图8-7可知,由重构信号得到的DOA估计结果−50.1°、−30°、10.1°、20°和39.9°,明显接近于实际入射角。此实验说明,基于SBR方法能够实现较准确的DOA估计。

图8-7 基于SBR方法的DOA估计值

3. 有噪声条件下基于SBR算法的多个信号源的DOA估计

在实际测量中,传感器结点麦克风阵列不可避免地会受到周围环境噪声的影响,针对所提SBR算法在添加性噪声条件下进行了声源信号DOA估计仿真,假设3个信号源分别以−40°、40°和60°的入射角θ射到8阵元的麦克风阵列上,两子阵元数为7,SNR设为10dB,采样数100。仿真实验结果如图8-8和图8-9所示。由图8-8的谱峰对应的角度和图8-9的DOA估计值可以看出,SBR算法在添加噪声条件下对多声源信号均可以实现有效的DOA估计。

4. 不同信噪比时SBR算法的DOA估计效果

为了进一步检验定位算法的稳健性,我们在每个测量值中添加一个均值为0,方差为σ^2的随机高斯白噪声,并定义其信噪比为$\mathrm{SNR}=10\log(\|Y\|_2^2/L\sigma^2)$,通过改变信噪比的大小观察噪声对所提算法的影响。本文首先设信号分别以−20°、20°和25°的入射角θ从信号源射到8阵元的麦克风阵列上,采样数取100,在−20dB、0dB和20dB的SNR下的SBR仿真结果如图8-10所示。

5. SNR不同时基于OMP算法和SBR算法的DOA估计效果

设信号以40°入射到麦克风阵列上,单次采样下采用等正弦划分空间网格,

图 8-8 基于 SBR 算法的多个非相干信号源估计谱

图 8-9 基于 SBR 算法的 DOA 估计值

SNR 从 −10dB 依次间隔 5dB 增大到 30dB，采用 OMP 算法和 SBR 算法对信号进行重构并进行 DOA 估计，求出 100。此实验下 DOA 估计的 RMSE 如图 8-11 所示。可以看出对比基于 OMP 算法的 DOA 估计性能，随着信噪比的增加基

图 8-10 不同信噪比条件下基于 SBR 算法的估计谱

图 8-11 基于 SBR 的 DOA 估计中 RMSE 随 SNR 变化的曲线

于 SBR 的估计性能要好于 OMP 算法,但 SNR 增加到一定数值后,两者估计性能趋于相近。

8.7 本章小结

本章采用声传感器网络基于压缩感知理论实现了泄漏声源 DOA 估计定位研究,提出了一种稀疏贝叶斯重构算法,并分别在无噪声条件下、固定噪声条件下、变化噪声条件下对 OMP 方法和 SBR 方法所实现的基于压缩感知理论的 DOA 估计技术进行了比较分析。通过方法研究和仿真实验,可以看出基于 SBR 的 DOA 估计方法可以有效实现多泄漏声源的位置估计,可有效克服传统压缩感知 DOA 估计方法采样率高,计算量大,难以应用于声传感器网络中的缺陷,有效降低信号采样速率以及数据传输、存储、处理的成本,提高参数的估计性能具有十分重要的研究意义与实际应用价值。

第 9 章

基于压缩感知的变分贝叶斯多源危化气体监测定位

在日常泄漏源监测应用中，某一区域发生的泄漏事故可能只有一个泄漏源，也可能有多个泄漏源。多源泄漏会明显增加监测定位的难度，尤其是当多个泄漏源产生的浓度场高度重叠时，有效区分并定位这些泄漏源就十分考验算法的能力。本章针对复杂环境中多个气体泄漏扩散分布所呈现的非线性和多模式特征，提出一种基于压缩感知的变分贝叶斯传感器网络释放源定位算法，主要在高斯混合先验模型的基础上构建基于压缩感知的多源定位系统模型，采用变分贝叶斯期望最大化算法实现泄漏源位置参数和释放物质扩散分布状态的联合稀疏恢复，以实现多源危化气体监测定位。仿真验证分析结果表明所提算法可有效实现释放源的扩散分布状态和位置参数估计，能够满足复杂环境下多源、快速、准确的定位需求。

9.1 引言

随着无线通信技术的进步以及无线传感器网络（Wireless Sensor Network，WSN）和物联网的快速发展，如何快速精确定位监控区域内的多目标源已经成为信号处理领域中极具挑战和具有重要意义的问题。传感器网络多目标源定位研究可被应用于诸多场景，如传感器网络结点定位[194]、声音源定位[95]、水污染源定位[196]、气体释放源定位[197]等。在多目标源定位中，传感器网络中感兴趣的目标源通常具有一定的稀疏性，近年来兴起的压缩感知理论[198]为有效解决稀疏特性目标源的快速准确定位提供了一种全新的视角。基于压缩感知的多目标源定位方法可有效地解决传感器结点资源有限条件下的高精度实时定位需求，并获得比传统的定位方法更好的定位性能，已被广泛地应用到传感器网络中的多目标源定位研究中。

Cevher等[199-200]通过空间离散化，将定位问题转化为稀疏逼近问题，首次将压缩感知应用到多目标定位中，提出了一种压缩感知传感器网络多目标源定位理论框架，方法是基于少量的观测量信息，通过设计合适的感知矩阵将目标源位置向量进行稀疏恢复，完成目标源定位。该方法奠定了基于压缩感知的目标定位的基础，缺点是每个传感器都需要维持一个稀疏表示字典，定位开销较大。Feng等[201]将每个目标的位置进行建模转化为稀疏度为1的向量，从而将多目标定位问题转化为包含多个目标源的稀疏向量恢复问题，再采用基追踪（Basis Pursuit，BP）和基追踪降噪（Basis Pursuit Denoising，BPDN）等稀疏恢复算法进行实现，最后进行了仿真测试及性能比较。该方法存在的主要问题在于数据压缩不充分且需事先知道目标源的个数。Zhang等[202]采用贪婪匹配追

第9章 基于压缩感知的变分贝叶斯多源危化气体监测定位

踪(Greedy Matching Pursuit,GMP)算法替代传统压缩感知恢复算法,对多目标源定位进行了研究。该方法不需要事先知道目标的数目,能够同时实现多目标源数目与位置向量估计,从而提高了压缩感知算法稀疏恢复的准确性,对传感矩阵是否满足有限等距特性(Restricted Isometry Property,RIP)[203]进行了证明。He 等[204]对 GMP 算法进行了改进,通过使用贪婪匹配残差优化算法实现 K-稀疏信号重构,提高了定位精度。Wang 等[205]提出一种基于正交匹配追踪(Orthogonal Matching Pursuit,OMP)恢复目标位置向量的算法,该方法可在目标位置向量的稀疏度和目标数量未知的情况下实现多目标源定位。

上述基于压缩感知的多目标源定位方法通常需要将监测区域进行固定的网格划分,并假设目标源位置固定在监测区域的某个固定网格中,基于网格构建的压缩感知矩阵或字典通常是静态的,这样一来,便可将定位问题转化为基于静态字典稀疏恢复问题。然而,多目标源自身及所处环境通常是多变的,当存在目标运动偏离原网格时,所采用的静态字典与真实稀疏表示字典之间将存在字典失配问题,从而严重影响定位性能。此外,为了保证精确辨识每个目标的位置,一般需将网格进行精细划分,以确保每个网格中只有一个目标源,这样一来,会大大增加稀疏重构最优化模型的规模及重构算法的计算复杂度,从而存在加大定位误差的风险。为解决此问题,You 等[206]提出了一种基于稀疏贝叶斯学习的网格自适应多目标源定位算法。该方法可通过自适应调整网格大小,使定位误差低于采用固定网格划分定位误差的理论下界。Yan 等[207]提出了一种两阶段的目标定位算法:在粗定位阶段利用 l_1 最优化重构出目标的初始候选网格,在细定位阶段依次将每个初始候选网格分为 4 部分,随着子网格越来越小,目标的位置也越来越精确。Lin 等[208]通过融合两种网格下的恢复结果获得了分集增益,提高了定位精度。在实际传感器网络多目标源定位过程中,系统模型结构和参数通常是未知或者部分未知的,这也就需要在定位过程中同时实现系统状态和目标源未知参数的联合估计。

近年来,EM 和变分贝叶斯(Variational Bayes,VB)推理方法[209]成为解决复杂系统状态和参数迭代联合优化估计问题的主流方法。EM 方法主要通过建立迭代反馈实现状态估计与参数的联合优化,是变分贝叶斯推理的一种特殊实现形式,通常适用于目标参数维数不高的情况,而变分贝叶斯推理方法则适合处理高维复杂系统的状态和参数估计问题[210]。实际应用中,通常需要两种方法相结合予以解决。Yu 等[211]为应对多目标源定位过程中,环境变化导致的字典失配问题,基于变分期望最大化(Variational Expectation Maximization,VEM)算法分别实现字典适配和位置参数估计。Sun 等[212]则基于 VEM 算法实现了多目标源数量和位置联合估计,并应用于多目标源定位中。

综上所述,目前基于压缩感知多目标源定位的研究还存在诸多不足。

(1)求解基于压缩感知的多目标定位问题时,传统贪婪匹配追踪稀疏恢复方法计算简单但定位精度低,但通常需要信号的稀疏度作为先验条件,基于优化逼近的方法虽能进一步提高定位精度但计算相对复杂。

(2)基于静态字典的压缩感知定位方法通常不适用于环境信息多变的多目标源定位问题,此外,传统方法也无法有效解决密集网格划分带来的数据冗余和计算复杂度增加问题,难以提升实时定位性能。

(3)实际应用中传感器结点通常无法获知目标具体数量,也难以确定满足压缩感知重构条件所需的采样数据量。因此,如何在目标未知情况下确定最优采样率克服不充分采样或过度采样问题是多目标源定位过程中的挑战之一。

本章针对现有复杂环境下释放源定位所涉及的源位置和扩散分布状态联合估计问题,提出一种基于压缩感知的变分贝叶斯期望最大化地释放源位置和扩散分布状态联合稀疏重构算法。论文主要内容如下:首先,对释放源未知参数识别和定位问题进行阐述,给出了基于压缩感知的目标源定位系统模型;随后,在基于高斯混合模型近似描述系统状态先验概率分布基础上,采用变分贝叶斯期望最大化算法实现气体扩散分布状态和位置参数联合估计;同时,针对动态环境变化所导致的压缩感知字典适配问题,将真实稀疏表示字典建模为一个基于网格参数优化的动态字典,在稀疏重构的过程中通过参数估计不断地优化所采用的稀疏表示字典,从而有效地解决字典失配问题。最后,通过仿真分析验证了所提算法的有效性和稳健性。对比传统压缩感知方法,其具有更高的性能。

9.2 基于稀疏信号恢复的多源定位问题描述

假设在传感器网络监测区域内随机部署了 M 个位置已知的传感器结点和 K 个位置未知的目标源,则基于压缩感知的多目标定位系统将此区域离散为 N 个网格,并设每个目标只出现在某个网格的中心位置,在空间网格点数目足够多的前提下,可以用网格点近似估计目标的位置来确定 K 个目标位置并给出其扩散分布。根据压缩感知理论,由于 $K<M<<N$,目标源位置对比监测区域具有稀疏性,目标源定位问题可以转化为基于 M 维含噪感知的 N 维空间中的 K-稀疏源位置向量的稀疏重构问题。

即通过搜索最稀疏的解来估计源位置坐标。

参考第 8 章内容可知稀疏重构主要将非线性逆问题转为线性逆问题。然而,在求解过程中其最小化非凸的零范数是一个 NP 困难问题,仍然很难求解。求解该类问题可以用线性规划算法、贪婪算法以及稀疏贝叶斯学习等方法。在这些算法中,稀疏贝叶斯学习算法具有自动估计模型参数以及可估计信号恢复的不确定性的特点。在多目标源场景中,稀疏贝叶斯学习算法通过构建概率模型,再通过贝叶斯推断估计出稀疏向量,最后根据求解出的稀疏向量中估计出多个目标源点的位置。该算法能够较快地收敛并获得稀疏解,从而能较好地定位全部未知目标源位置。稀疏贝叶斯学习的概率模型通常设为高斯概率模型便于之后的参数估计,而已有研究文献表明变分算法能够促进更好的稀疏信号恢复性能。

利用稀疏贝叶斯学习框架求解基于气体泄漏物质浓度信号的多泄漏源定位问题时,通常涉及 3 个重要组成部分:贝叶斯模型、贝叶斯推断和估计定位。在经典的多源定位场景中,贝叶斯模型通常设为高斯混合概率模型,即观测模型和稀疏模型都建模为高斯概率模型;贝叶斯模型建模完成以后再通过贝叶斯推断估计稀疏向量和超参数;最后再根据稀疏向量和网格点之间的关系进行定位估计。

9.3 基于压缩感知的多气体源定位模型

压缩感知目标源定位模型可描述为

$$Y = \boldsymbol{\Phi\Psi}X + W = \boldsymbol{A}X + W \tag{9-1}$$

其中,$\boldsymbol{A} = \boldsymbol{\Phi\Psi}$ 称为感知矩阵,W 为感知噪声,近似为高斯噪声。相应参数描述如下。

1. 目标位置信息稀疏向量 $X \in \mathbb{R}^N$

$X = (x_1, x_2, \cdots, x_N)_{N \times 1}^T$ 为 K-稀疏的 $N \times 1$ 向量,若在第 i 格中存在有目标时 $x_i = 1$,否则 $x_i = 0$。由于监控区域共有 K 个目标,则 X 中仅有 K 个元素为 1,其余全部为 0。

2. 稀疏基矩阵 $\boldsymbol{\Psi} \in \mathbb{R}^{N \times N}$

定义 $\boldsymbol{\Psi} = [\boldsymbol{\psi}_1\ \boldsymbol{\psi}_2\ \cdots\ \boldsymbol{\psi}_N]$ 为一个 $N \times N$ 的稀疏矩阵,当位于 i 网格的传感器结点能够感知到第 j 网格中目标时,即 j 网格中目标源在第 i 网格结点感知半径内。矩阵 $\boldsymbol{\Psi}$ 的每一列 $\boldsymbol{\psi}_i$ 代表所有网格点对网格点 j 处目标的释放浓度感知向量。假设第 i 个结点在理想情况下感知到第 j 个网格中目标源释放出的物质浓度信息值符合如下模型[213]:

$$c_i(r_j, q_j, k_j) = \frac{q_j}{4\pi k_j |r_i - r_j|} \mathrm{erfc}\left(\frac{|r_i - r_j|}{2\sqrt{k_j(t-t_0)}}\right) \quad (9\text{-}2)$$

式中,$c_i(r_j, q_j, k_j)$ 为位置 r_i 已知的传感器结点监测到的气体物质浓度信息,q_j 为释放速率,k_j 为环境扩散系数或衰减因子,$d_{i,j} = |r_i - r_j|$ 为结点 r_i 与目标源点 r_j 之间的欧几里得距离,t_0 为释放开始时刻,t 为释放持续时间,$\mathrm{erfc}(x) = \frac{2}{\sqrt{\pi}} \int_x^\infty e^{-y^2} dy$ 为误差补偿函数。显而易见,$\psi_{i,j} = c_{i,j}$ 不同于传统压缩感知中的离散余弦变换基、快速傅里叶变换基、离散小波变换基等稀疏基矩阵。

3. 测量矩阵 $\boldsymbol{\Phi} \in \mathbb{R}^{M \times N}$

测量矩阵 $\boldsymbol{\Phi}$ 表示网格点中 $M(M \ll N)$ 个位置已知的传感器结点部署或结点调度激活方案。多目标定位问题中,稀疏基矩阵 $\boldsymbol{\Psi}$ 的前 M 列为传感器所在网格点,通常定义测量矩阵形式为

$$\boldsymbol{\Phi} = \boldsymbol{I}_{M \times N} = \begin{bmatrix} 1 & 0 & 0 & 0 & \cdots & 0 \\ 0 & 1 & 0 & 0 & \cdots & 0 \\ \vdots & \vdots & \vdots & \vdots & \ddots & \vdots \\ 0 & 0 & 0 & 1 & 0 & 0 \end{bmatrix}_{M \times N} \quad (9\text{-}3)$$

4. 感知矩阵 $\boldsymbol{A} \in \mathbb{R}^{M \times N}$

$\boldsymbol{A} = \boldsymbol{\Phi}\boldsymbol{\Psi}$ 为感知矩阵,通常定义为一个过完备字典,可描述为

$$\boldsymbol{A}(\boldsymbol{\Theta}) = \begin{bmatrix} a_{11}(\boldsymbol{\Theta}) & a_{12}(\boldsymbol{\Theta}) & \cdots & a_{1N}(\boldsymbol{\Theta}) \\ a_{21}(\boldsymbol{\Theta}) & a_{22}(\boldsymbol{\Theta}) & \cdots & a_{2N}(\boldsymbol{\Theta}) \\ \vdots & \vdots & \ddots & \vdots \\ a_{M1}(\boldsymbol{\Theta}) & a_{M2}(\boldsymbol{\Theta}) & \cdots & a_{MN}(\boldsymbol{\Theta}) \end{bmatrix}_{M \times N} \quad (9\text{-}4)$$

其中,定义 $\boldsymbol{\Theta} = (r_j, q_j, k_j)$ 为释放源扩散分布相关参数向量,则 $a_{i,j}(\boldsymbol{\Theta})$ 表示当前目标源位置为第 j 个网格时,第 i 个网格所能够监测到的释放物质浓度相关信息。

本章感知矩阵 $\boldsymbol{A}(\boldsymbol{\Theta})$ 根据环境中释放源扩散模型间接生成,因此 $\boldsymbol{A}(\boldsymbol{\Theta})$ 可间接用于描述释放物质扩散实时分布状态。同时网格的动态划分基于所估计的状态实现。

5. 测量结果向量 $\boldsymbol{Y} \in \mathbb{R}^M$

$\boldsymbol{Y} = [y_1 \ y_2 \ \cdots \ y_M]^T$ 中任意 y_i 所代表物理意义是每个周期内第 i 个传感器所感知的多个目标源信息叠加。无噪声压缩感知过程可以描述为 $\boldsymbol{Y} = \boldsymbol{A}\boldsymbol{X}$,即

$$\begin{bmatrix} y_1 \\ y_2 \\ \vdots \\ y_M \end{bmatrix} = \begin{bmatrix} a_{11}(\boldsymbol{\Theta}) & a_{12}(\boldsymbol{\Theta}) & \cdots & a_{1N}(\boldsymbol{\Theta}) \\ a_{21}(\boldsymbol{\Theta}) & a_{22}(\boldsymbol{\Theta}) & \cdots & a_{2N}(\boldsymbol{\Theta}) \\ \vdots & \vdots & \ddots & \vdots \\ a_{M1}(\boldsymbol{\Theta}) & a_{M2}(\boldsymbol{\Theta}) & \cdots & a_{MN}(\boldsymbol{\Theta}) \end{bmatrix} \begin{bmatrix} x_1 \\ x_2 \\ \vdots \\ x_N \end{bmatrix} \quad (9\text{-}5)$$

综上所述,传感器网络中目标源定位问题转换为基于 M 维感知信息向量重构 N 维稀疏目标源向量的压缩感知问题,其可运用 l_1 范数最优化算法求解。

在基于压缩感知的实际目标源定位过程中,首先需要把目标位置向量所对应的连续空间进行网格离散化,然后由这些网格点构成有限离散的过完备字典即感知矩阵 $A(\boldsymbol{\Theta})$ 来获得对目标位置网格点数量的近似估计。

另一方面,由于感知矩阵 $A(\boldsymbol{\Theta})$ 还包含有释放物质在空间中的状态分布相关参数 $\boldsymbol{\Theta}=(r_j,q_j,k_j)$ 信息,因此可通过对字典 $A(\boldsymbol{\Theta})$ 的参数优化来实现系统状态分布和未知参数估计。此外,空间网格划分越精细,则网格点和真实目标之间的误差就越小,但过密的网格也会造成稀疏基字典 $A(\boldsymbol{\Theta})$ 中元素间的强相关性,进而使得压缩感知的重构性能下降。从压缩感知的重构的角度来看,给定网格划分也就确定了 $A \in \mathbb{R}^{M \times N}$ 的构成,而 $A \in \mathbb{R}^{M \times N}$ 满足的 RIP 阶数可进一步确定在当前感知矩阵下能够重构的最大目标数 K。为了重构出稀疏位置向量 X,传感器个数通常需满足 $M \geqslant O(K\lg(N/K))$。

9.4 变分贝叶斯期望最大化联合估计算法

目标源定位过程通常需要完成源位置、释放率和扩散系数等相关参数估计,并给出释放物质扩散分布状态估计,可归结为一种未知模型不确定性系统状态估计和参数识别问题。本文在混合高斯先验模型基础上,提出一种变分贝叶斯期望最大化(Variational Bayesian EM, VB-EM)算法用于实现模型未知的释放源位置参数与系统状态联合估计。

9.4.1 混合高斯先验模型

根据压缩感知目标源定位模型可知,监测区域中的网格点数 N 远大于目标个数 K,目标位置向量具有 K 稀疏度。

假设式(9-1)感知模型中噪声 W 服从方差为 $\lambda=\sigma^2$ 的高斯分布:
$$p(W) = N(0, \lambda I) \quad (9\text{-}6)$$
则 Y 的似然函数为

$$p(\boldsymbol{Y}|\boldsymbol{X},\lambda) = \left(\frac{\lambda}{2\pi}\right)^{-\frac{M}{2}} \exp\left(-\frac{1}{2\lambda}\|\boldsymbol{Y}-\boldsymbol{AX}\|_2^2\right) \quad (9-7)$$

为了进一步诱导 $\boldsymbol{X} \in \mathbb{R}^N$ 的稀疏性，假设 $\boldsymbol{X}$ 为随机变量，服从多维混合高斯分布，其先验分布如下：

$$p(\boldsymbol{X}|\boldsymbol{\Lambda}) = \prod_{i=1}^{N} N(0,\gamma_i\boldsymbol{\Lambda}_i)$$

$$= \prod_{i=1}^{N} \frac{(\gamma_i)^{\frac{1}{2}}}{\sqrt{2\pi\det(\gamma_i\boldsymbol{\Lambda}_i)}} \exp\left(-\frac{\boldsymbol{X}^{\mathrm{T}}\mathrm{diag}(\gamma_i\boldsymbol{\Lambda}_i)\boldsymbol{X}}{2}\right) \quad (9-8)$$

其中，γ_i 是控制方差特性的非负参数，其表征稀疏目标源向量间的统计特性。$\boldsymbol{\Lambda} = (\gamma_i\boldsymbol{\Lambda}_i)_{N\times 1}^{\mathrm{T}}$ 为稀疏源 $\boldsymbol{X}$ 的协方差矩阵，其是一个正定矩阵且具有对称特性，主要用于表征稀疏源 $\boldsymbol{X}$ 的结构相关特性。$\det(\gamma_i\boldsymbol{\Lambda}_i)$ 为矩阵的行列式，在混合高斯先验模型中，$\boldsymbol{\Lambda}$ 可视为隐藏随机变量。

由贝叶斯定理可知 $\boldsymbol{X}$ 的条件概率：

$$p(\boldsymbol{X}|\boldsymbol{Y};\lambda,\gamma_i,\boldsymbol{\Lambda}_i) = \frac{p(\boldsymbol{Y}|\boldsymbol{X},\lambda)p(\boldsymbol{X}|\gamma_i,\boldsymbol{\Lambda}_i)}{p(\boldsymbol{Y}|\lambda,\gamma_i,\boldsymbol{\Lambda}_i)}$$

$$= \left(\frac{\lambda}{2\pi}\right)^{-\frac{M}{2}} (\det^{-\frac{1}{2}}(\boldsymbol{\Sigma}))\exp\left(-\frac{(\boldsymbol{X}-\boldsymbol{\mu})^{\mathrm{T}}(\boldsymbol{\Sigma})^{-1}(\boldsymbol{X}-\boldsymbol{\mu})}{2}\right)$$

$$(9-9)$$

其均值和协方差分别为

$$\boldsymbol{\mu} = (\lambda\boldsymbol{\Gamma}^{-1}+\boldsymbol{A}^{\mathrm{T}}\boldsymbol{A})^{-1}\boldsymbol{A}^{\mathrm{T}}\boldsymbol{Y} = \boldsymbol{\Gamma}\boldsymbol{A}^{\mathrm{T}}(\lambda\boldsymbol{I}+\boldsymbol{A}\boldsymbol{\Gamma}\boldsymbol{A}^{\mathrm{T}})^{-1}\boldsymbol{Y} \quad (9-10)$$

$$\boldsymbol{\Sigma} = \left(\boldsymbol{\Gamma}^{-1}+\frac{1}{\lambda}\boldsymbol{A}^{\mathrm{T}}\boldsymbol{A}\right)^{-1} = \boldsymbol{\Gamma}-\boldsymbol{\Gamma}\boldsymbol{A}^{\mathrm{T}}(\lambda\boldsymbol{I}+\boldsymbol{A}\boldsymbol{\Gamma}\boldsymbol{A}^{\mathrm{T}})^{-1}\boldsymbol{A}\boldsymbol{\Gamma} \quad (9-11)$$

其中，$\boldsymbol{\Gamma} = \mathrm{diag}(\gamma_1\boldsymbol{\Lambda}_1,\gamma_2\boldsymbol{\Lambda}_2,\cdots,\gamma_N\boldsymbol{\Lambda}_N)$。$\boldsymbol{X}$ 的稀疏性由 $\boldsymbol{\Gamma}$ 中的 γ_i 控制，在贝叶斯推理过程中，当 $\gamma_i = 0$ 时，相应的 $x_i = 0$，则将感知矩阵 $\boldsymbol{A}(\boldsymbol{\Theta})$ 中与 $\boldsymbol{X}$ 的 i 列系数相应的列删除。如果准确估计出参数 λ 和 $\boldsymbol{\Gamma}$，则能获得上述后验概率函数，从而获得对 $\boldsymbol{X}$ 的估计。

9.4.2 变分贝叶斯推理

假设 $\boldsymbol{\Lambda}$ 为系统的隐变量，$\boldsymbol{W}$ 为噪声参数向量，$\boldsymbol{Y}$ 为观测向量，变分贝叶斯推理主要有两个目的：一是逼近似然函数 $p(\boldsymbol{Y}|\boldsymbol{\Lambda},\boldsymbol{W})$ 以实现系统状态模型选择，二是逼近包含所有参数的后验概率分布 $p(\boldsymbol{\Lambda}|\boldsymbol{Y},\boldsymbol{W})$ 以实现未知变量的

预测。

假设未知变量的全贝叶斯模型中所有参数的先验分布已知,变分的目的是寻找后验概率分布一个变分分布使其与真实后验概率分布之间 KL 散度 (Kullback Leibler Divergence,KLD) 最小。变分贝叶斯原理如下:

$$\ln p(\boldsymbol{Y}|\boldsymbol{W}) = L(q(\boldsymbol{\Lambda},\boldsymbol{W})) + \mathrm{KL}(q(\boldsymbol{\Lambda}) \| p(\boldsymbol{\Lambda}|\boldsymbol{Y},\boldsymbol{W})) \quad (9\text{-}12)$$

其中,$L(q(\boldsymbol{\Lambda},\boldsymbol{W}))$ 表示变分置信下界,$\mathrm{KL}(q(\boldsymbol{\Lambda}) \| p(\boldsymbol{\Lambda}|\boldsymbol{Y},\boldsymbol{W}))$ 表示两个概率分布 $q(\boldsymbol{\Lambda})$ 和 $p(\boldsymbol{\Lambda}|\boldsymbol{Y},\boldsymbol{W})$ 差异的非对称量即 KL 散度,分别为

$$L(q(\boldsymbol{\Lambda},\boldsymbol{W})) = \ln\int q(\boldsymbol{\Lambda}) \frac{p(\boldsymbol{Y},\boldsymbol{\Lambda}|\boldsymbol{W})}{q(\boldsymbol{\Lambda})} \mathrm{d}\boldsymbol{\Lambda} \quad (9\text{-}13)$$

$$\mathrm{KL}(q \| p) = -\ln\int q(\boldsymbol{\Lambda}) \frac{p(\boldsymbol{\Lambda}|\boldsymbol{Y},\boldsymbol{W})}{q(\boldsymbol{\Lambda})} \mathrm{d}\boldsymbol{\Lambda} \quad (9\text{-}14)$$

通过最大化变分分布 $q(\boldsymbol{\Lambda},\boldsymbol{W})$ 置信下界 $L(q(\boldsymbol{\Lambda},\boldsymbol{W}))$,等价于最小化 KL 散度以获得后验概率分布的近似。即对任意的变分分布 $q(\boldsymbol{\Lambda},\boldsymbol{W})$,当 KL 散度为 0 时,下界 $L(q(\boldsymbol{\Lambda},\boldsymbol{W}))$ 取得最大值,此时的变分分布 $q(\boldsymbol{\Lambda},\boldsymbol{W})$ 等于真实后验分布 $p(\boldsymbol{\Lambda},\boldsymbol{W}|\boldsymbol{Y})$。

9.5 基于压缩感知的多危化气体源变分贝叶斯稀疏重构算法

本节释放源定位过程需要在已知含有噪声参数向量 $\boldsymbol{W}$ 的观测向量 $\boldsymbol{Y}$ 条件下,完成释放扩散分布状态和未知参数的隐变量 $\boldsymbol{\Lambda}$ 的联合估计,假设二者独立。下面给出基于变分期望最大化的联合估计方法。变分贝叶斯算法核心是使用变分分布 $q(\boldsymbol{\Lambda},\boldsymbol{W})$ 近似状态的真实后验分布 $p(\boldsymbol{\Lambda}|\boldsymbol{Y},\boldsymbol{W})$,即

$$p(\boldsymbol{\Lambda}|\boldsymbol{Y},\boldsymbol{W}) \approx q(\boldsymbol{\Lambda},\boldsymbol{W}) \quad (9\text{-}15)$$

变分贝叶斯推理通过对 $q(\boldsymbol{\Lambda},\boldsymbol{W})$ 的迭代更新来实现 $L(q(\boldsymbol{\Lambda},\boldsymbol{W}))$ 取得最大值,通过引入平均场假设,可以将 $q(\boldsymbol{\Lambda},\boldsymbol{W})$ 分解替换为

$$q(\boldsymbol{\Lambda},\boldsymbol{W}) = \sum_{i=1}^{N} q(\gamma_i,\boldsymbol{\Lambda}_i,\lambda_i) = \sum_{i=1}^{N} q(\gamma_i)q(\boldsymbol{\Lambda}_i) \cdot q(\lambda_i) \quad (9\text{-}16)$$

其中,关于每个因子 $q(\gamma_i,\boldsymbol{\Lambda}_i,\lambda_i)$ 进行最优化来完成整体的最优化。根据泛函理论[12],分别对每一个 $q(\gamma_i,\boldsymbol{\Lambda}_i,\lambda_i)$ 求偏导,可得到相应的通解表达式。

$$q(\boldsymbol{\gamma}_i, \boldsymbol{\Lambda}_i, \lambda_i) = \frac{\exp(E_{j \neq i}[\ln p(\boldsymbol{Y}_i | \boldsymbol{\gamma}_i, \boldsymbol{\Lambda}_i, \lambda_i)])}{\iiint \exp(E_{j \neq i}[\ln p(\boldsymbol{Y}_i | \boldsymbol{\gamma}_i, \boldsymbol{\Lambda}_i, \lambda_i)]) \mathrm{d}\boldsymbol{\gamma}_i, \boldsymbol{\Lambda}_i, \lambda_i} \quad (9\text{-}17)$$

其中,$E_{j \neq i}[\cdot]$表示期望,对式(9-17)两侧取对数可得

$$\ln q(\boldsymbol{\gamma}_i, \boldsymbol{\Lambda}_i, \lambda_i) = E_{j \neq i}[\ln p(\boldsymbol{Y}_i | \boldsymbol{\gamma}_i, \boldsymbol{\Lambda}_i, \lambda_i)] \quad (9\text{-}18)$$

变分贝叶斯期望最大化算法通常为两个阶段之间的循环更新。第一阶段内VB-E步骤,根据式(9-17)给定$\boldsymbol{\Lambda}_i$计算每个系统状态$\boldsymbol{\gamma}_i$和λ_i的期望$\ln q(\boldsymbol{\gamma}_i, \boldsymbol{\Lambda}_i, \lambda_i)$,近似估计后验概率分布。第二阶段为VB-M步骤,更新模型参数λ_i和$\boldsymbol{\gamma}_i$使期望取得最大值,最大化$\ln q(\boldsymbol{\gamma}_i, \boldsymbol{\Lambda}_i, \lambda_i)$并每次迭代检查变分下界是否达到阈值。

(1) VB-E步骤的操作如下。

首先更新$q(\boldsymbol{\gamma}_i, \boldsymbol{\Lambda}_i, \lambda_i)$,可以描述为

$$L[q(\boldsymbol{\gamma}_i, \boldsymbol{\Lambda}_i, \lambda_i)] = E_{j \neq i}[\ln p(\boldsymbol{\gamma}_i, \boldsymbol{\Lambda}_i, \lambda_i | \boldsymbol{Y}_i)] = E_{j \neq i}[\ln p(\boldsymbol{\gamma}_i, \boldsymbol{\Lambda}_i | \boldsymbol{Y}_i)]_{q(\lambda_i)}$$
$$\propto -\frac{1}{2}(\boldsymbol{\Gamma}_i - \boldsymbol{u}_i)^{\mathrm{T}} \boldsymbol{\Sigma}_i^{-1} (\boldsymbol{\Gamma}_i - \boldsymbol{u}_i) \quad (9\text{-}19)$$

因此$q(\boldsymbol{\gamma}_i, \boldsymbol{\Lambda}_i)$是均值为$\boldsymbol{u}_i$及方差为$\boldsymbol{\Sigma}_i$的高斯分布,其中均值$\boldsymbol{u}_i$及方差$\boldsymbol{\Sigma}_i$分别表示为

$$\boldsymbol{\Sigma}_i = \left(\frac{1}{\lambda_i} \boldsymbol{A}_i^{\mathrm{T}} \boldsymbol{A}_i + \boldsymbol{\Gamma}_i^{-1}\right)^{-1} = \boldsymbol{\Gamma}_i - \boldsymbol{\Gamma}_i \boldsymbol{A}_i^{\mathrm{T}} (\lambda_i + \boldsymbol{A}_i \boldsymbol{\Gamma}_i \boldsymbol{A}_i^{\mathrm{T}})^{-1} \boldsymbol{A}_i \boldsymbol{\Gamma}_i \quad (9\text{-}20)$$

$$\boldsymbol{u}_i = (\lambda_i \boldsymbol{\Gamma}_i^{-1} + \boldsymbol{A}_i^{\mathrm{T}} \boldsymbol{A}_i)^{-1} \boldsymbol{A}_i^{\mathrm{T}} \boldsymbol{Y}_i = \boldsymbol{\Gamma}_i \boldsymbol{A}_i^{\mathrm{T}} (\lambda_i + \boldsymbol{A}_i \boldsymbol{\Gamma}_i \boldsymbol{A}_i^{\mathrm{T}})^{-1} \boldsymbol{Y}_i \quad (9\text{-}21)$$

其次,更新$q(\lambda_i)$,近似估计为

$$L(q(\lambda_i)) = E_{j \neq i}[\ln p(\lambda_i | \boldsymbol{Y}_{n,i})]_{q(\boldsymbol{\gamma}_i, \boldsymbol{\Lambda}_i)} \propto \left\{-\frac{1}{2\lambda_i} \|\boldsymbol{Y}_i - \boldsymbol{\gamma}_i \boldsymbol{A}_i \boldsymbol{\Lambda}_i\|_2^2\right\}$$
$$(9\text{-}22)$$

式(9-22)可以通过以下计算得到。

首先,$\boldsymbol{W}_i$的后验概率密度函数由条件概率公式可以得到

$$p(\lambda_i | \boldsymbol{Y}_i, \boldsymbol{\gamma}_i, \boldsymbol{\Lambda}_i) = \frac{p(\boldsymbol{Y}_i, \boldsymbol{\gamma}_i, \boldsymbol{\Lambda}_i) p(\lambda_i)}{\int p(\boldsymbol{Y}_i, \boldsymbol{\gamma}_i, \boldsymbol{\Lambda}_i) p(\lambda_i) \mathrm{d}\lambda_i} \quad (9\text{-}23)$$

$$\int p(\boldsymbol{Y}_i, \boldsymbol{\gamma}_i, \boldsymbol{\Lambda}_i | \lambda_i) \mathrm{d}\lambda_i = \int \frac{1}{\sqrt{2\pi\lambda_i}} \exp\left(-\frac{\langle \boldsymbol{Y}_i - \boldsymbol{\gamma}_i \boldsymbol{A}_i \boldsymbol{\Lambda}_i \rangle^2}{2b}\right) \mathrm{d}\lambda_i \quad (9\text{-}24)$$

令$\boldsymbol{u}_{\lambda_i} = \boldsymbol{Y}_i - \boldsymbol{\gamma}_i \boldsymbol{A}_i \boldsymbol{\Lambda}_i$,则可以得到

$$\int p(\boldsymbol{Y}_i, \gamma_i, \boldsymbol{\Lambda}_i | \lambda_i) \mathrm{d}\lambda_i = \mathrm{cdf}(\boldsymbol{u}_{\lambda_i}) \tag{9-25}$$

其中，cdf(·)表示标准正态分布累积分布函数。

$$\mathrm{cdf}(\boldsymbol{u}_{\lambda_i}) = \int \frac{1}{\sqrt{2\pi}} \exp\left(-\frac{\boldsymbol{u}_{\lambda_i}^2}{2}\right) \mathrm{d}\boldsymbol{u}_{\lambda_i} \tag{9-26}$$

则

$$p(\lambda_i | \boldsymbol{Y}_i, \gamma_i, \boldsymbol{\Lambda}_i) = \frac{1}{\mathrm{cdf}(\boldsymbol{u}_{\lambda_i})} p(\boldsymbol{Y}_i, \gamma_i, \boldsymbol{\Lambda}_i | \lambda_i) \tag{9-27}$$

则

$$E(\lambda_i)_{q(\gamma_i, \boldsymbol{\Lambda}_i)} = \frac{1}{\mathrm{cdf}(\boldsymbol{u}_{\lambda_i})} \cdot \int \lambda_i \cdot p(\boldsymbol{Y}_i, \gamma_i, \boldsymbol{\Lambda}_i | \lambda_i) p(\lambda_i) \mathrm{d}\lambda_i \tag{9-28}$$

（2）VB-M 步骤的操作如下。

通过将 $q(\gamma_i \boldsymbol{\Lambda}_i, \lambda_i)_{\mathrm{old}}$ 代入 $L(q(\gamma_i \boldsymbol{\Lambda}_i, \lambda_i))$，可以完成系统观测向量 $\boldsymbol{A}_i(\boldsymbol{\Theta})$ 的优化配置问题，其可以通过下式进行实现：

$$\hat{\boldsymbol{A}}_i(\boldsymbol{\Theta}) = \mathrm{argmax} E_{j \neq i} [\ln p(A(\boldsymbol{\Theta})_i | \boldsymbol{Y}_i, \gamma_i, \boldsymbol{\Lambda}_i, \lambda_i)]_{q(\gamma_i, \boldsymbol{\Lambda}_i, \lambda)_{\mathrm{old}}}$$
$$= \mathrm{argmin} E_{j \neq i} [\boldsymbol{Y}_i - \gamma_i \boldsymbol{\Lambda}_i \boldsymbol{A}_i(\boldsymbol{\Theta})]_{q(\gamma_i, \boldsymbol{\Lambda}_i, \lambda)_{\mathrm{old}}} \tag{9-29}$$

其中，$\hat{\boldsymbol{A}}_i(\boldsymbol{\Theta})$ 是系统观测向量 $\boldsymbol{A}_i$ 的优化设置目标函数，其主要与系统的扩散分布相关参数 $\boldsymbol{\Theta}$，以及网格划分的数量 N 和 γ_i 有关。可通过对式(9-29)偏导数求解，获得系统状态分布的参数 $\boldsymbol{\Theta}$ 描述：

$$\hat{\boldsymbol{\Theta}} \propto -\frac{1}{2}\ln(|\boldsymbol{\Sigma}_0|) - \frac{1}{2}\boldsymbol{Y}_i^{\mathrm{T}} \boldsymbol{\Sigma}_0^{-1} \boldsymbol{Y}_i$$

$$\hat{\boldsymbol{\Theta}} \propto -\ln\left(\prod_{i=1}^{N} \gamma_i \det(\boldsymbol{\Lambda}_i)\right) - \frac{1}{2}\mathrm{tr}(\boldsymbol{\Sigma}_0^{-1}(\boldsymbol{\Sigma}_i + \boldsymbol{u}_i \boldsymbol{u}_i^{\mathrm{T}})) \tag{9-30}$$

本文采用释放源状态和参数联合优化估计方法可最终实现释放源的压缩感知定位，具体描述如下。

（1）初始化系统变量的条件下，获取环境感知信息。

（2）基于 VB-EM 算法，采用两个步骤完成释放源系统状态向量及未知参数估计。

（3）判定估计量方差是否满足阈值要求，不满足则修改字典参数以获取新的感知信息，满足则结束。

VB-EM 释放源状态参数联合估计定位算法流程如图 9-1 所示。

图 9-1 VB-EM 释放源状态参数联合估计定位算法的流程

9.6 算法性能分析及仿真结果

本文对所提 VB-EM 联合估计算法进行了仿真分析,硬件运行环境如下:操作系统为 Windows 8(64 位操作系统),内存为 8.00GB,处理器为 Intel(R) Core(TM) i7-4558U CPU @ 2.80GHz;软件运行环境如下:MATLAB 7.11.0.584 (R2010b)。

仿真过程中,假设目标监测区域为 $200 \times 200 m^2$ 的方形区域,网格数量 $N = 200 \times 200$,覆盖的结点数量 $M = 100$。每个测量值中添加一个均值为 0 和方差为 $\lambda = \sigma^2$ 的高斯白噪声,定义信噪比的计算方法为 $SNR = 10\lg(\|A(\Theta)X\|_2^2 / M\lambda)$。

9.6.1 仿真参数设置及性能指标

本文假设传感器网络中结点位置信息 r_i 已知,在整个仿真过程中各结点均可以完成信息实时采集,且采集的信息具有时空一致性。主要定义了两个性能指标:平均定位准确率和平均定位误差。假设所压缩感知稀疏恢复目标点$\hat{r}_j$与真实目标位置点r_j之间的欧几里得距离小于1个网格宽度时视为目标定位成功,成功定位的目标数与监测区域内总目标个数之间的比值称为平均定位准确率:

$$平均定位的概率 = \frac{定位的目标数}{总的目标个数} \times 100\% \qquad (9-31)$$

定义所有稀疏恢复点与真实目标点之间的欧几里得距离平均值为平均定位误差距离:

$$平均定位误差距离 = \frac{1}{\hat{K}} \sum_{k=1}^{k} |\hat{r}_j - r_j| \qquad (9-32)$$

其中,$\hat{K}$为第i次仿真中定位目标个数的估计值。

9.6.2 仿真结果分析

不同压缩感知稀疏重构算法性能比较如下。

本部分实验主要将本文所提 VB-EM 算法与采用 OMP、BP、GMP 多种稀疏恢复算法的压缩感知目标源定位方法进行性能对比,仿真结果如图 9-2~图 9-4 所示。

(a) 不同信噪比压缩感知算法重构概率

图 9-2 不同信噪比时压缩感知算法的性能

(b) 不同信噪比时压缩感知算法的定位误差

图 9-2 （续）

(a) 不同感知次数压缩感知算法精确重构概率

图 9-3 不同感知次数时压缩感知算法的性能

第9章 基于压缩感知的变分贝叶斯多源危化气体监测定位

(b) 不同感知次数时压缩感知算法的定位误差

图 9-3 （续）

(a) 不同压缩感知算法所获得的精确重构概率结果

图 9-4 不同稀疏度压缩感知算法精确重构概率

(b) 不同压缩感知时重构算法的平均定位误差

图 9-4 （续）

图 9-2 给出了不同信噪比条件下不同压缩感知算法性能之间的比较,其中目标数设定为 $K=4, M=50$。

图 9-2(a)描述的是在不同信噪比的条件下,不同压缩感知重构算法精确重构概率之间的关系。由图 9-2(a)可知,所有的重构算法的性能都会随着信噪比增加而提升。当信噪比超过 40dB 时,各种算法的性能均没有再提升的空间。信噪比为 15～25dB 时,不同算法的性能差距明显,本文所提 VB-EM 算法均优于其他压缩重构算法。

图 9-2(b)描述的是在不同信噪比条件下,信噪比的取值与不同压缩感知重构算法平均定位误差之间的关系。可以看出,所有算法的平均定位误差也均随着信噪比的增加而降低,更重要的是整个信噪比区间,本文所提 VB-EM 方法均优于传统压缩感知稀疏恢复算法,这是因为由于利用了信号统计特征,贝叶斯类算法在重构误差和重构概率方面的性能优于其他压缩感知算法。

图 9-3 描述的是传感器结点感知次数与不同压缩感知算法稀疏重构性能之间的关系。其中设定稀疏度保持 $K=4, SNB=20dB$,图 9-3(a)描述的是结点感知次数从 60 逐渐增加情况下,各种不同压缩感知稀疏重构算法的定位准确率比较。

从图 9-3(a)中可以看出,在感知次数小于 80 时,各类算法精确重构的概率基本为 0,在感知次数大于 80 增加至 135 的过程中,传统 OMP、BP、GMP 算法和本文所提 VB-EM 算法的精确重构概率都在以一定速度增大,其中增大最缓慢的是 OMP 算法,其次是 BP 和 GMP 算法,而 VB-EM 算法增大的速度最快。当测量次数达到 135 时,VB-EM 率先达到精确重构概率 100%,GMP 在测量次数为 145 时也能达到 100% 的精确重构概率,而 OMP 和 BP 在最高测量次数为 180 时,仍未能达到 100% 的精确重构概率。由此可见,VB-EM 算法可以更少地感知次数达到较高的重构概率,这也就意味着当要求所有算法同时达到某一精确重构概率时,VB-EM 算法所需的采样数量最少。

图 9-3(b)描述的是不同传感器结点采样次数条件下,不同压缩感知算法平均定位误差距离之间的关系。随着采样次数的增加所有压缩感知算法的平均定位误差均可逐渐降低,其中所提 VB-EM 方法在具有较快收敛速度的情况下,定位误差性能均优于传统压缩感知稀疏恢复算法。

图 9-4 描述的是在固定采样次数和信噪比条件下,目标个数(稀疏度)取值与不同压缩感知重构算法性能之间的关系。

图 9-4(a)给出了采样周期固定为 150 的情况下,稀疏度从 1 逐渐增大到 13 的过程中,经过 100 次反复实验后不同压缩感知算法所获得的精确重构概率结果比较。可以看出在稀疏度大小为 1 时,所有压缩感知算法的精确重构概率都等于 1。随着稀疏度的增大,OMP 的精确重构概率迅速下降,在稀疏度大约大于 5 以后,不能再精确地重构信号。其次是 BP 算法当稀疏度超过 7 以后,算法将无法精确重构原始信号。GMP 在稀疏度大于 9 以后无法精确重构原始信号。VB-EM 算法的精确重构仿真曲线在稀疏度大于 11 以后才出现无法精确重构原始信号的现象。可见,在稀疏度相同时,VB-EM 算法具有比另几种压缩感知类算法更高的精确重构概率,同时其更适用于环境参数相对高维的稀疏度比较大的情况下的信号精确重构。

图 9-4(b)描述的是目标个数(稀疏度)的取值与不同压缩感知重构算法平均定位误差之间的关系。随着稀疏度 K 值上升,感知矩阵 $A(\Theta)$ 的 RIP 特性也会发生变化,所有的算法定位误差均会扩大,重构性能随之变差。但综合仿真结果显示,本文所提的 VB-EM 算法具有更高的稳健性,其重构性能仍然优于其他算法。

9.7 本章小结

本章基于压缩感知理论实现了传感器网络中多个危化气体源定位研究,主要采用贝叶斯期望最大化方法完成多个泄漏源扩散分布状态及其未知参数的联合优化估计。通过仿真分析结果可以看出,本章所提算法可有效实现气体扩散状态后验概率分布的重构,从而完成泄漏源的扩散分布状态和位置参数估计,与传统压缩感知稀疏重构算法相比,可在一定约束条件下获取更高的定位性能,满足复杂环境下释放源快速准确定位的需求。

参 考 文 献

[1] AL-FUQAHA A,GUIZANI M,MOHAMMADI M,et al. Internet of things:A survey on enabling technologies,protocols,and applications[J]. IEEE communications surveys & tutorials,2015,17(4):2347-2376.

[2] LI S,DA XU L,ZHAO S. The Internet of things:a survey[J]. Information Systems Frontiers,2015,17(2):243-259.

[3] QI H R,IYENGAR S S,CHAKRABARTY K. Distributed sensor networks-a review of recent research[J]. Journal of Franklin Institute,2001,338(6):655-668.

[4] AKYILDIZ I F, SU W,SANKARASUBRAMANIAM Y,et al. A survey on sensor networks[J]. Computer Networks,2002,38(4):393-422.

[5] 任丰原,黄海宁,林闯. 无线传感器网络[J]. 软件学报,2003,14(7):1282-1291.

[6] YICK J,MUKHERJEE B,GHOSAL D. Wireless sensor network survey[J]. Computer Networks,2008,52(12):2292-2330.

[7] YANMAZ E,YAHYANEJAD S,RINNER B,et al. Drone networks:Communications, coordination,and sensing[J]. Ad Hoc Networks,2018,68:1-15.

[8] KHARI M. Wireless Sensor Networks:A Technical Survey[M]. Handbook of Research on Network Forensics and Analysis Techniques. IGI Global,2018:1-18.

[9] MAINWARING A,POLASTRE J,SZEWCZYK R,et al. Wireless sensor networks for habitat monitoring[C]. Proceedings of the 1st ACM International Workshop on Wireless Sensor Networks and Applications,2002,88-97.

[10] ERDELJ M,KRόL M,NATALIZIO E. Wireless sensor networks and multi-UAV systems for natural disaster management[J]. Computer Networks,2017,124:72-86.

[11] YAN S, MA H, LI P, et al. Development and application of a structural health monitoring system based on wireless smart aggregates[J]. Sensors,2017,17(7):1641.

[12] CHRAIM F,EROL Y B,PISTER K. Wireless gas leak detection and localization[J]. IEEE Transactions on Industrial Informatics,2016,12(2):768-779.

[13] MAO G Q,FIDAN B,BRIAN D O. Wireless sensor network localization techniques [J]. Computer Networks,2007,51(1):2529-2553.

[14] AMITANGSHU P. Localization algorithms in wireless sensor networks:current approaches and future challenges[J]. Network Protocols and Algorithms,2010,2(1):45-74.

[15] 李晞,王晓兵,陈会明. 危险化学品名录研究[J]. 中国安全生产科学技术,2011,07(7):138-145.

[16] 陈家强. 危险化学品泄漏事故及其处置[J]. 消防科学与技术, 2004, 23(5): 409-412.

[17] ZHANG H D, ZHENG X P. Characteristics of hazardous chemical accidents in China: A statistical investigation[J]. Journal of Loss Prevention in the Process Industries, 2012, 25(4): 686-693.

[18] OISPUU M, NICKEL U. Direct detection and position determination of multiple sources with intermittent emission[J]. Signal Processing, 2010, 90(5): 3056-3064.

[19] MITRA S, DUTTAGUPTA S P, TUCKLEY K, et al. Wireless sensor network based localization and threat estimation of hazardous landfill gas source[C]. Proceedings of the IEEE International Conference on Industrial Technology, 2012, 349-355.

[20] MITRA S, DUTTAGUPTA S P, TUCKLEY D K, et al. 3D ad-hoc sensor networks based localization and risk assessment of buried landfill gas source[J]. International Journal of Circuits, System and Signal Processing, 2012, 6(1): 75-86.

[21] 匡兴红, 邵惠鹤. 无线传感器网络在气体源预估定位中的应用[J]. 华东理工大学学报: 自然科学版, 2006, 32(7): 780-783.

[22] 匡兴红. 无线传感器网络中定位跟踪技术的研究[D]. 上海: 上海交通大学电子信息与电气工程学院, 2008.

[23] PAVLIN G, DE OUDE P, MIGNET F. Gas detection and source localization: a Bayesian approach[C]. Proceedings of the 14th International Conference on Information Fusion, 2011, 1-8.

[24] DOHLER M, LI Y, VUCETIC B. A, et al. Performance analysis of distributed space-time block encoded sensor networks[J]. IEEE Transactions on Vehicular Technology, 2006, 55(7): 1776-1789.

[25] ZHAO F, SHIN J. Information-driven dynamic sensor collaboration[J]. IEEE Signal Processing Magazine, 2002, 19(2): 61-72.

[26] CHU M, HAUSSECKER H, ZHAO F. Scalable information-driven sensor querying and routing for ad hoc heterogeneous sensor networks[J]. International Journal of High Performance Computing Applications, 2002, 16(3): 90-10.

[27] LI N, HUANG D D, LI O, et al. Research on the performance of MISO cooperative routing strategy based on channel characteristics[C]. Proceedings of the 6th International Conference on Wireless Communications Networking and Mobile Computing, 2010, 1-5.

[28] YOUNIS O, KRUNZ M, RAMASUBRAMANIAN S. Node clustring in wireless sensor networks: recent developments and deployment challenges[J]. IEEE Network. 2006, 20(3): 20-25.

[29] KUMARAWADU P, DECHENE D J, LUCCINI M, et al. Algorithms for node clustering in wireless sensor networks: a survey[C]. Proceeding of the 4th IEEE

Conference on Information and Automation for Sustainability, 2008, 295-300.

[30] ZHOU Z, ZHOU S L, CUI S G, et al. Energy-efficient cooperative communication in a clustered wireless sensor network[J]. IEEE Transactions on Vehicular Technology, 2008, 57(6): 3618-3628.

[31] NEHORAI A, PORAT B, PALDI E. Detection and localization of vapor-emitting sources[J]. IEEE Transactions on Signal Processing, 1995, 43(1): 234-253.

[32] PORAT B, NEHORAI A. Localizing vapor-emitting sources by moving sensors[J]. IEEE Transactions on Signal Processing, 1996, 44(4): 1018-1021.

[33] JEREMIC J, NEHORAI A. Landmine detection and localization using chemical sensor array processing[J]. IEEE Transactions on Signal Processing, 2000, 48(5): 386-395.

[34] CRANK J. The mathematics of diffusion[M]. UK: Oxford university press, 1979.

[35] MICHAELIS P, CHRISTOS G. Plume source position estimation using sensor networks[C]. Proceedings of the 13th Mediterranean Conference on Control and Automation, 2005, 731-735.

[36] MICHAELIS P, CHRISTOS G. Event detection using sensor networks[C]. Proceedings of the 45th IEEE Conference on Decision & Control, 2006, 6784-6789.

[37] VIJAYAKUMARAN S, LEVINBOOK Y, WONG T F. Maximum likelihood localization of a diffusive point source using binary observations[J]. IEEE Transactions on Signal Processing, 2007, 55(2): 665-676.

[38] MICHAELIS P, CHRISTOS G. Fault tolerant maximum likelihood event localization in sensor networks using binary data[J]. IEEE Signal Processing Letters, 2009, 16(5): 406-409.

[39] MATTHES J, GROLL L, KELLER H B. Source localization by spatially distributed electronic noses for advection and diffusion[J]. IEEE Transactions on Signal Processing, 2005, 53(5): 1711-1719.

[40] KEATS A, YEE E, LIEN F S. Bayesian inference for source determination with applications to a complex urban environment[J]. Atmospheric environment, 2007, 41(3): 465-479.

[41] PUDYKIEWICZ J A. Application of adjoint tracer transport equations for evaluating source parameters[J]. Atmospheric Environment, 1998, 32(9): 3039-3050.

[42] SOHN M D, REYNOLDS P, SINGH N. Rapidly locating and characterizing pollutant releases in buildings[J]. Journal of the Air and Waste Management Association, 2002, 52(12): 1422-1432.

[43] SOHN M D, SEXTRO R G, GADGIL A J, et al. Responding to sudden pollutant release in office buildings: Framework and analysis tools[J]. Indoor Air, 2003, 13(3): 267-276.

[44] ZHAO T,NEHORAI A. Localization of diffusive sources using distributed sequential Bayesian methods in wireless sensor networks[C]. Proceeding of the IEEE International Conference on Acoustics,Speech and Signal Processing,2006,985-988.

[45] ZHAO T, NEHORAI A. Distributed sequential Bayesian estimation of a diffusive source in wireless sensor networks[J]. IEEE Transactions on Signal Processing,2007, 55(4): 1511-1524.

[46] ORTNER M, NEHORAI A, JERÉMIC A. Biochemical transport modeling and Bayesian source estimation in realistic environments[J]. IEEE Transactions on Signal Processing,2007,55(6): 2520-2532.

[47] ORTNER M,NEHORAI A. A sequential detector for biochemical release in realistic environments[J]. IEEE Transactions on Signal Processing,2007,55(8): 4173-4182.

[48] CHOW T K, KOSOVIC B, CHAN S. Source inversion for contaminant plume dispersion in urban environments using building resolving simulations[J]. Journal of Applied Meteorology and Climatology,2005,47(6): 1553-1572.

[49] DELLE MONACHE L,LUNDQUIST J K,KOSOVIĆ B,et al. Bayesian inference and Markov chain Monte Carlo sampling to reconstruct a contaminant source on a continental scale[J]. Journal of Applied Meteorology and Climatology,2008,47(10): 2600-2613.

[50] HUTCHINSON M,OH H,CHEN W H. A review of source term estimation methods for atmospheric dispersion events using static or mobile sensors[J]. Information Fusion,2017,36: 130-148.

[51] KEATS A,LIEN F S,YEE E. Source determination in built-up environments through Bayesian inference with validation using the MUST array and joint urban 2003 tracer experiments[C]. Proceedings of the 14th Annual Conference of Computational Fluid Dynamics,2006,16-18.

[52] YEE E. A Bayesian approach for reconstruction of the characteristics of a localized pollutant source from a small number of concentration measurements obtained by spatially distributed Electronic Noses[C]. Proceedings of Russian-Canadian Workshop on Modeling of Atmospheric Dispersion of Weapon Agents,2006.

[53] YEE E,LIEN F S,KEATS W A,et al. Validation of Bayesian inference for emission source distribution reconstruction using the Joint Urban 2003 and European Tracer experiments[C]. Proceedings of the 4th International Symposium on Computational Wind Engineering,2006.

[54] SENOCAK I, HENGARTNER N W, SHORT M B, et al. Stochastic event reconstruction of atmospheric contaminant dispersion using Bayesian inference[J]. Atmospheric Environment,2008,42(33):7718-7727.

[55] GUNATILAKA A, RISTIC B, GAILIS R. On localization of a radiological point source [C]. Proceedings of the the Information, Decision and Control Conference, 2007, 236-241.

[56] MORELANDE M, RISTIC B, GUNATILAKA A. Detection and parameter estimation of multiple radioactive sources[C]. Proceedings of the 10th International Conference on Information Fusion, 2007, 1-7.

[57] GUNATILAKA A, RISTIC B, SKVORTSOV A. Parameter estimation of a continuous chemical plume source[C]. Proceedings of the 11th International Conference on Information Fusion, 2008, 1-8.

[58] JAWARD M H, BULL D, CANAGARAJAH N. Sequential Monte Carlo methods for contour tracking of contaminant clouds[J]. Journal of Signal Processing, 2010, 90(1): 249-260.

[59] ZHAO T, NEHORAI A. Information-driven distributed maximum likelihood estimation based on Gauss-Newton Method in Wireless Sensor Networks[J]. IEEE Transactions on Signal Processing, 2007, 55(9): 4669-4682.

[60] RISTIC B, MORELANDE M R, GUNATILAKA A. Information driven search for point sources of gamma radiation[J]. Signal Processing, 2010, 90(4): 1225-1239.

[61] KEATS A, YEE E, LIEN F S. Information driven receptor placement for contaminant source determination[J]. Environmental Modelling and Software, 2010, 25: 1000-1013.

[62] RISTIC B, GUNATILAKA A. Information driven localisation of a radiological point source[J]. Information Fusion, 2008, 9(2): 317-326.

[63] ZOUMBOULAKIS M, ROUSSOS G. Estimation of pollutant-emitting point-sources using resource-constrained sensor networks[J]. GeoSensor Networks, 2009, 5659: 21-30.

[64] LOPES C G, SAYED A H. Incremental adaptive strategies over distributed networks [J]. IEEE Transactions on Signal Processing, 2007, 55 (8): 4064-4077.

[65] SCHIZAS I D, RIBEIRO A, GIANNAKIS G B. Consensus in ad hoc WSNs with noisy links - Part I: Distributed estimation of deterministic signals[J]. IEEE Transactions on Signal Processing, 2008, 56(1): 350-364.

[66] RABBAT M G, NOWAK R D. Distributed optimization in sensor networks[C]. Proceedings of the 3rd international symposium on Information processing in sensor networks, 2004, 20-27.

[67] RABBAT M G, NOWAK R D. Decentralized source localization and tracking[C]. Proceedings of the IEEE Conference on Acoustics, Speech, and Signal Processing, 2004, 921-924.

[68] 吴正平, 关治洪, 吴先用. 基于一致性理论的多机器人系统队形控制[J]. 控制与决策, 2007, 22(11): 1241-1244.

[69] REN W. Formation keeping and attitude alignment for multiple spacecraft through local interactions[J]. Journal of Guidance, Control, and Dynamics, 2007, 30(2): 633-638.

[70] REN W. Trajectory tracking control for miniature fixed-wing unmanned air vehicles [J]. International Journal of Systems Science, 2007, 38(4): 361-368.

[71] SPANOS D P, OLFATI-SABER R, MURRAY R M. Dynamic consensus for mobile networks[C]. Proceedings of the 16th IFAC World Congress, 2005, 1-6.

[72] SPANOS D P, OLFATI-SABER R, MURRAY R M. Approximate distributed Kalman filtering in sensor networks with quantiable performance[C]. Proceedings of the 4th International Symposium on Information Processing in Sensor Networks, 2005, 133-139.

[73] OLFATI-SABER R. Distributed Kalman filter with embedded consensus filters[C]. Proceedings of the 44th IEEE Conference on Decision and Control and European Control Conference, 2005, 8179-8184.

[74] OLFATI-SABER R, FAX J, MURRAY R. Consensus and cooperation in networked Multi-Agent systems[C]. Proceeding of the IEEE, 2007, 95(1): 215-233.

[75] OLFATI-SABER R. Distributed Kalman filtering for sensor networks[C]. Proceedings of the 46th IEEE Conference on Decision and Control, 2007, 5492-5498.

[76] XIAO L, BOYD S. Fast linear iterations for distributed averaging[J]. Systems and Control Letters, 2004, 53(1): 65-78.

[77] KOKIOPOULOU E, FROSSARD P, GKOROU D. Optimal polynomial filtering for accelerating distributed consensus[C]. Proceedings of the IEEE International Sympious on Information Theory, 2008, 657-661.

[78] TALEBI M S, KEFAYATI M, KHALAJ B H, et al. Adaptive consensus averaging for information fusion over sensor networks[C]. Proceedings of the IEEE International Conference on Mobile Ad Hoc and Sensor Systems, 2006, 562-565.

[79] AYSAL T C, ORESHKIN B N, COATES M J. Accelerated distributed average consensus via localized node state prediction[J]. IEEE Transactions on Signal Processing, 2009, 57(4): 1563-1576.

[80] THOMSON L C, HIRST B, GIBSON G, et al. An improved algorithm for locating a gas source using inverse methods[J]. Atmospheric Environment, 2007, 41(6): 1128-1134.

[81] HAUPT S E, YOUNG G S, ALLEN C T. A genetic algorithm method to assimilate sensor data for a toxic contaminant release[M]. Journal of Computers, 2007, 2(6): 85-93.

[82] 张兆顺, 等. 湍流理论与模拟[M]. 北京: 清华大学出版社, 2005.

[83] KOWADLO G,RUSSELL R A. Robot odor localization: a taxonomy and survey[J]. International Journal of Robotics Research,2008,27(8): 869-894.

[84] 丁信伟,王淑兰. 可燃及毒性气体泄漏扩散研究综述[J]. 化学工业与工程,1999,4(2): 118-122.

[85] PESQUIL F. Atmospheric diffusion[M]. New York: Wiley,1974.

[86] BRITTER R E,MCQUAID J D. Workbook on the dispersion of dense gases[M]. Health and Safety Executive,1988.

[87] KULESZ J. Development of a common data highway for comprehensive incident management[J]. Technical Report,2003.

[88] USHIKU T,SATOH N,ISHIDA H,et al. Estimation of gas-source location using gas sensors and ultrasonic anemometer[C]. Proceedings of IEEE Sensors,2006,420-423.

[89] MATTHES J,GROLL L,KELLER H B. Source localization based on point-wise concentration measurements[J]. Sensors and Actuators A,2004,115: 32-37.

[90] ISHIDA H,KAGAWA Y,NAKAMOTO T,et al. Odor-source localization in the clean room by an autonomous mobile sensing system[J]. Sensors and Actuators B: Chemical,1996,33(1): 115-121.

[91] KUMAR S,ZHAO F,HEPHERD D. Collaborative signal and information processing in microsensor networks[J]. IEEE Signal Processing Magazine,2002,19(2): 13-14.

[92] QI H,XU Y,WANG X. Mobile-agent-based collaborative signal and information processing in sensor networks[J]. Proceedings of the IEEE,2003,91(8): 1172-1183.

[93] KAY S M. Fundamentals of statistical signal processing: estimation theory[M]. New York: Prentice-Hall,1993.

[94] OCHIAI H,MITRAN P,POOR H V,et al. Collaborative beamforming for distributed wireless ad hoc sensor networks[J]. IEEE Transactions on Signal Processing,2005,53(11): 4110-4124.

[95] CHENG Z,PERILLO M,HEINZELMAN W B. General network lifetime and cost models for evaluating sensor network deployment strategies[J]. IEEE Transactions on mobile computing,2008,7(4): 484-497.

[96] ZHAO F,LIU J,LIU J,et al. Collaborative signal and information processing: an information-directed approach[J]. Proceedings of the IEEE,2003,91(8): 1199-1209.

[97] TOH Y,XIAO W,XIE L. A wireless sensor network target tracking system with distributed competition based sensor scheduling[C]. Proceedings of the 3rd International Conference on Intelligent Sensors, Sensor Networks and Information, 2007: 257-262.

[98] TOH Y,XIAO W,XIE L. Wireless sensor network for distributed target tracking: practices via real test-bed development[J]. Journal of Shandong University

(Engineering science),2009,2：50-56.

[99] 杨小军,邢科义,施坤林.传感器网络下机动目标动态协同跟踪算法[J].自动化学报,2007,33(10)：1029-1035.

[100] LIN J,XIAO W,LEWIS F,XIE L. Energy-effcient distributed adaptive multisensor scheduling for target tracking in WSN[J]. IEEE Transactions on Instrument and measurement,2009,58(6)：1886-1896.

[101] CUI S,GOLDSMITH A J,BAHAI A. Energy-efficiency of MIMO and cooperative MIMO techniques in sensor networks[J]. IEEE Journal on selected areas of communications,2004,22(6)：1089-1098.

[102] BROOKS R R,GRIFFIN C,FRIEDLANDER D S. Self-organized distributed sensor network entity tracking[J]. International Journal of High Performance Computing Applications,2002,16(3)：207-220.

[103] BROOKS R R,RAMANATHAN P,SAYEED A M. Distributed target classification and tracking in sensor network[J]. Proceedings of the IEEE,2003,91(8)：1163-1171.

[104] BABU S U,KUMAR C S,KUMAR R V R. Sensor networks for tracking a moving object using Kalman filtering[C]. IEEE International Conference on Industrial Technology,2006：1077-1082.

[105] ROUMELIOTIS S I,BEKEY G A. An extended Kalman filter for frequent local and infrequent global sensor data fusion[J]. Sensor Fusion and Decentralized Control in Autonomous Robotic Systems,1997：11-22.

[106] HLINKA O, HLAWATSCH F. Time-space-sequential algorithms for distributed Bayesian state estimation in serial sensor networks[C]. Proceedings of the IEEE Conference on Acoustics,Speech and Signal Processing,2009：2057-2060.

[107] HLINKA O,DJURIC P M,HLAWATSCH F. Time-space-sequential distributed particle filtering with low-rate communications[C]. Proceedings of the 43th Asilomar Conference on Signals,Systems and Computers,Pacific Grove,2009：196-200.

[108] 王雪,王晟,马俊杰.分布式无线传感器网络的协作目标跟踪策略[J].电子学报,2007,35(5)：942-945.

[109] ROSSI L,KRISHNAMACHARI B,KUO C-C J. Distributed parameter estimation for monitoring diffusion phenomena using physical models[C]. Proceedings of the 1st Annual IEEE Communications Society Conference on Sensor and Ad Hoc Communications and Networks,2004,460-469.

[110] KAY S.统计信号处理基础：估计与检测理论[M].北京：电子工业出版社,2011.

[111] COVER T M,THOMAS J A. Elements of information theory[M]. New York：John Willey and Sons,2006.

[112] GUO D,SHAMAI S,VERDÚ S. Mutual information and minimum mean-square error in Gaussian channels[J]. IEEE Transactions on Information Theory,2005,51(4):1261-1282.

[113] KAPLAN L. Global node selection for localization in a distributed sensor network[J]. IEEE Transactions on Aerospace and Electronic Systems,2006,42(1):113-135.

[114] ZHOU P X,PEI B. A semi-centralized approach for optimized virtual MIMO wireless sensor networks[C]. Proceedings of the Communications and Networking Second International Conference,2007:877-881.

[115] JAYAWEERA S K. A virtual MIMO-based cooperative communications architecture for energy-constrained wireless sensor networks[J]. IEEE Transactions on Wireless Communication. 2006,15(5):984-989.

[116] DOUCET A,Godsill S,Andrieu C. On sequential Monte Carlo methods for Bayesian filtering[J]. Statistics and Computing,2000,10:197-208.

[117] LIU J S,CHEN R. Sequential Monte Carlo methods for dynamic system[J]. Journal of the American Statistical Association,1998,93(443):1032-1044.

[118] BERNSTEIN D S. Matrix mathematics:theory,facts and formulas with application to linear systems theory[D]. Princeton University Press,2005.

[119] BOYD S, VANDERBERGHE L. Convex optimization [M]. UK:Cambridge University Press,2003.

[120] LUSHI E,STOCKIE J M. An inverse Gaussian plume approach for estimating atmospheric pollutant emissions from multiple point sources[J]. Atmospheric Environment,2010,44(8):1097-1107.

[121] HASE N,MILLER SM,MAAßP,et al. Atmospheric inverse modeling via sparse reconstruction[J]. Geoscientific Model Development,2017,10:3695-3713.

[122] ITO K,XIONG K. Gaussian filters for nonlinear filtering problems[J]. IEEE Transactions on Automation Control,2000,45(5):910-927.

[123] LEI M,VAN WYK B J,QI Y. Online estimation of the approximate posterior Cramer-Rao lower bound for discrete time nonlinear filtering[J]. IEEE Transactions on Aerospace and Electronic systems,2011,47(1):37-57.

[124] 黄玉龙,张勇刚,李宁,等. 一种改进的高斯近似滤波方法[J]. 自动化学报,2016,42(3):385-401.

[125] DJURIC PM,KOTECHA J,ZHANG J,et al. Particle filtering[J]. IEEE signal processing magazine,2003,20(5):19-38.

[126] GUSTAFSSON F,GUNNARSSON F,BERGMAN N,et al. Particle filters for positioning,navigation,and tracking[J]. IEEE Transactions on signal processing,2002,50(2):425-437.

[127] LI Q,LIU Z,XIAO X. A gas source localization algorithm based on particle filter in wireless sensor network[J]. International Journal of Distributed Sensor Networks,2015,11：2514-2518.

[128] SHU L,MUKHERJEE M,XU X,et al.A survey on gas leakage source detection and boundary tracking with wireless sensor networks[J]. IEEE Access,2016,4：1700-1715.

[129] HLINKA O,HLAWATSCH F,DJURIC PM. Distributed particle filtering in agent networks：A survey,classification,and comparison[J]. IEEE Signal Processing Magazine,2013,30(1)：61-81.

[130] GUSTAFSSON F,ZOUBIR AM. Cooperative localization in WSNs using Gaussian mixture modeling：Distributed ECM algorithms[J]. IEEE Transactions on Signal Processing,2014,63(6)：1448-1463.

[131] 钟智,罗大庸,刘少强,等. 无线传感器网络中一种基于高斯马尔可夫移动模型的自适应定位方法[J]. 自动化学报,2010,36(11)：1557-1568.

[132] MANDEL MI,WEISS RJ,ELLIS DP. Model-based expectation-maximization source separation and localization[J]. IEEE Transactions on Audio,Speech,and Language Processing,2010,18(2)：382-394.

[133] ZHANG Y,XING S,ZHU Y,et al. RSS-based localization in WSNs using Gaussian mixture model via semidefinite relaxation[J]. IEEE Communications Letters,2017,21(6)：1329-1332.

[134] STACHNISS C,PLAGEMANN C,LILIENTHAL A J. Learning gas distribution models using sparse Gaussian process mixtures[J]. Autonomous Robots,2009,26(2-3)：187-202.

[135] DORFAN Y,GANNOT S. Tree-based recursive expectation-maximization algorithm for localization of acoustic sources[J]. IEEE/ACM Transactions on Audio,Speech and Language Processing,2015,23(10)：1692-1703.

[136] BA-NGU V,MA W. The Gaussian Mixture Probability Hypothesis Density Filter[J]. IEEE Transactions on Signal Processing,2006,54(11):4091-4104.

[137] 王巍,崔益豪,王彤,等. 群智能算法在气体源定位中的应用综述[J]. 计算机工程与应用,2019,55(18)：21-33.

[138] 王煌薇. 基于混合遗传-Nelder Mead 单纯形算法的源强及位置反算[D]. 北京：北京化工大学,2011.

[139] 蒋彦,滕国伟,徐正氛,等. 基于混合差分进化-模式搜索算法的泄漏源源强及位置反算方法[J]. 工业控制计算机,2019,32(12)：66-68.

[140] 张久凤,姜春明,王正,等. 粒子群优化算法在源强反算问题中的应用研究[J]. 中国安全科学学报,2010,20(10)：123-128.

[141] FU Z, CHEN Y, DING Y, et al. Pollution source localization based on multi-UAV cooperative communication[J]. IEEE Access, 2019, 7: 29304-29312.

[142] 王吉, 张儒, 李俊明. 基于改进型遗传算法的危险气体多泄漏源定位研究[J]. 武汉理工大学学报: 信息与管理工程版, 2020, 42(6): 486-493.

[143] 陈国华, 胡雪薇, 周利兴, 等. 基于鸡群算法的危险化学品泄漏扩散事故反演方法[J]. 华南理工大学学报: 自然科学版, 2021, 49(9): 56-64.

[144] 陈增强. 混合遗传-模式搜索算法在毒气泄漏中的源强反算研究田[D]. 北京: 北京化工大学, 2009.

[145] 张建文, 王煌薇, 郑小平, 等. 基于混合遗传-Nelder Mead 单纯形算法的源强及位置反算[J]. 系统工程理论与实践, 2011, 31(8): 1581-1587.

[146] 何宁, 徐波, 孙恩吉. 基于改进遗传一单纯形混合算法的危险气体泄漏溯源分析[J]. 中国安全生产科学技术, 2017, 13(11): 54-58.

[147] THOMSON L C, HIRST B, GIBSON G, et al. An improved algorithm for locating a gas source using inverse methods[J]. Atmospheric Environment, 2007, 41(6): 1128-1134.

[148] HAUPT S E, YOUNG G S, ALLEN C T. A genetic algorithm method to assimilate sensor data for a toxic contaminant release[J]. Journal of Computers, 2007, 2(6): 85-93.

[149] MAHFOUZ S, MOURAD-CHEHADE F, HONEINE P, et al. Gas source parameter estimation using machine learning in WSNs[J]. IEEE Sensors Journal, 2016, 16(14): 5795-5804.

[150] JAVADI S, MOOSAEI H, CIUONZO D. Learning wireless sensor networks for source localization[J]. Sensors, 2019, 19(3): 1-17.

[151] HOU H R, TONG Y, REN C, et al. A gas source declaration scheme based on a tetrahedral sensor structure in three-dimensional airflow environments[J]. Review of Scientific Instruments, 2019, 90(2): 1-11.

[152] 郑艳华, 何永玲. 基于改进加权质心和遗传算法的气体源定位研究[J]. 现代电子技术, 2019, 42(20): 84-89.

[153] CAO M L, MENG Q H, ZENG M, et al. Distributed Least-Squares estimation of a remote chemical source via convex combination in wireless sensor networks[J]. Sensors, 2014, 14(7): 11444-11466.

[154] ZHANG Y, WANG T, SHI Y, et al. Joint variational Bayesian based localization estimation algorithm on distributed gas source sensor network [J]. Computer Communications, 2020, 154: 262-268.

[155] CHO J, KIM H, GEBRESELASSIE A L, et al. Deep neural network and random forest classifier for source tracking of chemical leaks using fence monitoring data[J].

Journal of Loss Prevention in the Process Industries,2018,56:548-558.

[156] KIM H,PARK M,KIM CW,et al. Source localization for hazardous material release in an outdoor chemical plant via a combination of LSTM-RNN and CFD simulation [J]. Computers & Chemical Engineering,2019,125:476-489.

[157] BILGERA C,YAMAMOTO A,SAWANO M,et al. Application of convolutional long Short-Term memory neural networks to signals collected from a sensor network for autonomous gas source localization in outdoor environments[J]. Sensors,2018,18(12):1-12.

[158] BARANIUK R G. Compressive Sensing [J]. IEEE Signal Processing Magazine, 2007,24(4):118-121.

[159] BLU T,DRAGOTTI P L,VETTERLI M. Sparse Sampling of Signal Innovations[J]. Signal Processing Magazine IEEE,2008,25(2):31-40.

[160] LUSTIG M,DONOHO D,PAULY J M. Sparse MRI:The application of compressed sensing for rapid MR imaging[J]. Magnetic Resonance in Medicine,2007,58(6):1182-1195.

[161] XU Q,ZHANG L,LIANG W. Acoustic detection technology for gas pipeline leakage [J]. Process Safety and Environmental Protection,2013,91(4):253-261.

[162] LIANG W,ZHANG L,XU Q. Gas pipeline leakage detection based on acoustic technology[J]. Engineering Failure Analysis,2013,31:1-7.

[163] GRIFFIN A,ALEXANDRIDIS A,PAVLIDI D. Localizing multiple audio sources in a wireless acoustic sensor network[J]. Signal Processing,2015,107:54-67.

[164] LIAO P,CAI M,SHI Y. Compressed air leak detection based on time delay estimation using a portable multi-sensor ultrasonic detector[J]. Measurement Science and Technology,2013,24(5):5102-5111.

[165] ALEXANDRIDIS A,MOUCHTARIS A. Multiple Sound Source Location Estimation in Wireless Acoustic Sensor Networks using DOA estimates:The Data-Association Problem[J]. IEEE/ACM Transactions on Audio,Speech,and Language Processing,2017,26(2):342-356.

[166] WAN F,ZHU W P,SWAMY M N S. Spatial extrapolation-based blind DOA estimation approach for closely spaced sources [J]. IEEE Transactions on Aerospace and Electronic Systems,2010,46(2):569-582.

[167] 韦娟,郑柳青,郑浩南,等. 气体泄漏声源的时域压缩波达方向估计研究[J]. 振动与冲击,2019,38(17):165-171.

[168] MALIOUTOV D,CETIN M,WILLSKY A. A sparse signal reconstruction perspective for source localization with sensor arrays[J]. IEEE Transactions on Signal Processing,2005,53(8):3010-3022.

[169] CEVHER V,BOUFOUNOS P,BARANIUK R. Near-optimal bayesian localization via incoherence and sparsity[C]. Proceedings of the International Conference on Information Processing in Sensor Networks,San Francisco,2009：205-216.

[170] BRESLER Y,JUNGE M. Subspace methods for joint sparse recovery[J]. IEEE Transactions on Information Theory,2012,58(6)：3616-3641.

[171] GURBUZ A C,CEVHER V,MCCLELLAN J H. Bearing estimation via spatial sparsity using compressive sensing[J]. IEEE Transactions on Aerospace and Electronic Systems,2012,48(2)：1358-1369.

[172] STECKLE J,PEREMANS H. Ultrasound-based air leak detection using a random microphone array and sparse representations[C]. SENSORS,2014 IEEE. IEEE,2014：1026-1029.

[173] PANA C,SEVERI S,ABREU G. Super-accurate source localization via multiple measurement vectors and compressed sensing techniques[C]// 2018 IEEE Wireless Communications and Networking Conference (WCNC). IEEE,2018.

[174] HAUPT S E,ALLEN C T,YOUNG G S. Addressing Air Quality Problems with Genetic Algorithms：A Detailed Analysis of Source Characterization[J],2009.

[175] SINGH S K,TURBELIN G,ISSARTEL J P. Analyzing localization features of a weighted least-squares technique in a point source reconstruction[M],2014.

[176] SINGH S K,RANI R J. Assimilation of concentration measurements for retrieving multiple point releases in atmosphere：a least-squares approach to inverse modelling[J]. Atmospheric Environment,2015(119)：402-414.

[177] CRENNA B P,FLESCH T K,WILSON J D. Influence of source-sensor geometry on multi-source emission rate estimates[J]. Atmospheric Environment,2008,42(32)：7373-7383.

[178] YANG Z,JIA M,WANG W. Multi-Stage Encoding Scheme for Multiple Audio Objects Using Compressed Sensing[J]. Cybernetics & Information Technologies,2015,15(6)：135-146.

[179] YONG Z,LIYI Z,JIANFENG H. A new DOA estimation algorithm based on compressed sensing[J]. Cluster Computing,2019,22(1)：895-903.

[180] 王小然,王涛,洪明宇. 基于Kalman滤波数据融合方法的超声波气体泄漏定位研究[J]. 液压与气动,2019(6)：5-10.

[181] BOLOTINA I,BORIKOV V,IVANOVA V. Application of phased antenna arrays for pipeline leak detection[J]. Journal of Petroleum Science and Engineering,2018,161：497-505.

[182] WANG T,WANG X,HONG M. Gas Leak Location Detection Based on Data Fusion with TimeDifference of Arrival and Energy Decay Using an Ultrasonic Sensor Array

[J]. Sensors,2018,18(9):2985.

[183] MALIOUTOV D M,JOHNSON J K,WILLSKY A S. Walk-Sums and Belief Propagation in Gaussian Graphical Models[J]. JMLR. org,2006.

[184] TAO W,YU P,HUIHENG X. Detection of small gas leaks based on neural networks and devidential theory using ultrasonics[J]. Insight-Non-Destructive Testing and Condition Monitoring,2014,56(4):189-194.

[185] 赵小燕,周琳,吴镇扬. 基于压缩感知的麦克风阵列声源定位算法[J]. 东南大学学报:自然科学版,2015,45(2):203-207.

[186] 章宇栋,黄惠祥,童峰. 面向多声源的压缩感知麦克风阵列的波达方向估计[J]. 厦门大学学报:自然科学版,2018,57(2):291-296.

[187] 黄惠祥,郭秋涵,童峰. 分布式压缩感知麦克风阵列多声源方位估计[J]. 应用声学,2019,38(4):10.

[188] 李剑汶,章宇栋,童峰,等. 利用块稀疏特性的压缩感知麦克风阵列声源定位[J]. 数据采集与处理,2019(4):682-688.

[189] CANDES E J,TAO T. Near-optimal signal recovery from random projections: Universal encoding strategies[J]. Information Theory,IEEE Transactions on,2006, 52(12):5406-5425.

[190] CANDES E J. The restricted isometry property and its implications for compressed sensing[J]. Comptes Rendus Mathematique,2008,346(9):589-592.

[191] DONOHO D L. Compressed sensing[J]. Information Theory,IEEE Transactions on, 2006,52(4):1289-1306.

[192] 焦李成,杨淑媛,刘芳. 压缩感知回顾与展望[J]. 电子学报,2011,39(7):1651-1662.

[193] 李树涛,魏丹. 压缩传感综述[J]. 自动化学报,2009,35(11):1369-1377.

[194] CHENG L,WU C,ZANG Y. A Survey of Localization in Wireless Sensor Network[J]. International Journal of Distributed Sensor Networks,2012,2012(1):385-391.

[195] ALEXANDRIDIS A,MOUCHTARIS A. Multiple Sound Source Location Estimation in Wireless Acoustic Sensor Networks using DOA estimates: The Data-Association Problem[J]. IEEE/ACM Transactions on Audio,Speech,and Language Processing, 2017,26(2):342-356.

[196] 罗旭,柴利,杨君. 无线传感器网络下静态水体中的近岸污染源定位[J]. 自动化学报,2014,40(5):849-861.

[197] ZHAO T,NEHORAI A. Distributed sequential Bayesian estimation of a diffusive source in wireless sensor networks[J]. IEEE Transactions on Signal Processing, 2007,55(4):1511-1524.

[198] XU S,DE LAMARE R C,Poor H V. Distributed compressed estimation based on compressive sensing[J]. IEEE Signal Processing Letters,2015,22(9):1311-1315.

[199] CEVHER V,DUARTE M F,BARANIUK R G. Distributed target localization via spatial sparsity. In: Proceedings of the 6th European Signal Processing Conference [C]. Lausanne,Switzerland: IEEE,2008. 1-5.

[200] CEVHER V,BOUFOUNOS P,BARANIUK R G,GILBERT A C,STRAUSS M J. Near-optimal Bayesian localization via incoherence and sparsity[C]. In: Proceedings of the 2009 International Conference on Information Processing in Sensor Networks [C]. San Francisco,CA,USA: IEEE,2009. 205-216.

[201] FENG C,VALAEE S,TAN Z H. Multiple target localization using compressive sensing. In: Proceedings of the 2009 IEEE Global Telecommunications Conference [C]. Honolulu,HI,USA: IEEE,2009. 1-6.

[202] ZHANG B W,CHENG X Z,ZHANG N,CUI Y,LI Y S,LIANG Q L. Sparse target counting and localization in sensor networks based on compressive sensing. In: Proceedings of the 2011 IEEE INFOCOM[C]. Shanghai,China: IEEE,2011. 2255-2263.

[203] CANDES E J,WAKIN M B. An introduction to compressive sampling[J]. IEEE Signal Processing Magazine,2008,25(2): 21-30.

[204] 何风行,余志军,吕政. 基于RSS的WSN多目标定位压缩感知算法优化[J]. 南京邮电大学学报: 自然科学版,2012,32(1): 24-28.

[205] WANG JU,FANG DINGYI,YANG ZHE. E-HIPA: An energy-efficient framework for high-precision multi-target adaptive device-free localization[J]. IEEE Transactions on Mobile Computing,2017,16(3): 716-729.

[206] 游康勇,杨立山,刘玥良. 基于稀疏贝叶斯学习的网格自适应多源定位[J]. 电子与信息学报,2018,40(9): 2150-2157.

[207] YAN J,YU K,CHEN R. An improved compressive sensing and received signal strength-based target localization algorithm with unknown target population for wireless local area networks[J]. Sensors,2017,17(6): 1246-1264.

[208] LIN X F,YOU K Y,GUO W B. Delaunay triangulation and mesh grid combining algorithm for multiple targets localization using compressive sensing[C]. In: Proceedings of the 19th International Symposium on Wireless Personal Multimedia Communications. Shenzhen,China: IEEE,2017: 25-30.

[209] TZIKAS D G,LIKAS A C,GALATSANOS N P. The variational approximation for Bayesian inference[J]. IEEE Signal Processing Magazine,2008,25(6): 131-146.

[210] BLEI D M,KUCUKELBIR A,MCAYLIFFE J D. Variational inference: A review for statisticians[J]. Journal of the American Statistical Association,2017,112(518): 859-877.

[211] YU DONGPING, GUO YAN, LI NING. Dictionary refinement for compressive

sensing based device-free localization via the variational EM algorithm[J]. IEEE Access,2016,4: 9743-9757. doi: 10. 1109/ACCESS. 2017. 2649540.

[212] SUN B,GUO Y,LI N. Multiple Target Counting and Localization using Variational Bayesian EM Algorithm in Wireless Sensor Networks[J]. IEEE Transactions on Communications,2017,65(7): 2985-2998.

[213] HUBER M. Nonlinear Gaussian filtering: theory, algorithms, and applications[M]. KIT Scientific Publishing,2015.